高等学校旅游管理专业
本科系列教材

酒水知识与酒吧管理

JIUSHUI ZHISHI YU JIUBA GUANLI

◎ **主　编** 陈平平

◎ **副主编** 雷汝霞

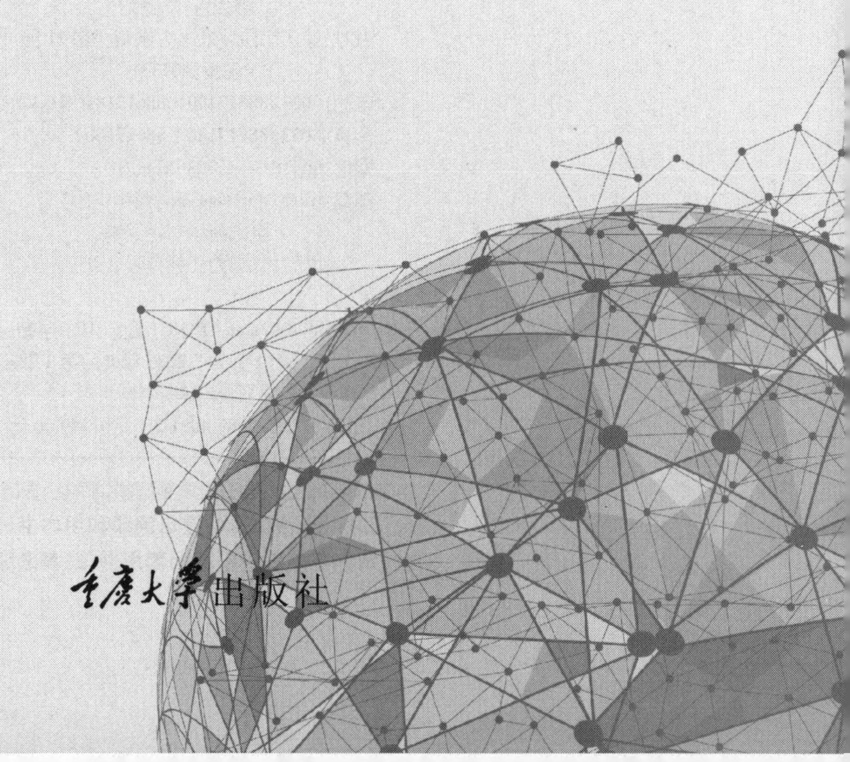

重庆大学出版社

内容提要

为适应新的发展环境和人们不断增长的物质文化消费需求，以及高等院校教学的需要，我们组织编写了本书。本书注重专业知识的理论性、实用性、复合性，注重培养学生的创新能力，借鉴和吸收了国内外关于酒水文化、酒水知识、酒吧管理的内容。本书从介绍酒水种类与酒精度开始，讲述了葡萄酒、啤酒、中国黄酒、日本清酒、白兰地、威士忌、金酒、伏特加、朗姆酒、特基拉、中国白酒、开胃酒、甜点酒、利口酒、鸡尾酒和咖啡、茶等的历史与文化、生产工艺与分类、品饮与服务方法等，同时总结了酒吧企业在运营管理和成本控制等方面的知识。本书对茶和咖啡的相关内容有比较系统的阐述，并针对本科层次的教学实际设计了实验教学内容，便于指导实际操作。本书可作为旅游院校酒水教学的教材，也可作为旅游与酒店业、餐饮业管理人才培训的参考书。

图书在版编目(CIP)数据

酒水知识与酒吧管理 / 陈平平主编. -- 重庆 : 重庆大学出版社, 2023.8

ISBN 978-7-5689-4031-3

Ⅰ. ①酒… Ⅱ. ①陈… Ⅲ. ①酒—基本知识 ②酒吧—商业管理 Ⅳ. ①TS971 ②F719.3

中国国家版本馆 CIP 数据核字(2023)第 119560 号

酒水知识与酒吧管理

主　编　陈平平

副主编　雷汝霞

策划编辑:尚东亮

责任编辑:夏　宇　　版式设计:尚东亮

责任校对:关德强　　责任印制:张　策

*

重庆大学出版社出版发行

出版人:陈晓阳

社址:重庆市沙坪坝区大学城西路 21 号

邮编:401331

电话:(023)88617190　88617185(中小学)

传真:(023)88617186　88617166

网址:http://www.cqup.com.cn

邮箱:fxk@cqup.com.cn (营销中心)

全国新华书店经销

重庆升光电力印务有限公司印刷

*

开本:787mm×1092mm　1/16　印张:19　字数:453 千

2023 年 8 月第 1 版　2023 年 8 月第 1 次印刷

印数:1—2 000

ISBN 978-7-5689-4031-3　定价:49.00 元

前言

酒水是餐饮消费的重要内容,酒吧是人们社交、休闲的重要场所,随着我国经济的发展和消费的升级,酒水消费已成为人们对高品质生活追求的一项内容。近年来,我国旅游业、酒店业和餐饮业快速发展,相应的酒水销售量也在不断地增长。因此,在新的市场条件下,我国旅游与酒店业和餐饮业需要大批具有国际视野、懂得酒水经营与管理的应用型人才,以积极应对社会消费转型升级对行业与人才的需求。

基于以上背景,结合我们多年开展酒水教学的经验,《酒水知识与酒吧管理》编写的出发点是以实用性和理论性为指导,以培养学生的酒水综合素质为重点,服务于我国旅游酒店业和餐饮业发展需要的应用型管理人才培养目标。

教材以培养学生的酒水文化知识和餐饮运营管理能力为核心,注重酒水知识的理论性和实用性,注重培养学生的创新能力和综合素质,从国内旅游及餐饮业的人才需要出发,借鉴和吸收了国内外关于酒水文化、酒水知识、酒吧管理的内容。根据以往教材内容在实验教学方面的不足,重视学生实践能力的提高,针对本科人才培养设计实验教学环节的内容,是培养旅游酒店业和餐饮业管理人才的实用教材。

本书共分9章,从介绍酒水种类与酒精度开始,讲述了葡萄酒、啤酒、中国黄酒、日本清酒、白兰地、威士忌、金酒、伏特加、朗姆酒、特基拉、中国白酒、开胃酒、甜点酒、利口酒、鸡尾酒和咖啡、茶等的历史与文化、生产工艺与分类、品饮与服务方法等,同时总结了酒吧企业在运营管理和成本控制等方面的知识。本书由陈平平任主编,雷汝霞任副主编。陈平平负责选题与框架设计并编写第一至三章、第六至九章的内容,雷汝霞编写第四至五章的内容,吴水田负责搜集资料和校对。由于时间紧迫,本书参考了同行不少成果,书中部分参考内容列出了原创文献,但不一定列全,在此对相关学者的付出表示感谢。在酒水教学过程中,一些知名酒类企业和国际品牌酒店提供了企业教材、实验材料和场地(部分管理者为本书编委会成员),本书在编写和出版过程中,重庆大学出版社编辑给予了专业的帮助和修改意见,在此一并感谢。

编　者

2023年8月

目录

第一章
酒水概述

第一节　酒水概述

一、酒水的定义

在日常生活中，人们将可以饮用的液体都称为饮料（Beverage/Drinks）。酒水等同于饮料，是一切含酒精饮料与不含酒精饮料的统称。我们将含酒精的饮料统称为酒，将不含酒精的饮料统称为水。

酒精饮料（Alcoholic Beverage/Hard Drink）即人们日常生活中的酒。酒是一种用粮食、水果等含淀粉或糖的物质，经发酵、蒸馏、陈酿、调配等工艺而成的含有乙醇成分的饮料。酒的乙醇含量一般为5%~75.5%。酒中的乙醇来自微生物变化，在自然界中富含糖分的水果或粮食，在适当的条件下被酶菌分解，糖分转化为乙醇和二氧化碳，这样就获得了含有乙醇的液体。在酿酒工艺中，乙醇由各类糖分转化而成。乙醇也称酒精，确切地说是食用酒精（Alcohol）。乙醇在常温常压下为无色透明液体，溶于水，沸点低（沸点及气化点为78.3 ℃、冰点为-114 ℃），密度低（乙醇液体密度为0.789 g/cm^3），易燃，易挥发，细菌难以在乙醇中生存和繁殖。同时，乙醇有特殊香味和一定的刺激性。适量饮酒能够促使血管扩张，加快血液循环，从而使人精神振奋。乙醇的以上特性对酒的产生以及酒被人类利用有着重要的作用。

此外，酒是一种混合溶液，除了最主要的酒精和水约占98%以外，还有其他物质，这些化学物质包括酸、酯、醇等。尽管这些物质含量很低，但决定了酒的质量和特色，所以这些物质在酒中的含量也非常重要，使酒产生千万种风味，成为吸引消费者的主要原因。

不含酒精的饮料常被称为无酒精饮料（Nonalcoholic Beverage/Soft Drink，也称软饮）。绝大多数无酒精饮料是不含有任何乙醇成分的，但也有极少数软饮中含有微量的乙醇成分，乙醇含量一般为5%（容量比）以下，其作用主要是调剂口感和改善饮品的风味。

二、酒水的功能

酒水是人们就餐、娱乐、休闲等日常生活和人际交流中不可缺少的饮品。其广泛渗入人类的政治、社会及各种文化活动中，与人类的生活有着密不可分的联系。酒水既是一种客观的物质存在，又是一种文化象征。

（一）提神解渴，营养医用的功能

各类酒水供给人体水分，解除饥渴感觉，帮助维持生理正常机能；大部分饮料含有营养素，有一定的营养价值，为人体补充营养和提供能量；不少酒水还可以药用，能消除疲劳、促进消化、调节情绪、帮助睡眠。

中医认为，酒具有通经活络的作用，人们至今还一直沿用在酒类加泡药材的方法，用以防病治病。酒对人体的作用益害兼有，现代医学认为，少量饮酒能够增加唾液、胃液的分泌，促进肠胃的消化与吸收；增进血液循环，使血管扩张，脑血流增加，令人精神兴奋，食欲增加；还能提供营养，强身健体，促进睡眠，消除疲劳。尤其是各类果酒、黄酒、啤酒等低酒精度的发酵酒，含有丰富的营养和各种氨基酸以及维生素，适量小酌对人的身体有一定好处。但饮酒过量对人体的健康危害也是不容忽视的，尤其是酗酒。酗酒使人智力衰退、骨质疏松，损伤肝脏和生殖系统，增加癌症发生率，甚至改变人的心理，缩短生命等。

（二）宣泄情感，社交媒介的功能

酒水（尤其是酒精饮料）能加快人体血液循环，令人兴奋，增加交流，宣泄情感，增强气氛，在人际交往方面占有重要的地位，是交际的主要媒介之一。

人类在漫长的历史发展过程中，逐渐形成了“拜访以酒为礼、迎客以酒为敬、致谢以酒示情、消仇以酒示诚”的风俗。在一定条件下，酒是人们表现与满足人类情感需求的催化剂。节日庆典，新人成婚，朋友光临，借酒表达欢悦的感情。亲友去世，遇到困难，心中不快，借酒暂时缓解哀愁。同时，酒既有一定的刺激性，使人兴奋，也为众多文学家、艺术家提供了激情与创作灵感，使他们的功绩或作品名垂青史，“李白斗酒诗百篇”的典故即是生动的写照。

（三）去腥提香，增加美味的功能

酒水是烹饪肉类的好助手，甜品的好搭档。许多酒水可用于厨房辅助食物烹饪，去腥除膻，提升美味。例如，在烹制各种动物性原料菜肴时，使用少量的酒可去除原料中各种血腥味、乳臭味、土腥味等不良味道，溶解原料中的氨类物质，能和调料中的食盐结合产生鲜味，增加菜肴的香气。同时，可以有利于咸甜等各种味道充分渗入菜肴之中，使味道更加浓郁鲜美，整体上改善和提高菜肴的口感。在烘烤甜品时加入不同风味的少量酒水，也可以使甜点更加美味宜人。

三、酒水的风格

酒水的风格体现在色、香、味、体等要素的综合，不同的酒水具有不同的风格，甚至同一种酒水也有不同的风格。

（一）色

色在于观，是人们首先接触到酒的风格要素，包括红、橙、黄、绿、青、蓝、紫等各种颜色，色泽繁多，而且变化无穷。色的来源主要有三个方面：原料的颜色、陈酿的颜色、人工的增色。不同的酒水色泽展现出酒水的内在质地和个性；千差万别的色泽表现出不同的情调和风格；迷人的色泽促进人们进一步闻其香、品其味。

（二）香

香在于闻，是继观色之后作用于人的感官的另一种风格要素，包括花香、果香、酒香等各种香气。不同的酒水具有不同的香气，或清雅或浓郁，或简单或复杂，千差万别，应有尽有。香气的来源主要由三方面获得：原料香、发酵香、陈酿香。香气通过人的嗅觉器官传送到大脑，经过加工得到感知，酒水中的香气除了用鼻子体验，还可以通过品尝饮用而进入人的鼻咽部分，与呼吸气体一起感知，使得香与味一起成为人们印象最深刻的风格要素。

（三）味

味在于尝，人们常用酸、甜、苦、咸、鲜、辛、涩等来评价酒水的口味风格。在各种酒水中，甜味给人以舒适浓郁的感觉，酸味给人以爽快和开胃的感觉。适当的苦味可增加酒水的复杂感和特别的韵味，适当的咸味可提高味觉的灵敏度，使酒味更加平衡美味。辛辣和涩更多地表现为一种触感，辛辣让人感觉甘洌刺激。辛辣感跟酒精度相关，一般酒精度越高，辛辣感越足。涩常常由酒水中的单宁所决定，适当的涩感可以增加酒水的骨感。质量上乘的酒水各味和谐，顺滑怡人。如果出现过度的涩感、苦味和咸味，则往往是酒水工艺不良、品质不佳的表现。

（四）体

酒的风格是色、香、味的综合体现，同时受酒体等因素的影响。酒体是指酒在口中的重量和质感，主要由舌头感知，并不是指酒的物理重量，是一个比较主观的概念，或者说是基于触觉的一种综合感知。酒体跟酒的酒精度、浸出物、甘油和酸有关，人们常常用轻盈清瘦或饱满丰厚来形容酒体。

第二节 酒精度

酒精度是指乙醇在酒中的含量，表示酒中所含有乙醇质量的大小。目前国际上有三种酒精度表示方法，即国际标准酒精度、美制酒精度和英制酒精度。

一、常见酒精度的表示方法

（一）国际标准酒精度

国际标准酒精度（Alcohol% by Volume，ABV）简称国际酒度、标准酒度，也称公制酒度、欧洲酒度,是指在 20 ℃的环境下,100 mL 的酒液中含有的乙醇毫升数,以百分比(%vol,v/v)或度(°)表示。如某种酒在 20 ℃时酒液中含有 38%的酒精,即称为 38 度。国际标准酒精度是法国著名化学家盖·吕萨克发明的,故也称盖·吕萨克酒精度(GL)。这种表示方法容易理解,因而被世界上大部分国家所使用。从 1983 年开始,欧洲共同体(包括美国)统一实行 GL 标准。

(二)美制酒精度

美制酒精度(Degrees of Proof US)简称美制酒度,以 Proof 表示,是指在 60 华氏度(约 15.6 ℃)条件下,200 mL 的酒液中含有的乙醇毫升数。酒精含量在酒液内所占的体积比例为 50%时,酒精度定为 100 Proof。若忽视温度,此时的标准酒度是 50%vol。在美国的威士忌酒标上常见到 Proof 和 ABV 的双重表示,此外,不只在美国,其他一些国家的朗姆酒等也会用 Proof 来表示。

(三)英制酒精度

英制酒精度(Degrees of Proof UK)简称英制酒度,早于美制酒精度,18 世纪由英国人克拉克发明,塞克斯改进后推广的一种由液体比重计测定的酒精度。英制酒精度以 Proof 表示,是指在 51 华氏度(约 10.6 ℃)条件下,比较相同体积的酒和水,在酒的重量是水的 12/13 时,酒精度为 100 Proof。这个原因主要是由于酒精的密度小于水,所以一定体积的酒精总是比相同体积的水要轻。根据英制酒精度的标准,若忽视温度,此时的 100 Proof 约等于标准酒精度 57.06%vol。若以 Sikes 表示,此时为 0 Sikes,然后分“不足”和“过量”两头计算。这种酒精度主要在英联邦国家使用。不过,从 1980 年 1 月 1 日开始,英国基本开始使用国际标准酒精度(ABV)来表示酒精度。

(四)其他酒精度的表示方法

除上述酒精度(一般是以体积来计算的酒精度)表示方法以外,也有使用酒精质量分数(Alcohol by Weight,ABW)而非酒精体积分数的。在美国,一些州的法律和税收政策规定酒厂(特别是啤酒厂)在低度数的啤酒酒标上会印有 ABW 而非 ABV。两者的对应关系为:

$$\mathrm{ABV}\times\frac{4}{5}=\mathrm{ABW}$$

二、酒精度的换算

通过了解标准酒精度、美制酒精度和英制酒精度的计算方法,我们不难理解,如果忽视温度对酒精的影响,1 标准酒精度表示的乙醇浓度约等于 2 美制酒精度所表示的乙醇浓度,1 标准酒精度表示的乙醇浓度约等于 1.75 英制酒精度所表示的乙醇浓度,2 美制酒精度所表示的乙醇浓度约等于 1.75 英制酒精度所表示的乙醇浓度。因此,只要知道任何一种酒精度的值,我们就可以换算出另外两种酒精度,换算公式如下:

$$标准酒精度\times1.75=英制酒精度$$

$$标准酒精度\times2=美制酒精度$$

$$英制酒精度\times\frac{8}{7}=美制酒精度$$

三、鸡尾酒酒精度的计算

鸡尾酒种类繁多,通常由各类酒水调制而成,因此,大部分鸡尾酒都含有一定量的酒精。依据标准酒精度的概念,我们可以根据鸡尾酒的酒水配方,在忽略冰块的影响下,初步计算鸡尾酒的酒精度。例如,某鸡尾酒由 40 度的基酒 20 mL,以及无酒精的饮料 80 mL 调制而成,则该鸡尾酒的标准酒精度约为 8 度。其计算公式如下:

$$鸡尾酒的酒精度=\frac{基酒的酒精度\times基酒的量+辅酒的酒精度\times辅酒的量}{基酒的量+各种辅酒和辅料的量}\times100\%$$

第三节　酒水的分类

一、酒精饮料的分类

(一)按生产工艺分类

由于各种酒的生产工艺不同,其乙醇含量、味道、颜色各异,功能也不一样。根据生产工艺,可将酒分为发酵酒、蒸馏酒和配制酒。鸡尾酒也属于配制酒的范畴,只不过鸡尾酒多由饭店和餐饮业配制,不由酒厂生产。

1.发酵酒

发酵酒是以水果或谷物等原料经发酵酿制而成的酒,包括葡萄酒、啤酒、日本清酒、中国黄酒及各类发酵果酒等。

2.蒸馏酒

酒的蒸馏是将经过发酵的原料(或发酵酒)加热后通过冷凝方法再收集的过程。蒸馏酒通常经过一次、两次甚至多次蒸馏,以得到高浓度的酒液,再经过陈酿、调配等工艺而成,其乙醇含量通常在 38%及以上。包括白兰地(Brandy)、威士忌(Whisky)、伏特加(Vodka)、朗姆酒(Rum)、特基拉(Tequila)、金酒(Gin)、中国白酒(Baijiu)、日本烧酒(Shochu)、韩国烧酒(Soju)等。

3.配制酒

配制酒是指按照不同配方将不同蒸馏酒或发酵酒加以香料、果汁等进行浸泡、复蒸或勾兑而成的混合酒。包括味美思等开胃酒、波特等甜点酒、各种利口酒、鸡尾酒以及我国的露酒(如竹叶青)、各类保健酒和药酒等。

(二)按酒精含量分类

酒水生产商与经营企业通常根据乙醇含量将酒水进行分类,而不同国家和地区对酒中的乙醇含量有不同的理解和认识。我国一般将乙醇含量高于38%的酒称为高度酒,而有些国家或地区将乙醇含量在20%以下的酒称为低度酒,将乙醇含量在20%及以上的酒均称为高度酒。

1.高度酒

在我国高度酒也称烈性酒,指乙醇含量等于或高于38%的蒸馏酒。一般国外的蒸馏酒以及我国的白酒都属于此类。

2.中度酒

通常将乙醇含量为16%~37%的酒称为中度酒。这种酒一般由高度酒加入其他原料调配而成,多数配制酒属于此类,如餐前开胃酒、餐后甜点酒以及我国的露酒等。

3.低度酒

低度酒的乙醇含量在15%及以下。根据酒的生产工艺,酒中乙醇来源于原料中的糖与酵母的化学反应,发酵酒的酒精含量通常不会超过15%,因为当发酵酒的酒精度达到15%时,酒中的酵母几乎全部被乙醇杀死,因此,低度酒主要是指发酵酒。例如,葡萄酒的乙醇含量为12%~15%,啤酒的乙醇含量为3.5%~8%。

(三)按餐饮习惯分类

根据西方国家的用餐习惯和饮用顺序,酒可分为餐前酒、佐餐酒、甜点酒和餐后酒。

1.餐前酒

餐前酒是指具有开胃功能的各种酒,一般在餐前饮用。通常酒精度和甜度较低,常用的餐前酒有干雪莉酒,清淡的波特酒、味美思酒、茴香酒,以及具有开胃作用的鸡尾酒等。

2.佐餐酒

佐餐酒也称餐中酒,是指用餐时配合菜肴饮用的酒。如各种类型的白葡萄酒、红葡萄酒、玫瑰红葡萄酒。佐餐酒一般为干型(即不甜)葡萄酒。

3.甜点酒

甜点酒也称甜食酒,是指食用点心、甜点时饮用的带有甜味的酒。这种酒的乙醇含量高于佐餐酒,通常在16%以上。如甜雪莉酒、波特酒、马德拉酒等。

4.餐后酒

餐后酒也称利口酒，主要指人们餐后饮用的、有助于消化的香甜酒。这种酒乙醇含量一般较高，常以烈性酒为基本原料，勾兑水果、香料或香草、糖蜜等制成，或者是烈性酒、以烈性酒为基酒调制的鸡尾酒等。

（四）按酿造原料分类

1.粮食酒

以谷物为原料，经过发酵或蒸馏制成的酒。如啤酒、中国白酒、威士忌、伏特加等。

2.水果酒

以水果为原料，经过发酵、蒸馏或配制而成的酒。如葡萄酒、白兰地、味美思酒等。

3.其他类

其他类酒是指除粮食、水果以外的以其他植物类或动物类为原料的酒。如龙舌兰酒、马奶酒等。

二、无酒精饮料的分类

根据《饮料通则》（GB/T 10789—2015）并参考市场现状和国际习惯，无酒精饮料一般按照产品的原料和饮料特点进行分类。

（一）按原料和饮料的特点分类

1.包装饮用水

包装饮用水是指以直接来源于地表、地下或公共供水系统的水为水源，经加工制成的密封于容器中可直接饮用的水，包括饮用天然矿泉水、饮用纯净水、蒸馏水等。

2.果蔬汁类及其饮料

果蔬汁类及其饮料是指以水果和（或）蔬菜，包括可食的根、茎、叶、花、果等为原料，经加工或发酵制成的液体饮料，包括果蔬汁、果蔬浆、浓缩果蔬汁等饮料。

3.蛋白饮料

蛋白饮料是以乳或乳制品，或其他动物来源的可食用蛋白，或含有一定蛋白质的、植物果实、种子、种仁为原料，添加或不添加其他食物、盐、辅料和食品添加剂，经加工或发酵制成的液体饮料，包括含乳饮料、植物蛋白饮料、复合蛋白饮料等。

4.碳酸饮料

以食品原辅料和（或）食品添加剂为基础，经加工制成的，在一定条件下充入二氧化碳气体的液体饮料，包括果蔬型碳酸饮料、果味型碳酸饮料、可乐型碳酸饮料、其他各类汽水等，不包括由发酵自身产生二氧化碳气的饮料。

5.风味饮料

风味饮料是指以糖(包括食糖和淀粉糖)和(或)甜味剂、酸度调节剂、食用香精、香料等的一种或者多种作为调整风味的主要手段,经加工或发酵制成的液体饮料,如茶味饮料、果味饮料、乳味饮料、咖啡味饮料、风味水饮料、其他风味饮料等。

6.茶类饮料

直接以茶的鲜叶为原料,或茶叶的水提取液或浓缩液茶粉(包括速溶茶粉,研磨成粉),添加或不添加其他辅料和食品添加剂,经加工制成的液体饮料,如茶汁(茶汤)、纯茶饮料、茶饮料、果茶饮料、奶茶等。

7.咖啡类饮料

咖啡类饮料是指以咖啡豆和(或)咖啡制品(研磨咖啡粉、咖啡提取液或其浓缩液、速溶咖啡等)为原料,添加或不添加糖、食糖、淀粉糖、乳制品等食品原辅料和食品添加剂,经加工制成的液体饮料,如浓缩咖啡饮料、咖啡饮料、低咖啡因咖啡饮料等,以及各式花式咖啡。

8.植物饮料

以植物或植物提取物为原料,添加或不添加其他辅料和(或)食品添加剂,经加工或发酵制成的液体饮料。如可可饮料、谷物类饮料、草本饮料、食用菌饮料、藻类饮料或其他植物饮料,不包括果蔬类及其饮料、茶类饮料和咖啡类饮料。

9.固体饮料

用食品原辅料、食品添加剂等加工制成的粉末状、颗粒状或块状等,可冲调或冲泡饮用的固态制品,如风味固体饮料、果蔬固体饮料、蛋白固体饮料茶、咖啡固体饮料、植物固体饮料、特殊用途固体饮料等。

10.特殊用途饮料及其他饮料

特殊用途饮料是指加入具有特定成分的适应所有人或某些人群需要的液体饮料,包括运动饮料、营养素饮料、能量饮料、电解质饮料及其他特殊用途的饮料。此外,还有经国家相关部门批准,声称具有特定保健功能的其他饮料。

(二)按饮用温度和习惯分类

1.热饮

热饮是指在销售时温度较高的饮料,通常会高于 80 ℃。主要包括热茶、热咖啡、热巧克力等,也包括热牛奶和一些混合饮料。

2.冷饮

冷饮是指适合冰镇后饮用的饮料,在销售时温度通常控制在 7 ~ 15 ℃。主要包括各类碳酸饮料、果蔬汁、乳饮品,也包括冰咖啡、凉茶等。

第四节　酒水杯

一、酒水杯的选择

酒水杯的款式繁多，用途各异，不同的酒水可搭配使用不同的酒水杯。尤其当品味一款优质酒水时，合适的酒水杯能增加酒水的魅力。因此，酒水杯选择原则是既要匹配酒水，又要实用美观。匹配能够更好地展现酒水的特性；实用性能兼顾方便安全；美观性可增添品饮的乐趣。

（一）酒水杯的质地和容量

酒水杯的质地多种多样，常见的有玻璃、陶瓷、金属等，以玻璃酒杯最多。不同的酒杯质地展现出不同的风格，具有不同的象征意义。例如，陶器古朴豪放，象征粗犷与豪放；瓷器精美古雅，象征高雅与华丽；玻璃水晶晶莹剔透，象征浪漫与温馨；竹木藤器具乡土气息，象征乡情与古朴；紫砂漆器古朴雅致，象征古典与传统；铜器铁器古朴沉稳，象征传统与豪放；金器银器华贵靓丽，象征荣华与富贵。因此，盛装不同的酒水可根据酒水的风格进行选择。在所有质地的酒水杯中，以玻璃杯的兼容性最好，尤其是质地良好的玻璃杯或是水晶杯，适用于各类酒水而被广泛使用。

此外，盛装不同的酒水，酒杯的容量应有所不同。例如，烈性酒杯容量多为 1~2 oz（盎司），盛装以纯饮为主的中国白酒、伏特加等烈性酒；甜酒杯稍大，2~3 oz；短饮鸡尾酒酒杯多为高脚杯，2~4 oz；长饮鸡尾酒杯多为平底海波杯，5~10 oz；白兰地杯 3~12 oz；古典杯多盛装加冰的威士忌，6~10 oz；不带柄的啤酒杯多为 10~12 oz，而生啤杯则常为带柄大容量杯，12~32 oz；一般水杯常采用 10~12 oz 的矮脚杯或平底柯林杯；葡萄酒杯有许多不同的容量，常见的为 5~16 oz。

（二）酒水杯的形状和颜色

酒水杯的形状对酒水品鉴起着至关重要的作用。例如，葡萄酒多采用郁金香形高脚杯，郁金香形杯的杯身容量大，有利于葡萄酒呼吸，杯口略收窄则酒液晃动时不会溅出，且各种香味可以集中到杯口以利于闻香。采用高脚的理由是持杯时，可以用拇指、食指和中指捏住杯脚，手不会碰到杯身，避免手的温度影响葡萄酒的最佳饮用温度。白葡萄酒杯一般比红葡萄酒杯小一些，主要是因为白葡萄酒的香气通常比较清雅，同时白葡萄酒饮用时温度要低，白葡萄酒一旦从冷藏的酒瓶中倒入酒杯，其温度会迅速上升，小杯有利于适时尽快饮用。波特酒等甜酒杯的形状小且细长，这样的设计有助于品酒的人更专注于果香、橡木香和各种香料的香气，而不被浓重的酒精味道淹没感官。香槟或气泡葡萄酒更适宜杯身纤长的笛形杯，让酒中金黄色的美丽气泡上升过程更长，从杯体下部升腾至杯顶的线条让人欣赏和遐想，同时有更佳的口感。饮用干邑等白兰地采用郁金香球型矮脚杯，这种杯型便于持杯时用手心托住杯身，借助人体体温来加温酒液，促使酒香更浓郁。啤酒杯常杯身长形，口呈喇叭状，有利于倒酒，欣赏气泡及更好口感。生啤杯则大容量且杯身长，有利于保持低温及口感等。

从以上可知，千差万别的酒水杯形状能更好地展现酒的风格，体现酒水的特色。此外，在很多情况下还可采用不同色彩的酒杯，从而渲染气氛。例如，红色展现吉祥、热情；橙色展现温情、积极；黄色展现欢乐、光明；绿色展现和平、希望；蓝色展现宁静、永恒；紫色展现高贵、优雅；白色展现纯洁、神圣；黑色展现严肃、崇高。当然，色彩的来源可以来源于酒色，也可以来源于杯具。

二、常见的酒水杯

（一）平底无脚杯

1.古典杯（Old Fashioned）

古典杯也称老式酒杯（Old Fashion Glass），因其形状也称岩石杯（Rock Glass）。其外形矮胖，杯身厚实，通常杯口外放，上部比底部略宽。有不同的规格，容量一般为6~10 oz。古典杯宽阔厚实的杯体能较好地承受冰块与杯体摇晃碰撞，适合用于加冰纯饮烈酒（如威士忌）或加冰鸡尾酒。

2.海波杯（Highball Glass）

海波杯也称高球杯、高飞球杯，通常为平底直身杯，杯身较高而底厚，也有些上下杯身有一定弧度。海波杯有不同的规格，容量一般为5~10 oz。海波杯用途很广，可用于盛放各式果蔬汁、咖啡等，更常用于各类含有碳酸饮料或果汁的长饮类鸡尾酒，例如，威士忌加苏打水或金酒加果汁等。

3.柯林杯（Collins Glass）

柯林杯也称柯林斯杯、科林杯、可林杯，相较于海波杯而言，其容量更大，口径小一些，杯身直而高，显瘦长，故又称直身杯、高筒杯，筒身更高的还称为烟筒杯。有不同的规格，容量一般为10~12 oz。其用途与海波杯类似。

4.品脱杯（Boston/Pint Glass）

品脱杯也称波士顿杯，是一种高而重的圆锥形玻璃杯，杯口微大，边缘稍厚。其容量大，一般为16~18 oz。根据用途，可以用作波士顿摇酒壶的扣杯或搅拌鸡尾酒的调酒杯，也可以用于饮用啤酒、咖啡及其他饮料。

(二)矮脚杯

1.白兰地杯(Brandy Snifter)

白兰地杯为杯口小、腹部宽大的郁金香球型矮脚杯,根据形状还有个绰号为“大肚杯”。白兰地杯有不同的规格,通常容量大,一般为10~12 oz。其容量虽然大,但倒入酒量不宜过多,以杯子横放、酒在杯腹中不溢出为量,一般为1~2 oz。肚大口小以利于轻晃酒杯,让酒液散发出更多的香味而后在杯口集中。饮用时常用手中指和无名指的指根夹住杯柄,手握住杯身,让手温传入杯内使酒略暖,从而增加酒意和芳香。

2.飓风杯(Hurricane Glass)

飓风杯也称旋风杯,其矮脚杯柄短,杯身长且呈曲线形,肚大喇叭口,整体形状类似于一个花瓶。容量大,常见为12~14 oz。一般来说,这种杯型非常适合量大的混合冰镇类饮料,故适用于各类软饮。尤其是杯型自带热带风情,且杯口形状经得起各种复杂的装饰,常用于盛放长饮类的热带鸡尾酒,在热带地区非常常见。

(三)高脚杯

1.葡萄酒杯(Wine Glass)

郁金香花形状高脚杯,杯身呈郁金香花状,杯身较大,杯口小。这种杯身可以让葡萄酒的香气环绕在杯口,但跟白兰地杯是有区别的。葡萄酒杯是高脚杯,正确持杯是拿住杯脚而不是像矮脚的白兰地杯那样托住杯身。葡萄酒杯有不同的规格,通常容量大,一般为5~10 oz或更大。

由于红白葡萄酒的饮用习惯和特性略有不同,其形状大小稍有差别,红葡萄酒杯稍显高大,而白葡萄酒杯瘦长。同时,依据不同品种、不同酒区或细分类别等,葡萄酒杯又有更细微差别。例如,法国波尔多(Bordeaux)产区红酒是由多品种混合,主要品种的赤霞珠酸度较高,使用杯身相对修长,高深又缩口的波尔多酒杯;法国勃艮第(Bouguny)产区红酒的主要品种黑比诺(Pinot noir),其酒体温柔清雅,其特点是年轻时清雅芳香,成熟时温柔雅致,果味充盈而复合,使用加大宽广杯肚再缩口设计的勃艮第酒杯。此外,葡萄酒杯同样可以用于盛装调制好的果汁或鸡尾酒等酒水。

2.香槟杯(Champagne Saucer)

常见的香槟杯有长笛形(Flute Glass)和飞碟形(Coupette Glass)两种,容量一般为4~5 oz。选用笛形杯,杯身细长,可令酒的气泡不易散掉,令香槟更可口,慢慢欣赏品饮。选用杯口宽而浅的碟形杯,能在短时间内展现晶莹透明的气泡,是搭建香槟塔必不可少的酒杯。当然,不少调酒师也会用这种杯子来盛装鸡尾酒,例如边车和曼哈顿鸡尾酒等。

3.鸡尾酒杯(Cocktail Glass)

鸡尾酒杯或称为经典鸡尾酒杯最为合适。鸡尾酒杯是一种倒锥形(V形或倒三角形)的高脚玻璃杯，所以也称三角杯。同时，这种杯型是用来盛装“鸡尾酒之王”马提尼的典型杯，因此，有时也直接被称作“马天尼杯”(Martini)，更是世界各地鸡尾酒杯的标准模板。

当然，鸡尾酒杯不局限于这一种形状，例如有些杯脚设计成循环折线型的，杯身也略有变化，就是我们通常所说的“造型”鸡尾酒杯。容量一般不大，常见是 3~6 oz。由于形状独特，因而不宜倒太满，否则杯中的鸡尾酒容易溢出。

4.玛格丽特杯(Margarita Glass)

玛格丽特杯可以看作是碟形香槟杯的变体，杯柄较高，杯身下半部分小呈郁金香花蕾状，上半部分大呈碟状，容量一般为 7~9 oz。这种杯型专门用于以龙舌兰为基酒的鸡尾酒所设计，杯口处常抹盐或酸橙等作装饰，所盛装的鸡尾酒经常混合各类水果。玛格丽特杯是用来盛装有“鸡尾酒之后”之美誉的玛格丽特鸡尾酒的经典用杯。

5.利口酒杯(Liqueur Glass)

利口杯也称餐后甜酒杯，通常是一种容量为 1~2 oz 的小型有脚杯，杯身为管状，可用来饮用五光十色的利口酒、彩虹酒及其他餐后甜酒等等，也可用于伏特加、特基拉、朗姆酒等烈酒的净饮。

(四)其他常用酒杯

1.子弹杯(Shot Glass)

子弹杯也称一口杯(Shot)，是容量为 1~2 oz 的小型无脚杯，容量小，杯底厚实，杯身线条柔滑，呈小喇叭状，在不加冰的情况下饮用除了白兰地以外的蒸馏酒时也常用，故又称烈酒杯。可用于分层鸡尾酒载杯或深水炸弹鸡尾酒的杯内杯等。

2.啤酒杯(Beer Glass)

啤酒杯主要用于装啤酒或以啤酒为基酒的啤酒鸡尾酒。造型有很多，高脚杯和平底杯均有，但总体特点是杯身高、容量大。啤酒杯容量多为 360~1 500 mL 不等。外形之不同，与啤酒原产地、原料种类、生产方式、饮用方式等有关。扎啤杯或称生啤杯(Mug)是世界上使用范围比较广的啤酒杯，其的特点是大、重、厚、有手柄。厚重而结实的杯身，使碰杯的时候可以完全放心，酒液升温也不会那么快，可以开怀畅饮。皮尔森杯是继扎啤杯之后应用比较广泛的啤酒杯。通常都是又细又长、口大底小、杯身较薄的。细长轻薄的杯身易于欣赏皮尔森型啤酒晶莹透彻的颜色以及气泡上升的过程。另外，宽杯口是为了更好地保存酒液顶部的泡沫层。此外，还有平底口阔、高腰的小麦啤酒杯等。

3.热饮杯(Hot Drink Glass/Warm Drink Glass)

热饮杯是带把柄的矮脚杯，容量变化较大，4~10 oz(120~300 mL)不等。这种带把玻璃杯是根据热饮特性设计的，拿在手里不会烫。这种酒杯由爱尔兰咖啡推广，经常被称为“咖啡利口酒杯”。热饮杯还可用来装各种热饮，比如热果汁、热鸡尾酒等，被称为托蒂杯(Toddy Glass)。

第五节　酒水杯认知实验

一、实验目的

了解不同酒水杯的特点及其匹配的酒水，能根据不同酒水的特点，科学正确选用酒水杯。同时，培养学生爱护实验室用具和环境，正确完成实验的良好习惯。

二、实验内容

实验在内容讲解后进行，讲解和实验可安排2学时。

（一）实验项目

按实际情况，酒水杯识别可安排多个项目，主要包括发酵酒、蒸馏酒、鸡尾酒等酒水杯。

（1）发酵酒杯具认知。

（2）蒸馏酒杯具认知。

（3）鸡尾酒杯具认知。

（二）重点难点

重点：葡萄酒、啤酒、黄酒、清酒等发酵酒酒杯，白兰地、威士忌等蒸馏酒酒杯，鸡尾酒酒杯。

难点：鸡尾酒酒杯知识和匹配方法。

（三）实验步骤

（1）按照班级人数和要求分组，一般3人一组，个别2~4人。

（2）按要求完成各类实验酒水杯的准备。

（3）每组在实验前准备一个托盘，用于放置各类型酒水杯。

（4）按照步骤，完成酒水杯识别。

（5）填写实验报告。

（四）注意事项

（1）遵守实验室规定。

（2）按照要求课前预习。

（3）按照要求课前清洁实验室环境。

（4）按照要求准备实验物品，将用具清洁备用。

(5)实验后注意整理和清洁实验室环境。

三、实验报告

按照要求准备各类酒水杯,完成各类酒水杯的识别,并完成酒水实验表格(表1-1)的内容填写。

表1-1 酒水杯识别学习表

序号	名称	形状特点	常见容量	匹配酒水
1				
2				
3				
4				
5				
6				
7				
8				
9				
10				

四、实验评价

实验准备:

实验操作:

实验报告:

总评:

教师签名:

五、评分标准

每次实验的成绩按实验准备、实验操作、实验报告三部分开展考核，实验成绩为各次实验的总评成绩。

(1)实验准备，占实验成绩的25%，通过检查学生准备物品和器具的完整程度实现考核。准备齐全、识别准确、服务质量高的为优。准备齐全、识别比较准确、服务质量较高的为良。在准备、识别描述方面有一项不完整的为中，两项不完整的为及格，三项以上不完整的不及格。

(2)实验操作，占实验成绩的25%，主要考核学生的实验表现、实验操作规范和熟悉程度等。态度认真，操作规范熟练、识别与服务很一致的为优。态度认真，操作比较熟练、识别与描述(或服务)比较一致的为良。态度认真，操作比较熟练、识别描述(或服务)基本一致的中。态度较认真，操作比较生疏、识别与描述(或服务)有差距的为及格。态度不认真，操作生疏、识别与描述(或服务)不一致的为不及格。

(3)实验报告，占实验成绩的50%，考核实验过程的记录情况，以及对实验结果的分析与思考等的完成情况。实验报告内容描述齐全、规范，实验结果及分析到位，实验思考有启发的为优。实验报告内容描述比较齐全、规范，实验结果及分析比较到位，有一定实验思考的为良。实验报告内容描述不齐全，存在三处以上不规范，实验结果及分析不到位，没有实验思考的为不及格。介于良与不及格之间的为中和及格。

本章小结

本章系统地介绍了酒水的含义与功能、酒精度、酒水的分类、杯具认知等内容。酒水是人们用餐、休闲及社交活动不可缺少的饮品。酒是人们熟悉的含有乙醇的饮料，水是指所有不含乙醇的饮料或饮品。酒精度是指乙醇在酒中的含量，是对饮料中所含乙醇量大小的表示。目前，国际上有三种方法表示酒精度：国际标准酒精度、英制酒精度和美制酒精度。在国际餐饮活动中，饮酒礼仪还包括使用正确的酒杯，并讲究相关的品饮酒程序等。

练习题

一、名词解释

酒；非酒精饮料；低度酒；中度酒；高度酒；酒精度

二、单项选择题

1.下列句子中描述错误的是(　　)。

A.中度酒的乙醇含量为16%~37%

B.烈性酒是以水果或谷物为原料，通过发酵制成的酒

C.植物酒是以植物为原料，经发酵或蒸馏制成的酒

D.鸡尾酒是将烈性酒、葡萄酒、果汁、汽水及调色和调香原料进行混合而制成的酒

2.目前，国际上有三种方法表示酒精度，下列不属于酒精度的表示法有(　　)。

A.标准酒精度　　　　B.英制酒精度

C.法制酒精度　　　　D.美制酒精度

三、判断题

1.饮用长饮类鸡尾酒常用高脚倒三角形酒杯。(　　)

2.酒是含酒精的饮料，其中酒精决定了酒的质量和特色。(　　)

四、问答题

1.简述酒的特点。

2.简述酒的起源与发展。

3.简述非酒精饮料的种类及其特点。

4.总结酒的分类方法。

5.描述各类酒杯的特点。

五、计算题

将一瓶标准酒精度为40度(40%v/v)的人头马CLUB香槟区优质干邑(Remy Martin Club)分别用美制酒精度和英制酒精度表示。

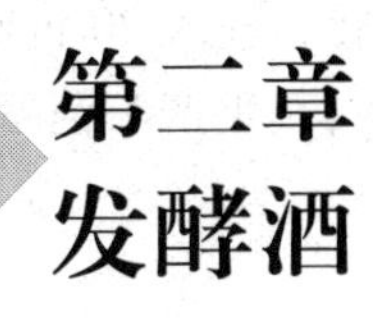

第二章 发酵酒

第一节　葡萄酒

葡萄酒是以葡萄为原料，经过完全或部分发酵后获得的酒精饮料，其酒精度一般为 8~15 度。葡萄酒中含有丰富的营养素，包括各种氨基酸、维生素和矿物质以及酚类物质。适度少量饮用葡萄酒可帮助消化，减少脂肪在动脉血管上的沉积，对冠心病、风湿病，糖尿病的预防、防癌抗癌等有一定的作用。因此，葡萄酒越来越受到各国人民的青睐，用途也愈加广泛。在欧洲、大洋洲和北美洲国家，葡萄酒主要用于佐餐，故葡萄酒也称为餐酒。此外，有些葡萄酒也作为开胃酒和甜点酒饮用。

一、葡萄酒的起源与发展

人类酿造葡萄酒的历史非常悠久，具体年代难以考证。但自然环境存在的发酵现象使得人们容易获取这一技术。自然界中果实或浆果的表面，存在天然的酵母菌，这些果实或浆果从树上落地后，通常会自然发酵成酒。

一般认为，葡萄酒起源于约公元前 6000 年，起源地在黑海与里海之间的外高加索区域。波斯可能是世界上最早酿造葡萄酒的国家，其传播路线被认为是由外高加索地区传播到土耳其与美索不达米亚，然后再由埃及与希腊传往欧洲各国。从埃及金字塔壁画采摘葡萄和酿酒的图案推测，公元前 3000 年，古埃及人已开始酿造并饮用葡萄酒。希腊的考古发现也证实，希腊的葡萄酒业也已经发展到了一个相当的程度。大约公元前 1000 年，希腊的葡萄种植面积不断扩大，不仅在希腊本国种植葡萄，还扩大到西西里岛和意大利南部。公元前 6 世纪，希腊人将小亚细亚的葡萄通过马赛港传入高卢(法国)，同时将葡萄栽培技术和葡萄酒酿造技术传给了高卢人。古罗马人从希腊人那里学会了葡萄栽培和葡萄酒酿造技术后很快在意大利半岛全面推广。随着罗马帝国的扩张，葡萄栽培和葡萄酒酿造技术迅速传遍西班牙、北非及德国莱茵河流域，并达到了较大规模。公元 400 年，法国的波尔多、勃艮第、罗纳河谷、香槟区及德国莱茵河和摩泽尔等地都大量种植葡萄和生产葡萄酒。

15 世纪后，葡萄栽培和葡萄酒的酿造技术传入了南非、澳大利亚、新西兰、日本、朝鲜和美洲等地。16世纪中叶,西班牙殖民主义者将欧洲葡萄品种带入墨西哥和美国的加利福尼亚等地,英国殖民者将葡萄栽培技术带到美洲大西洋沿岸地区。到19世纪中叶,由于欧洲葡萄园受根瘤蚜虫危害的影响,使得美国葡萄酒生产得到了快速发展。进入20世纪之后,葡萄酒在绝大部分适宜种植葡萄的国家均有生产,作为一种国际商品,其生产和消费量日益增加,在世界酒业中一直占有极其重要的地位。

二、葡萄酒的生产工艺

葡萄酒是以葡萄为原料,经过破碎、发酵、澄清等工艺程序制成的发酵酒。由于葡萄酒种类不同,生产工艺也不尽相同。

(一)常见葡萄酒酿造工艺

1.采摘和筛选

全世界可以酿酒的葡萄品种超过8 000种,主要分布在北纬30°—50°、南纬30°—40°之间,但可酿制上好葡萄酒的葡萄品种有五六十种。通常不同的品种,不同的葡萄园,不同的地区,葡萄的成熟度不一样,需根据实际情况分批采摘。

采摘后的葡萄,在最短的时间内被运到酒厂进行筛选。筛选的过程主要是去除不好的葡萄,例如未成熟的、破碎的或者是已经腐烂的葡萄,还有树叶等杂质。

2.破碎和压榨

对于酿造红葡萄酒而言,首先要进行破皮(破碎)。目的是让葡萄汁流出,并将葡萄皮和葡萄汁浸泡在一起。对于白葡萄品种而言,破碎不是一个必需步骤,很多白葡萄会直接进行压榨、不需要破皮。葡萄梗大部分在这个步骤中被去除,在一些特定的产区会保留葡萄梗,以增加酒中的单宁含量。

压榨,即通过榨汁将葡萄液体和固体分离。酿造白葡萄酒一般在发酵前压榨,然后将葡萄汁单独发酵,红葡萄酒则在发酵完成后才进行压榨,目的是让葡萄皮与汁接触一段时间,以获得颜色、单宁和风味物质。

3.发酵

发酵主要指酒精发酵,即将葡萄汁所含糖分转化为酒精的过程。酒精发酵通常加入人工酵母帮助发酵的启动和进行。发酵过程中产生了二氧化碳和热量,所以温度的控制十分重要。一般而言,红葡萄酒发酵温度高一些,通常为24~28 ℃,但如果发酵温度高于35 ℃,发酵就会终止。白葡萄酒要求发酵温度比较低,一般为15~20 ℃,以保持酒的果香和清新。

4.换桶和熟成

在发酵完成之后,葡萄酒通常还需要进行换桶、澄清等工艺。葡萄酒在酿造过程中,经常会形成葡萄皮、葡萄籽、酒脚等沉淀。因此需要将清澈的酒液转移到干净的罐中,从而避免葡萄酒和沉淀物长时间接触,产生不愉快的气味。

同时,刚酿造完成的葡萄酒,无论是口感还是香气都十分浓郁和张扬,比较难以接受,因此需要将酒放置一段时间,使酒往均衡美味方向发展,这一过程称为熟成。熟成可在橡木桶、不锈钢桶或其他惰性容器中进行。红葡萄酒通常在橡木桶中完成熟成过程，不仅可增添香气和丰富酒体，橡木桶上的细微小孔还可加速酒的成熟。不同的橡木桶也赋予葡萄酒以不同的香气和风味。

5.装瓶

葡萄酒酿造完成后，装入玻璃瓶后运往世界各地。通常白葡萄酒装瓶时间比红葡萄酒要早，因为大多白葡萄酒不经橡木桶陈年或者陈年时间短，而有些高品质的红葡萄酒则在橡木桶中培养两三年后再装瓶。大部分葡萄酒在装瓶后需要尽快饮用，以保持瓶中的最大果香。对于一些优质的葡萄酒，许多专家认为，葡萄酒在装瓶后也有氧化过程，可通过酒瓶软木塞促进瓶中的葡萄酒继续熟成，从而改善品质，例如波尔多列级葡萄酒、勃艮第优质葡萄酒、意大利年份波特酒等，这类酒可在瓶中熟成10~20年达到质量顶峰。

综上所述，红葡萄酒的酿造在发酵过程中必须使用葡萄皮，以获得颜色与单宁，一旦酒精发酵结束，刚酿造完成的葡萄酒将进行果渣分离，即使用压榨机挤出葡萄酒。一般的红葡萄酒酿造流程为：采摘→破碎→发酵→压榨→熟成→装瓶。白葡萄酒一般用白葡萄品种酿造，葡萄在酒精发酵开始前先经压榨，葡萄皮通常会被丢弃。一般的白葡萄酒酿造过程为：采摘→破碎→压榨→发酵→熟成→装瓶。而桃红葡萄酒通常是在发酵的过程当中，葡萄皮与葡萄汁进行短暂的接触，以获得一定的颜色及单宁。

（二）起泡葡萄酒的酿造工艺

起泡葡萄酒中的气泡来自溶解于酒中的二氧化碳气体，也可以通过在葡萄酒中注入二氧化碳气体而形成。但大多数高质量的起泡葡萄酒是通过二次发酵工艺而自然产生的二氧化碳作为气泡的来源。其工艺通常在普通葡萄酒酿造工艺的基础上进行。

1.制作基酒

几乎酿造所有起泡葡萄酒的第一步骤都是制作基酒，基酒通常为干型，酸度高，酒精度低。同时，起泡葡萄酒选用的葡萄多为不同葡萄品种的混合，这些葡萄可以来自不同地区的品种。按照普通葡萄酒的酿造工艺获得基础酒之后，通过启动二次发酵，从而产生气泡。

2.二次发酵

为启动二次发酵，干型基酒中必须加入糖分和酵母，酵母将糖分转化为酒精度和二氧化碳，葡萄酒中的酒精度也因此提升约1.5度。为阻止二氧化碳溢出，二次发酵必须在密封容器中进行，通常是密封瓶（瓶中发酵法）或密封罐（罐中发酵法），容器的选择取决于所需的风格和味道，以及当地的传统或法规。瓶中发酵也有许多变化方式，最常见和最受重视的方法是传统法（也称香槟法）。传统法在世界各地被广泛应用，以香槟（法国起泡葡萄酒）和卡瓦（西班牙起泡葡萄酒）的生产最为著名。传统法将糖分和酵母加入基酒中，装瓶后用冠形瓶盖封口，第二次发酵发生在密封酒瓶内，二氧化碳溶于酒中产生气泡，这种技术也为葡萄酒增添了额外的味道和风格。

3.除渣和装瓶

葡萄酒经过二次发酵后，酒中会产生酵母的沉淀物，通常通过转瓶、吐泥或者过滤等方式去除沉淀物。利用传统法酿制的起泡葡萄酒在重新装瓶之前，加入葡萄酒和糖的混合物，加糖量的多少决定了酒的最后甜度。加糖完毕后，以厚实的软木塞外绕铁丝笼重新封瓶后出售。因此，用传统法酿造香槟的工艺流程主要包括榨汁、发酵、二次发酵、转瓶、吐泥、补充酒液、包装等多项工艺，其中二次发酵和转瓶工艺是制造香槟的关键工序。

三、葡萄酒的分类

(一)按葡萄酒的颜色分类

1.红葡萄酒(Red Wine)

红葡萄酒常被称为红酒。即使用红色或紫色葡萄为原料，经破碎后，将果皮、果肉与果汁混合在一起发酵。酒的颜色呈紫红、宝石红或砖红色。酒体较丰满，果香或复杂或简单，略带涩味，适合与颜色深、口味浓重的菜肴配合饮用。

2.白葡萄酒(White Wine)

白葡萄酒多以白葡萄为原料发酵酿制而成。酒的颜色有浅柠檬黄、柠檬黄、金黄、深金黄等。其外观清澈透明，果香芬芳清新，口感微酸，舒适爽口，适合与鱼虾、海鲜等口味较清淡的菜肴配合饮用。

3.玫瑰红葡萄酒(Rose Wine)

玫瑰红葡萄酒也称桃红葡萄酒，其酿造方法在前期基本与红葡萄酒相同，但发酵中皮汁短暂接触后分离，后期与白葡萄酒的酿制方法相同。这类酒的颜色呈淡淡的玫瑰红色或粉红色。玫瑰红葡萄酒既有白葡萄酒的芳香，又有红葡萄酒的和谐丰满，并且酒中单宁含量极少，可在宴席期间与各种菜肴配合饮用。

(二)按葡萄酒的含糖量分类

1.干葡萄酒(Dry)

葡萄酒中的含糖量小于4 g/L，一般品尝不出甜味。

2.半干葡萄酒(Semi-dry)

半干葡萄酒的含糖量在4~12 g/L，品尝时能辨别微弱的甜味。

3.半甜葡萄酒(Semi-sweet)

半甜葡萄酒的含糖量为12~50 g/L，有较明显的甜味。

4.甜葡萄酒(Sweet)

酒中含糖量在50 g/L以上，由于含有较多的糖分，品尝时能感受其浓厚的甜味。

(三)按葡萄酒的生产工艺分类

1.自然葡萄酒(Natural Wine/Still Wine)

自然葡萄酒也称静止葡萄酒，常见普通葡萄酒主要属于这一类。这类葡萄酒通过自然发酵而获得，几乎不含二氧化碳或者含量极少。这类葡萄酒又常按颜色分为红葡萄酒、白葡萄酒和桃红葡萄酒。

2.起泡葡萄酒（Sparkling Wine）

起泡葡萄酒开瓶后会产生气泡，因此也称气泡葡萄酒、葡萄汽酒。该类酒在制作中通过自然生成或人工加入二氧化碳而产生气泡。这类酒可分为一般的起泡酒（Sparkling Wine）和香槟（Champagne）。

3.强化葡萄酒（Fortified Wine）

强化葡萄酒主要是指在葡萄酒发酵过程中加入部分白兰地或食用酒精，酒精度较高的葡萄酒。这类葡萄酒的酒精度为16~20度，不是纯发酵酒，其酒精度较高但保持了葡萄酒的特色。这类加强葡萄酒常常列入配制酒的范畴，代表酒类是雪莉酒（Sherry）和波特酒（Port）。

4.香料葡萄酒（Aromatized Wine）

香料葡萄酒也称加味葡萄酒，是指生产过程中添加了食用酒精、葡萄汁、糖浆和各类芳香物质的葡萄酒。其酒精度为16~20度。这种加味葡萄酒一般列入配制酒范畴，如味美思（Vermouth）。

四、葡萄酒的著名产区

世界上许多国家都生产葡萄酒，但从种植面积、葡萄品种、葡萄酒的产量及质量而言，以欧洲最为重要。欧洲著名的葡萄酒生产国包括法国、意大利、西班牙、葡萄牙、德国等。这些国家的葡萄酒生产历史比较久远，常有上千年的时间，故又被称为旧世界葡萄酒生产国。而一些新兴的葡萄酒生产国，如美国、澳大利亚、智利、阿根廷、新西兰、南非、加拿大等，因其酿制葡萄酒的历史比较短，通常只有几百年的时间，故被称为新世界葡萄酒生产国。

（一）旧世界葡萄酒生产国

1.法国葡萄酒

法国葡萄酒的酿造历史可以追溯至公元前1世纪，至今已有2 000多年的历史。在古罗马时代，法国葡萄酒的酿制技术就已位于世界领先水平。对于法国人来讲，葡萄酒是葡萄种植、气候、土壤、人的劳动与浪漫和艺术相结合的复合产品。法国葡萄酒一直保持着传统酿造工艺，琼浆玉液与玲珑杯盏之间，弥漫出的不仅是酒香，还代表着法国的优雅文化。法国拥有栽培葡萄不可缺少的温度、水质、气候及阳光，培育了许多优秀的酿酒葡萄品种，为葡萄酒的酿造和生产奠定了坚实的基础。法国虽然不是世界上葡萄酒产量最多的国家，但酿造出了世界上最好的葡萄酒，因此，法国几乎成为葡萄美酒的代名词，有着“葡萄酒王国”美誉。著名产区包括波尔多（Bordeaux）、勃艮第（Burgundy）、卢瓦尔（Loire）、罗纳河谷（Rhône）、阿尔萨斯（Alsace）、普罗旺斯（Provence）等地区。

法国葡萄酒的品质管制分级系统非常完善，被许多葡萄酒生产国用来当作品质管制及分级的典范。其分级体系采用地理标示进行分级，最高等级为原产地监控命名的AOC

(Appellation d'Origine Controlée)葡萄酒,这些葡萄酒须按照法定产区规定的技术和法规(监控)进行生产,而且在此级别中又有更进一步的级别划分。其次是 VDQS(VinsDélimités de QualitéSupérieure)优良地区餐酒,这个级别产量少,在 2011 年正式取消。此外,还有地区优质葡萄酒(Vin de Pays)和普通餐酒(Vin de Table)两个次一级的等级。从 2009 年开始,AOC 更名为 AOP(Appellation d'OrigineProtegee),即原产地保护命名葡萄酒。在 AOP 以下的级别依次为地区保护餐酒 IGP(Indication GeographiqueProtegee)和无地区保护餐酒 IG(Vin sans indication Geographique)。

2.意大利葡萄酒

意大利的葡萄酿造历史可以追溯到 3 000 多年前。在罗马帝国的整个历史进程中,通过意大利,大多数西欧国家开始发展了葡萄种植和酿酒技术,因此,意大利也被称为"葡萄酒之乡"。意大利一度是世界上最大的葡萄酒生产和消费国,最高年产量曾占世界葡萄酒生产量的 1/4。意大利生产的葡萄酒种类繁多,风味各异,几乎每个产区都有浓厚地方特色的葡萄酒。意大利生产红葡萄酒、白葡萄酒、桃红葡萄酒、起泡葡萄酒等多种类型的葡萄酒,大部分的意大利红葡萄酒含有较高的酸度,丹宁的强弱则依据葡萄品种而各不相同。意大利白葡萄酒大多以清新口感和宜人果香为其特色。其主要产区有皮蒙区(Piedmont)、伦巴蒂(Lombardia)、威尼托(Veneto)、托斯卡纳(Tuscany)等著名产区。

3.德国葡萄酒

德国是世界上纬度最高的葡萄酒酿酒国,以酿造美味可口的葡萄酒闻名于世。德国种植葡萄已有上千年的历史。其特有的气候条件和土壤孕育了许多名贵的葡萄品种,精心与完美的酿制方法以及严格的质量检验标准使德国葡萄酒一直在欧洲乃至世界上享有极高的声誉。德国葡萄酒与世界其他著名葡萄酒生产国的葡萄酒有显著的区别,其生产的葡萄酒保持了天然的果香味,酒精含量较低而酒味香醇,酸甜均衡适度,可用作餐前开胃,也可与各款佳肴搭配。德国葡萄酒生产以白葡萄酒为主,其中贵腐酒以及冰酒最为出名。在德国不同地区的葡萄酒各有特色,著名产区主要为莱茵河(Rhein)及其支流摩泽尔河地区(mosel)。

4.西班牙葡萄酒

西班牙的葡萄酒历史悠久,早在罗马时代即已盛行葡萄酒,葡萄树的种植到处可见。西班牙生产的葡萄酒以口感细致闻名,酒精浓度高、酒力强劲为其特色。其种植面积世界最大,产酒量仅次于意大利和法国。西班牙生产各种类型的葡萄酒,又以雪利酒最为著名,堪称国宝酒。

(二)新世界葡萄酒生产国

1.美国葡萄酒

美国葡萄酒的生产始于 16 世纪,但当时使用本地葡萄,葡萄酒的质量不佳。到了 19 世纪,从欧洲引入优质葡萄品种,葡萄酒业开始发展。而后经历了 19 世纪后期的根瘤病和 20 世纪初期美国颁布禁酒令的影响。近几十年,美国葡萄酒业顺应市场趋势,发展速度很快,并已逐步确立风格与特色。相对于法国和意大利等欧洲国家,美国葡萄酒的生产历史较短,属于新兴产业。美国葡萄酒的生产主要集中在加利福尼亚州(California)、华盛顿州(Washington)、纽约州(New York)、俄勒冈州(Oregon)。加利福尼亚州的葡萄酒产量约占全美国的75%~85%,而且全美最好的葡萄酒主要产自该州,主要产区有纳帕(Napa)谷、索诺马(Sonoma)谷和中央山谷(Central Valley)。

2.澳大利亚葡萄酒

澳大利亚与美国一起被誉为世界上最成功的两大新兴葡萄酒生产国。澳大利亚葡萄酒生产有200余年的历史。第一批葡萄树1788年由英国人带入,种植在悉尼附近的农场,该地不论在气候或土壤条件,都非常适合栽种葡萄。同时,其葡萄酒制造业不仅保持了欧洲传统的酿酒工艺,还善于采用先进的酿造方法和现代化的酿酒设备,生产大众化的优质葡萄酒并大量出口。在20世纪初期,澳大利亚葡萄酒生产量和出口量均稳步增长,平均每年出口约4 500万L。从1994年开始,平均每年生产约5 027亿L葡萄酒,其中36%出口到美国、英国等70多个国家。澳大利亚由于产地不同,葡萄品种也很多,能生产各类静态葡萄酒、起泡葡萄酒以及雪莉酒、波特酒等。澳大利亚拥有一批大面积的葡萄种植园,最具代表性的葡萄酒产区有西澳大利亚(Western Australia)、南澳大利亚(South Australia)、新南威尔士(New South Wales)、维多利亚州(Victoria)等。

3.中国葡萄酒

根据文献记载,中国的葡萄栽培已有2 000多年的历史。约公元前138年,汉武帝派遣张骞出使西域,引入欧亚葡萄及酿造葡萄酒的技术,促进了中原地区葡萄栽培和葡萄酒酿酒技术的发展。唐朝是我国葡萄酒酿造史上的辉煌时期,葡萄酒的酿造已经从宫廷走向民间。13世纪,葡萄酒成为元朝的重要商品,已有大量的葡萄酒在市场上销售。此后由于种种原因,我国的葡萄酒并未得到进一步的发展。1892年,爱国华侨实业家张弼士从国外引进酿酒葡萄,聘请奥地利酿酒师在山东烟台建立了中国第一家新型葡萄酒厂,即张裕葡萄酿酒公司,我国才出现第一家葡萄酒厂。20世纪80年代后,我国葡萄酒业真正进入发展阶段。目前国内有葡萄酒厂约5 500家,主要企业品牌有张裕、长城、王朝、威龙、华夏等。我国著名的葡萄产区有渤海湾地区、河北、山西、宁夏、甘肃、新疆、云南等。

五、葡萄酒的品鉴与服务

(一)葡萄酒的品鉴

在品鉴各类酒水(尤其是葡萄酒)时,应使用正确的酒杯,提供白色的背景采用自然光或白光,并且在无异味的环境中进行。葡萄酒的品鉴包括以下三个步骤:

1.观其色

以白色为背景将酒杯倾斜45°角观察葡萄酒的颜色,察看葡萄酒酒液的色泽、光泽度、挂杯等情况,判断并欣赏其颜色、光泽度和澄清度。在第一次闻香之后可摇晃酒杯,以欣赏酒痕(也称酒脚、挂杯)。酒痕是摇晃酒杯后杯壁上形成的一层酒液膜和缓缓流下的一串串液体。这些酒液像眼泪一样挂在杯壁上,也称酒泪。

2.闻其香

闻香首先应判断酒液是否有缺陷。例如,带有发霉的湿报纸味或洗甲水味等则表示酒的质量已经变坏。在确定酒液无质量问题后进入正式闻香阶段。闻香分两次进行,第一次不晃动酒杯闻葡萄酒的香气,第二次晃动酒杯后再闻葡萄酒的香气。闻香时尽量将鼻子伸进酒杯,迅速地吸气,感受葡萄酒的香气是清淡、中等或浓郁,分辨葡萄酒香气特征(果香、花香、植物香、辛香、动物香、橡木香、焦糖香或烘焙的香气等),感受葡萄酒香气的不同层次和复杂性。

3.品其味

通过味觉去感受葡萄酒可以说是解读酒款最为重要的过程。饮一小口葡萄酒入口,让口腔中的每一个部位都接触到葡萄酒。品鉴时可顺势吸入些许空气,更容易带出葡萄酒的香味。此时,调动舌上味蕾,细细品味其甜度、酸度、酒精度、单宁等要素的平衡性和复杂性,感受葡萄酒的酒体轻重。缓慢咽下之后感受余味的深浅与长短。

(二)葡萄酒的服务

1.日常储存条件

正确的日常储存条件对葡萄酒非常重要。如果葡萄酒的储存条件不理想,葡萄酒容易失去特有的香气和风格,产生缺陷甚至变质。葡萄酒日常贮存条件一般要求是凉爽、恒温、恒湿环境。同时,要避免直射光线,隔绝气味,避免震动,保持一定的通风。若葡萄酒以软木塞密封,则必须水平放置,使酒液与软木塞持续接触,以保持软木塞的湿润。若葡萄酒以螺旋盖封瓶,则以直立的方式储存。最佳放置环境是酒窖或电子酒柜,并根据不同的种类设置不同的温度和湿度。一般而言,存储温度大约控制在10~18 ℃,湿度约为60%~70%。

2.杯具的选择

鉴赏葡萄酒时,合适和质量上乘的酒具有利于真实展现葡萄酒的各方面特征。一般采用高脚玻璃杯,方便持杯与观色。但高脚葡萄酒杯亦有不同的形状,例如,波尔多葡萄酒杯和勃艮第葡萄酒杯的形状就有较大差别。最佳方法是根据不同葡萄酒的特色进行选用,这样更能展现酒的风味和特色。但若条件不允许,一般红葡萄酒应选用杯身尺寸较大的葡萄酒酒杯,白葡萄酒杯可选用较小的葡萄酒酒杯,起泡酒杯则合适选择长笛形杯。而在进行不同的葡萄酒品鉴时,最适合采用国际标准的ISO杯,更方便比较各类葡萄酒的不同。

ISO标准品酒杯(Standard Wine Tasting Glass)是适合品鉴各种葡萄酒的一种酒杯。其杯身造型类似一朵含苞待放的郁金香,标准容量约215 mL,全长155 mm,杯体总长100 mm,杯口宽度46 mm,杯体底宽65 mm,杯脚高度9 mm,杯底宽度65 mm。在品鉴斟酒时,一般宜倒至ISO杯身下端最宽处,酒量大约为50 mL。

ISO酒杯:无色,无花纹和雕刻,便于观察酒的颜色;合适的杯脚高度便于旋转酒杯,加速酒香的释放,同时可以避免手部影响酒温;更深的杯体可以保证旋转的酒杯不会洒出,同时可以为酒香的对流和浓缩留下空间;较窄的杯口有利于集聚酒香,并将酒较好地引至舌面。ISO酒杯并不突出葡萄酒的任何特点,而是直接展现葡萄酒的原汁原味,被全世界各个葡萄酒品鉴组织推荐和采用。

3.侍酒的温度

葡萄酒通常需要冰镇后饮用,但依据不同的葡萄酒风格,其最佳侍酒温度又有所不同。一般情况下,饱满酒体红葡萄酒侍酒温度为 16~18 ℃(标准室温),轻盈酒体红葡萄酒侍酒温度为 13~18 ℃,饱满酒体白葡萄酒侍酒的温度为 10~13 ℃,轻盈酒体白葡萄酒侍酒的温度为 7~10 ℃,起泡酒侍酒的温度为 6~10 ℃,甜酒的侍酒温度为 6~8 ℃。

第二节　啤　酒

啤酒为英文"beer"的音译和意译的合成词。传统啤酒是以大麦芽为主要原料,添加啤酒花,经过酵母菌发酵而形成的一种含有二氧化碳的低酒精度饮料。现在国际上的啤酒大部分添加了辅助原料,有的国家规定辅助原料的总量,用量总计不超过麦芽用量的 50%,但德国除出口啤酒外,规定其国内销售的啤酒一律不使用辅助原料。国际上常用的酿造啤酒辅助原料为玉米、大米、小麦、淀粉、糖浆和糖类物质等。啤酒酒精度低,通常为 3~8 度,啤酒的二氧化碳含量一般为 0.35%~0.45%,人工充气的啤酒二氧化碳含量可达 0.7%。啤酒是一种营养价值较高的发酵酒,有"液体面包"之称,含有人体需要的糖类、蛋白质、氨基酸、多种维生素及无机盐等。其中,啤酒中含有 17 种氨基酸,有 7 种是人体不能合成又必不可少的。同时,啤酒因含酒精量低,其所含的营养成分容易被人体吸收,其中糖类被人体吸收率可达 90%。因此,1972 年在墨西哥举办的第九届世界营养食品会议上,啤酒被选定为营养食品之一。

一、啤酒的起源与发展

啤酒有着悠久的历史,是人类最早掌握的发酵酒之一,其起源可以追溯到 8 000 年以前。当时,在人类文明摇篮之一的底格里斯河和幼发拉底河南部,有一支叫苏美尔人的吉卜赛族部落。每当苏美尔人打了胜仗,都喜欢饮用一种用大麦酿制而成的饮料,这种饮料可能就是最早的啤酒。史料记载,当时制作啤酒只是将发芽的大麦制成面包,再将面包磨碎置于敞口的缸中,让空气中的酵母菌进入缸中进行发酵,制成原始啤酒。已有记载资料显示,最早生产啤酒的时间在公元前 3000 年左右,由苏美尔人把啤酒生产工艺刻制在黏土板上,作为供品奉献给农耕女神。后来,啤酒酿制技术传到了古埃及,古埃及人改进了啤酒的酿造技术,并在酿造过程中添加了蜂蜜等其他原料,酿成了风味各异的啤酒。随着战争及贸易往来,罗马人、希腊人、犹太人等从埃及学会了啤酒酿造技术,并传到欧洲。

公元 768 年,德国人首次将啤酒花(Hop)作为啤酒酿造时麦芽汁的稳定剂加入到啤酒酿制配方中,使啤酒拥有了令人爽快的苦味并易于保存。自此,诞生了现代意义的啤酒。1040 年,德国建造了世界第一家生产啤酒的工厂。1516 年,德国公布了纯酿法,规定啤酒的原料至少要有水、麦芽、酵母和啤酒花。1810 年,德国慕尼黑举办了世界首届慕尼黑啤酒节。

1837年,在丹麦的哥本哈根诞生了世界上第一个工业化生产瓶装啤酒的工厂,啤酒从此进入工业化生产时代。1876年,法国生物学家路易斯巴斯德研究出低温杀菌法,使啤酒的保质期大幅度延长。随着啤酒工艺的发展,啤酒已逐渐成为一种大众饮品,在世界各地受到越来越多人的喜爱。

中国啤酒业的发展始于19世纪末。1900年,俄国人在我国东北的哈尔滨建立了中国境内第一家啤酒厂,中国啤酒工业由此开始。1903年,德国人和英国人合营在青岛建立了英德啤酒公司(青岛啤酒厂的前身)。此后,不少外国人在东北和天津、上海、北京等地建厂。但在1949年之前,中国大陆的啤酒业发展缓慢,分布不广、产量不大,生产技术掌握在外国人手中,生产原料依靠进口。1949年后,中国啤酒工业逐步摆脱了原料依赖进口的落后状态。进入20世纪80年代,持续的改革开放政策使我国的啤酒工业得到迅猛发展,啤酒厂如雨后春笋般涌现。目前,我国啤酒产量处于世界领先地位。

二、啤酒的生产工艺

啤酒有不同的风格,而不同的风格由不同的生产工艺形成。通常啤酒生产由选麦、发芽(约1周)、制浆、煮浆、冷却、通氧、发酵(约1周)、陈酿(2个月)、过滤等工艺组成。

(一)麦芽制备

1.选麦

酿造啤酒首先对啤酒的主要原料-大麦进行筛选和分级。原粒大麦中常含有破损颗粒、杂谷、秸秆和土石等杂质,在大麦进入浸渍之前必须剔除,并根据麦粒腹部直径的大小分级以满足大麦发芽均匀的条件。

2.浸麦

经过筛选和分级的大麦要经过水浸,使大麦达到适当的含水量,从而促进大麦发芽。浸渍后的大麦应具有新鲜的麦秆味道,外表清洁,无黏附物、无酸味和异味,并具有弹性。

3.发芽

大麦浸渍吸水后,在适宜的温度和湿度下发芽。发芽使麦粒产生大量的酶,并将麦粒中的淀粉、蛋白质和半纤维素等高分子物质分解,以满足酿造啤酒的糖化需求。

4.干燥

干燥是指使用热空气将麦芽干燥和烘焙麦芽的过程。干燥的目的是终止麦芽生长和酶的分解,制成水分含量较低的麦芽。

(二)麦汁制作

麦汁制作是将固态的麦芽、非发芽谷物和啤酒花用水调制成澄清透明的麦芽汁的过程,这一过程俗称糖化。

1.粉碎

用湿式粉碎机粉碎麦芽,用粉碎机粉碎干谷物,加水调浆,泵入糖化锅。

2.麦汁糖化

糖化是指在60~70 ℃的条件下,利用麦芽本身的酶,使麦芽及其辅助原料(淀粉)逐渐分解为可溶物质,使之符合要求的麦汁生产过程。

3.麦汁过滤

过滤是将麦汁与麦糟分离的过程,经过糖化的麦汁必须迅速过滤,以保持品质。

4.添加啤酒花

过滤后的麦汁需要煮沸,以蒸发水分、浓缩麦汁。在麦汁煮沸的过程当中,添加啤酒花。啤酒花可使啤酒不但拥有特有酒花的香味和苦味,同时使麦汁澄清并具有一定的防腐作用,从而有更佳的口感和延长啤酒的保质期。

5.冷却与通氧

麦汁煮沸定型后分离啤酒花,再将麦汁冷却到规定的温度,加入一定量的氧气后,进入发酵阶段。

(三)发酵阶段

麦汁冷却后加入酵母菌,输送到发酵罐中,开始发酵。发酵分为前发酵和后发酵,传统工艺的发酵分别在不同的发酵罐中进行,现在流行的做法是在一个罐内进行前发酵和后发酵。前发酵主要是利用酵母菌将麦芽汁中的麦芽糖转变为酒精的过程。后发酵主要是产生一些风味物质,排除掉酒精中的异味,并促进啤酒的成熟。这一期间需控制罐内的压力,使发酵时产生的二氧化碳保留在啤酒中。

(四)过滤杀菌

经过两个星期或更长时间的酒精发酵和熟化期之后,经过过滤装置,除去啤酒中的少量杂质和微量微生物,即可获得清亮透明的鲜啤酒。经过巴氏低温灭菌后,成为熟啤酒。

(五)罐装与销售

灌装是啤酒生产的最后一道工序,灌装后的啤酒应符合卫生标准,尽量减少二氧化碳的损失和减少封入容器中的空气含量。常见的啤酒包装形式有桶装、瓶装和罐装。桶装啤酒一般是未经巴氏杀菌的鲜啤酒,啤酒口味好,成本低,但保质期不长,适宜当地销售。瓶装啤酒可以保持质量、减少紫外线的影响。一般采用棕色或深绿色的玻璃瓶,通过灌装机灌入啤酒,加上瓶盖密封,经巴氏杀菌后,检查合格即可装箱出厂。罐装啤酒于1935年始于美国,罐装啤酒运输携带和开启饮用方便,受消费者欢迎,因此发展很快。

三、啤酒的分类

啤酒有多种分类方法,可以根据啤酒原料、颜色、生产工艺、发酵工艺及啤酒的特点等进行分类。

(一)按啤酒的主要原料分类

1.大麦啤酒

大麦啤酒指以大麦芽为主要原料,经发酵制成的啤酒。大麦啤酒是传统啤酒,一直以来,大麦啤酒的生产和消费总量均最大。世界大麦啤酒的生产国及著名的品牌很多,其中德国最有代表性。大麦啤酒有不同的颜色和酒精度。同时,由于采用不同种类的大麦和不同的烘烤方法,产品的风味也不同。

2.小麦啤酒

小麦啤酒以小麦芽为主要原料,经发酵制成的啤酒。其原料中的小麦芽含量至少达35%。小麦啤酒在英国首先推出,成为一种新型的啤酒,其味道更细腻柔顺,满足了欧洲各国、日本和东南亚一些消费者的需求。小麦啤酒颜色微白,因此也称白啤酒。

3.综合原料啤酒

综合原料啤酒的原料较多,可以有大麦芽、大麦、小麦、大米、玉米、淀粉及糖浆等,包括加入了一些水果、蔬菜或带有保健功能的其他植物等原料制成的啤酒。

(二)按啤酒的颜色分类

由于啤酒采用不同的原料,使用不同的麦芽烘烤方法,因此啤酒颜色各不相同。

1.浅色啤酒

浅色啤酒的外观呈淡黄色、金黄色或麦秆黄色。浅色啤酒一般口味淡爽,酒花香味突出,例如比尔森啤酒。我国绝大部分啤酒也属于这一类。传统的比尔森啤酒、德国的多特蒙德啤酒都是浅色啤酒的代表。

2.深色啤酒

深色啤酒的外观呈红棕色、红褐色、深褐色和黑褐色(也称黑色)。深色啤酒麦汁浓度通常较高,具有麦芽香味突出、口味醇厚、泡沫细腻、口感浓烈而略苦的特点。部分原料采用深色麦芽,其外观呈琥珀色、古铜色、褐色、红褐色和黑色。例如,德国生产的伯克(Bock)啤酒和慕尼黑(Munich)啤酒等。

(三)按啤酒杀菌处理工艺分类

1.鲜啤酒

鲜啤酒又称生啤,指在生产中未经过加热杀菌处理的啤酒,但也属于可以饮用、符合卫生标准。生啤酒花香味浓,营养丰富,但容易变质,不能长期保存,保质期一般在7天以内。此外,还有虽未进行加热杀菌,但采用无菌膜过滤技术的纯生啤酒,也可归入这一类型。其保质期较长,可达180天。

2.熟啤酒

熟啤酒是指在装瓶或装罐后,经过巴氏法杀菌之后的啤酒。经过杀菌,可以防止酵母继续发酵和其他微生物的影响，啤酒稳定性好，保质期一般在60天以上，优质啤酒保质期在3个月以上。

（四）按发酵工艺分类

1.拉格啤酒

拉格（Lager）啤酒也称底部发酵啤酒或下面发酵啤酒，是传统的德国式啤酒。其使用溶解度较弱的麦芽，采用糖化煮沸法，发酵时温度低，时间较长，酵母沉淀于酒液底部。拉格啤酒的主流口味清爽而富有啤酒花香味，是世界上大部分啤酒采用的发酵方法。按酒液颜色可分为浅色或深色；根据不同的拉格啤酒特色，又可分为比尔森（Pilsner）啤酒、伯克（Bock）啤酒和多特蒙德（Dortmunder）啤酒等类别。

2.艾尔啤酒

艾尔（Ale）啤酒也称上部发酵啤酒或上面发酵啤酒，为传统英国式啤酒。以易溶解的麦芽为原料，采用高温和快速的发酵方法，发酵时酵母随二氧化碳浮于酒液上部。艾尔啤酒的主流口味浓郁而富于变化，配合各种麦芽类型更容易形成不同的啤酒种类。按酒液颜色可分浅色艾尔啤酒和深色艾尔啤酒。浅色艾尔啤酒有不同的麦芽含量，通常酒花味浓，二氧化碳含量高；深色艾尔啤酒，麦芽香味浓，常带有水果香气。根据不同的艾尔啤酒特色，又可分为司都特（Stout）啤酒、波特（Porter）啤酒等类别。

（五）按麦芽汁浓度分类

麦汁浓度是指酿造啤酒中的麦芽汁含量的浓度，以每千克麦芽汁含糖量计算，通常分为低麦芽度啤酒、中麦芽度啤酒、高麦芽度啤酒。

1.低浓度啤酒

麦芽汁浓度为2.5%～8%（巴林糖度计），酒精度为0.8～2度。

2.中浓度啤酒

麦芽汁浓度为9%～12%，以12%最为普遍，酒精度为3.5度。浅色啤酒几乎都属于该类型，包括我国的绝大多数啤酒。

3.高浓度啤酒

麦芽汁浓度为13%～20%，酒精度为4～8度，多为高级深色啤酒。

除以上提到的各种分类外，还有其他不同的分类方法。例如，根据啤酒特点和传统风味分类，啤酒分为苦啤酒、果味啤酒、假日啤酒、春天啤酒、修道院啤酒等。

四、啤酒的著名品牌

（一）国外著名品牌

1.喜力（Heiniken）

喜力啤酒由一家荷兰酿酒公司生产，于1863年由杰拉德·阿德里安·海尼根在阿姆斯特丹创立。目前,荷兰喜力啤酒公司是世界上知名度最高的国际啤酒集团,在80多个国家中有超过100多家公司联营生产,各种啤酒产品在超过170多个国家和地区销售,是世界排名第一的国际啤酒品牌。

2.百威(Budweiser)

百威诞生于1876年的美国,由阿道弗斯·布希创办。鼎盛时期,百威在美国市场占有率高达50%,20世纪初成为美国最大的啤酒企业,目前百威啤酒仍是世界单一品牌销量最大的啤酒之一。1995年,百威亚洲工厂在中国武汉兴建,中国市场的百威啤酒全部由百威(武汉)国际啤酒有限公司酿造生产。除美国的百威啤酒外,在捷克亦有同名啤酒品牌。两国的同名啤酒均拥有上乘的质量但风格迥异,由于历史的原因,其名称在各国不同,市场占有率也不同。美国和捷克的百威啤酒都在国际上享有盛名。

3.科罗娜(Corona)

科罗娜以其独特的口味成为世界上销量第一的墨西哥啤酒,由莫德罗(Modelo)啤酒公司生产。莫德罗啤酒公司位于墨西哥,1925年创建,在当地有8家酒厂,年产量达到4 100万吨,在墨西哥市场占有率达60%以上,科罗娜特级(Corona Extra)是其主力产品,也是世界第五大啤酒品牌。2018年12月,科罗娜入围2018年世界品牌500强。科罗娜啤酒目前也是我国酒吧爱好者喜爱的品牌之一。

4.嘉士伯(Carlsberg)

嘉士伯由丹麦嘉士伯(Carlsberg)公司出品,也是世界著名啤酒品牌。嘉士伯公司是知名的国际酿酒集团之一,于1847年在丹麦哥本哈根成立,现在全球40多个国家和地区设有啤酒厂,产品在世界150多个国家和地区销售。嘉士伯啤酒在我国的北京、上海、广州、成都等地设立了公司。嘉士伯啤酒口感属于典型的欧洲拉格啤酒,酒质清澈甘醇,打出的口号是“世界最好的啤酒”。

5.健力士(Guinness)

健力士也称吉尼斯,是世界最大的黑啤酒品牌,目前属世界最大酒业集团帝亚吉欧旗下。吉尼斯黑啤酒也是吉尼斯世界纪录的起源,吉尼斯世界纪录是爱尔兰吉尼斯啤酒公司品牌营销创意的一个结果。但在很多国家,《吉尼斯世界纪录大全》的名声远远大于其最初作为黑啤酒的起源。吉尼斯黑啤酒起源于1759年,一个名叫阿瑟·吉尼斯的人在爱尔兰都柏林市建立了啤酒厂,生产一种泡沫丰富、口味醇厚、色暗如黑的啤酒,这就是吉尼斯黑啤酒。经过几百年的发展,使用烘焙大麦酿制的吉尼斯黑啤酒以拥有特色的深色以及独特的口味享誉世界。吉尼斯黑啤酒在世界50多个国家有酿造生产。

此外,还有德国的贝克(Beck's)、比利时的时代(Stella Artois)、美国的银子弹(CoorsLight)、新加坡生产的虎牌、菲律宾的生力、日本的朝日和麒麟等知名啤酒品牌。

(二)国内著名品牌

1.青岛啤酒

青岛啤酒是中国知名度最高和受到国际认可的啤酒品牌。1903年,由德国和英国的商人联合投资,在青岛成立了日耳曼啤酒公司青岛股份公司,采用德国的酿造技术以及原料进行生产,是中国第一家以欧洲技术建造的啤酒厂。经过百年发展,青岛啤酒形成了自己独特的风格。现青岛啤酒集团有限公司是青岛市国资委出资设立的国有独资公司,下设青岛啤酒股份有限公司等。1993 年青岛啤酒股份有限公司成立,股票分别在香港和上海上市,成为国内首家在两地同时上市的股份有限公司。该公司目前位列世界品牌 500 强,在全国 20 个省、自治区、直辖市拥有 60 多家啤酒生产企业,青岛啤酒远销美国、加拿大、英国、法国、德国、意大利、澳大利亚、韩国、日本、丹麦、俄罗斯等世界 100 多个国家,为世界第五大啤酒厂商。

2.雪花啤酒

雪花啤酒由华润雪花啤酒(中国)有限公司生产。华润雪花啤酒(中国)有限公司成立于 1994 年,是一家生产、经营啤酒的全国性的专业啤酒公司,总部位于中国北京,自 2006 年起,华润雪花啤酒总销量连续位列中国啤酒市场销量第一。雪花啤酒以清新清爽的口感深受全国啤酒爱好者喜爱。

3.哈尔滨啤酒

哈尔滨啤酒是中国最早的啤酒品牌。1900 年,俄国商人乌卢布列夫斯基在哈尔滨开办了中国第一家啤酒厂——乌卢布列夫斯基啤酒厂。这是中国最早的啤酒制造商,并正式生产“哈尔滨啤酒”。几经变迁,哈尔滨啤酒集团已成为国内第五大啤酒酿造集团,除占据东北市场外,在国内市场占据一定地位,并远销英国、美国、俄罗斯、日本、韩国、新加坡等 30 多个国家和地区。

此外,我国比较著名的啤酒品牌还有北京的燕京啤酒、广州的珠江啤酒、四川的蓝剑啤酒、上海的力波啤酒、杭州的西湖啤酒等。

五、啤酒的品鉴与服务

(一)啤酒的品鉴

1.啤酒质量的鉴别

啤酒质量的鉴别包括以下四个方面:

(1)外观。酒液应清亮透明、不浑浊。颜色浅则透亮,深则有光泽,啤酒中无任何小颗粒、悬浮物和沉淀物。

(2)泡沫。啤酒的泡沫应洁白细腻,稠密持久。优质啤酒泡沫挂杯可达 4 min 以上。

(3)香味。优质啤酒应香醇清爽,有丰富的麦芽和酒花的清香,酒发酵及熟化后的醇香。黑啤酒的香气稍微带有焦糊气息。而如果气味带酸或杂质味的啤酒,则表示质量不佳或者已变质。

(4)口感。啤酒入口应有清爽可口且略带有苦味的感觉。啤酒的酒精含量低,口感无酒精刺激性,但应呈现一定的杀口力(指啤酒在饮用过程中酒体内的二氧化碳或各种离子对舌头或口腔的刺激性),令人产生一种新鲜、刺激、清爽的感觉。

2.啤酒的品饮方法

饮用啤酒并不像葡萄酒一样需要慢慢品尝，一般是大口、短时间内饮完。此方法品饮啤酒的原因主要有以下几点：其一，啤酒的醇香和麦芽香刚倒入杯中时，浓郁和香气诱人，若放置时间稍长，香气逐渐挥发，影响口感。其二，啤酒刚倒入杯中时，有细腻洁白的泡沫呈现，杯底能升起一串好看的二氧化碳气泡。同时，二氧化碳气泡使饮用时展现一定的杀口力。但时间一长，啤酒中的二氧化碳将消失殆尽，未能展现一定的杀口力而使啤酒的风味大打折扣。最后，啤酒适于低温饮用。若倒在杯内的时间过长，其酒温必然升高。酒温升高且二氧化碳消失，啤酒的苦味突出、失去清爽的感觉。

（二）啤酒的服务

啤酒的服务操作比想象的要复杂得多，优质的啤酒服务通常应考虑三个方面的条件：啤酒的温度，啤酒杯的选择和清洁程度、倒酒的方式。

1.啤酒的饮用温度

啤酒适宜低温饮用，在饮用前都需要进行冰镇处理。一般来说，啤酒储存温度为5～10 ℃，饮用温度为5～12 ℃。其中，艾尔啤酒适合在10～13 ℃饮用，拉格啤酒适合在7～10 ℃饮用。其主要原因是此温度区间啤酒中的二氧化碳最适合。啤酒中的二氧化碳是形成啤酒泡沫的核心，二氧化碳的溶解度随温度的升高而降低。温度高时，啤酒中的二氧化碳溢出量大，形成强烈泡腾，二氧化碳快速大量流失，泡腾后续力弱；温度低时，二氧化碳溢出量少，泡沫形成则较慢；温度太低时，啤酒因气泡量过少而变得平淡无味；温度过高时，酒里的气泡会快速消失，苦味也会增加，影响品饮体验。

2.啤酒杯具的选择

常用的啤酒杯形状是杯口大、杯底小的喇叭形平底杯，也称皮尔森杯，或者是类似于皮尔森杯的高脚或矮脚玻璃杯。该形状酒杯易于倒酒，常用于瓶装啤酒服务。另一种是带把柄的扎啤杯，酒杯量大，一般用于服务桶装啤酒。现在也有较多的酒吧使用直身酒杯或品脱杯，这增加了斟酒的难度。

不管使用何种杯具，一定要保证杯具的清洁。清洁的啤酒杯能让泡沫在酒中呈圆形，持续保持新鲜口感，因此，啤酒杯必须干净，没有油腻、灰尘和其他杂物。其中，油脂是泡沫的大敌，会对泡沫形成极大的销蚀作用，使浓郁而洁白的泡沫层受到影响，甚至会很快消失。而且，不干净的杯子还会影响啤酒的口感和味道，所以，啤酒杯的清洗要严格遵循洗、刷、冲、消毒的步骤进行，并且不要用毛巾等擦干杯子以防二次污染。啤酒杯使用前可以事先在冰箱中冷藏，但不能冷冻。

3.啤酒服务技巧

（1）斟酒技巧

一杯优质的啤酒，应有丰富的泡沫略高出杯子边缘1～3 cm，且洁白细腻，颜色美观。如果杯中啤酒少而泡沫太多并溢出或者无泡沫，属于服务不专业的表现。啤酒服务中，非常讲究倒酒技巧。根据杯子的大小，一般啤酒倒至八分满，泡沫厚度约两厘米，俗称“八分酒，两分泡沫”。斟酒时影响泡沫最大的因素取决于两个方面:倒酒时杯子的倾斜角度,以及保持倾斜度时间的长短。倒桶装啤酒时,应将酒杯倾斜45°,低于啤酒桶的开关;当酒液倒至杯子一半时,把杯子直立,让啤酒流到杯子的中央,再根据情况把开关打开至最大,泡沫略高于酒杯时,关掉开关。如采用标准啤酒杯服务,酒杯应直立,用啤酒瓶或罐来代替杯子的倾斜角度,将啤酒倒入酒杯中央,当有一些泡沫出现后,把角度降低,缓慢倒入。整个过程注意瓶口不应接触杯口,而是沿杯对面的杯壁缓慢倒满,泡沫过多时可分次加酒。倒完啤酒后将啤酒瓶或罐放在啤酒杯旁边。

(2)其他服务技巧

瓶装和罐装啤酒如采用标准啤酒杯服务,应将瓶装和罐装啤酒呈递给客人,当客人确认后现场打开,注意开启时应将瓶盖或拉环朝向自己。同时,注意不要在客人喝剩的啤酒杯内倒入新开瓶的啤酒,这样会破坏新啤酒的味道,最好是等客人喝完之后再倒。但是,在实际服务过程当中,可以先征求客人意见,根据客人的要求去决定是否倒入新的啤酒或等客人饮用完杯中的酒之后继续倒入。

第三节 中国黄酒

黄酒是世界上最古老的酒精饮料之一,源于中国,为中国独有,并与啤酒、葡萄酒并称世界三大古酒。在我国,黄酒品种繁多,大多数颜色呈黄色,故称黄酒,又有老酒、料酒之称。在国家标准中,黄酒的定义是以稻米、黍米、黑米、玉米、小米、小麦等为原料,经过蒸料,拌以麦曲、米曲或酒药进行糖化和发酵酿制而成的各类低度酿造酒。黄酒的营养成分高,主要有糖、糊精、有机酸、氨基酸、酯类、甘油,以及微量的高级醇和一定量的维生素等成分。黄酒中氨基酸含量非常丰富,其高达21种的氨基酸中有8种是人体自身不能合成的。因此,黄酒有相当高的营养和热量,故有“液体蛋糕”的美誉。许多地方除日常饮用外,还作为妇女产后的滋补品。黄酒用途广泛,在日常生活中也将其作为制作菜肴的调味剂或解腥剂。在烹饪中常用的料酒即为黄酒,尤其在烹饪各种肉类时加入黄酒,不仅可以去腥,而且能增进菜肴鲜美风味;在制作甜点、糖水、冷热混合饮料时,加入黄酒亦可提升美味。同时,黄酒还可药用,是中药中的辅佐料或“药引子”,并能用于配置多种药酒。

一、黄酒的起源与发展

黄酒酿造历史悠久,根据记载已有6 000多年的历史。我国自古就有猿猴造酒的传说,而比较有依据的说法有以下两种:一是夏朝的仪狄造酒,二是周代的杜康造酒。据史料记载,在3 000多年前的商周时期,中国已掌握独创的酒曲复式发酵法,开始大量酿制黄酒。历史上黄酒的生产原料在北方以粟为主,在南方则普遍以稻米(尤其是糯米)为原料酿造黄酒。从宋代开始,由于政治、文化、经济中心的南移,黄酒的生产主要在南方地区。南宋时期,我国开始出现烧酒,到元朝,烧酒在北方得到普及,黄酒生产逐渐萎缩。南方人饮烧酒不如北方普遍,故黄酒在南方得以保留并发展。清代,江南绍兴一带的黄酒开始誉满天下。目前,黄酒的生产主要集中在浙江、江苏、上海、福建、广东、安徽等地,山东、陕西、东北大连等地也有少量生产。

二、黄酒的生产工艺

不同的黄酒种类其工艺各不相同,但基本工艺一致。

1.浸米

选择糯米或粳米等原料,经过淘洗后将米浸泡在水中。浸米促进淀粉的水解,也有利于糖化发酵的正常进行。同时通过细菌和酸化菌的自然作用使米浆水达到一定的酸度,促进酵母繁殖和发酵。浸米一般在每年的低温环境下进行,这样米不容易变质,且没有蚊虫干扰,可避免原料变质。

2.蒸饭

将浸过的米沥干上锅蒸至九成熟,是为蒸饭。蒸饭的过程使淀粉受热吸水糊化,有利于酵母菌的生长和易受淀粉酶的作用。一般蒸煮至饭粒疏松不糊、外硬内软、内无白心、透而不烂、没有团块、成熟均匀即可。

3.发酵

按不同的工艺,将蒸熟后米饭的温度降低到适合微生物发酵繁殖的温度,然后将准备好的酒曲(培养曲、酒药等)加入进行发酵。落缸发酵的过程使米饭在多种微生物的共同作用下,将糖分转化为酒精,同时也是产生多种复杂风味物质的过程。发酵时长因不同原料、所用酒曲及酿制温度等因素的影响而有不同。用米曲酿造的甜米酒通常一星期之内能够完成,而麦曲所酿造黄酒的发酵时间通常在 1 个月左右,冬季有时则需 3~4 个月。

4.压榨

发酵完成后,将经过前期发酵的酒料通过压榨分离出酒液和酒糟,得到过滤的酒液。

5.煎酒

煎酒是黄酒生产中的固定用语,即将过滤完成的酒进行加热。煎酒主要起灭菌作用,同时有利于黄酒的生物稳定性,促使酒中蛋白质及其他胶体等热凝物凝固而使色泽清亮,使醛类等不良成分挥发,去除杂味,改善酒质,促进黄酒的老熟。煎酒方式多样,温度也因酒精含量、糖度的不同而不同,大多为 85~90 ℃。

6.贮藏与包装

煎酒过后进入贮藏阶段,待贮藏期满后包装上市或直接包装上市。

三、黄酒的分类

黄酒在我国分布区域广泛,品种繁多,其分类方法也各不相同。

(一)按含糖量划分

1.干黄酒

干黄酒的含糖量小于1%,即以葡萄糖计算,每100 mL酒液含1 g葡萄糖。这种酒属稀醪发酵,发酵温度控制较低,开耙搅拌时间间隔较短,酵母生长较旺盛,故发酵彻底,残糖低。在绍兴地区,干黄酒的代表是元红酒。

2.半干黄酒

半干黄酒的含糖量为1%~3%,我国大多数出口的黄酒均属此类。这种酒的发酵工艺要求较高,酒质浓厚,可以长久贮藏。在绍兴地区,半干黄酒的代表是加饭酒。

3.半甜黄酒

半甜黄酒的含糖量为3%~10%。这类酒工艺独特,是用成品黄酒代替水进行发酵,使酒在糖化发酵开始之际,其酒精浓度就达到较高的水平,较好地抑制了酵母菌的生长速度,故成品酒中的糖分较高。此类酒酒香浓郁,酒精度适中,味甘甜醇厚,但不宜久存。半甜黄酒的代表是善酿酒。

4.甜黄酒

甜黄酒的含糖量达到10%以上。这种酒一般采用淋饭法酿制,当糖化发酵至一定程度时,加入40%~50%浓度的白酒,以抑制微生物的糖化发酵作用。由于酒中加入了白酒,酒精度通常较高。甜黄酒的代表酒是香雪酒。此外,有糖分大于20%的浓甜黄酒,加入其他原料浸泡而成的加香黄酒等。

(二)按产地和原料划分

1.南方糯米(粳米)黄酒

南方糯米(粳米)黄酒是在长江以南,以糯米或粳米为原料,酒药、麦曲为糖化发酵剂酿制而成的黄酒。这类黄酒在我国黄酒中占有相当大的比例,绍兴酒多属于此类,主要品种有元红酒、加饭酒、善酿酒、香雪酒。元红酒主要因酒壶外表涂为棕红色,故被称为元红酒;加饭酒是增加了糯米的投入量而得名;善酿酒以存放1~3年的元红酒代替水酿制而成;香雪酒(又名封缸酒),是在淋饭法的基础上,加入少量的麦曲,以酒精浓度为40%~50%的糟烧白酒代替水酿制而成。

2.南方红曲黄酒

南方红曲黄酒是以糯米或粳米为原料,以红曲为糖化发酵剂酿制而成的酒。此类酒在福建又可分为福州红曲黄酒、闽北红曲黄酒及福建粳米黄酒三种,知名品牌有福建老酒和龙岩沉缸酒;在浙江以乌衣红曲、黄衣红曲或红曲和麦曲为糖化发酵剂酿制而成的酒,又可分为温州乌衣红曲黄酒、黄衣红曲黄酒、金华踏饭黄酒三种。

3.北方黍米黄酒

北方黍米黄酒主要分布在淮河以北的华北、东北地区,利用黍米或小麦为原料,以麦曲或米曲为糖化发酵剂酿制而成的黄酒。此类酒有山东即墨黄酒、山西黄酒、兰陵黄酒、京津冀、东北各地产黄酒等多个品种。即墨黄酒是北方黄酒的典型代表,其酒液墨褐带红,浓厚挂杯,口味醇厚爽口,微苦而余香不绝。

4.北方大米清酒

这是一种改良的大米黄酒,酒色淡黄清亮而富有光泽,有清酒特有的香味,在风格上不同于其他黄酒。此类酒在我国出现较晚,发展较慢。比较著名的有吉林清酒和即墨特级清酒等。

(三)按酿造方法划分

1.淋饭法

淋饭法是指将蒸熟的米饭用冷水淋凉,拌入酒药粉末,搭窝,糖化,最后加水发酵成酒。

2.摊饭酒

摊饭酒是指将蒸熟的米饭摊在竹篦上,使米饭在空气中冷却,然后再加入麦曲、酒母、浸米浆水等,混合后直接进行发酵得到的酒。

3.喂饭酒

按这种方法酿酒时,米饭不是一次性加入,而是分批加入,最后得到的酒为喂饭酒。

四、黄酒的著名产地和品牌

(一)浙江绍兴黄酒

绍兴黄酒,简称绍酒,产于浙江省绍兴市。

1.特点

绍兴黄酒具有色泽橙黄清澈、香气馥郁芬芳、滋味鲜甜纯美的独特风格。有越陈越香,久藏不坏的特点。

2.历史

据《吕氏春秋》记载:“越王苦会稽之耻,有酒流之江,与民同之。”可见,在2 000多年前的春秋时期,绍兴已产酒。到了南北朝以后,关于绍兴酒的记载更多。南朝《金缕子》中说:“银瓯贮三阴(绍兴古称)甜酒,时复进之。”宋代的《北山酒经》中亦认为:“东浦(东浦为绍兴市西北10余里村子)酒最良。”到了清代,关于黄酒的记载更多了。到了20世纪30年代,绍兴境内有酿酒坊达2 000余家,年产酒6万多吨,产品畅销中外,在国际上享有盛誉。在1910年曾获南洋劝业会特等奖;1924年在巴拿马赛会上获得银质奖章,1925年在西湖博览会获金牌;1963年和1979年绍兴黄酒中的加饭酒被评为我国十八大名酒之一,并获金质奖状;1985年又分别获巴黎国际旅游美食金质奖章和西班牙马德里酒类质量大赛的景泰蓝奖等。

3.工艺

绍兴黄酒工艺一直恪守传统,冬季“小雪”淋饭,“大雪”摊饭,第二年“立春”压榨、煎酒,然后用酒坛密封、储藏，一般 3 年后才投放市场。但对不同的品种，其生产工艺略有不同。

(1)元红酒

因在其酒坛外涂朱红色而得名，酒精度在 15 度以上，糖分为 0.2%~0.5%，储藏 1~3 年才上市。元红酒是绍兴黄酒家族的主要品种，产量最大，且物美价廉，为消费者喜爱。

(2)加饭酒

加饭酒在元红酒基础上精酿而成。酒精度在 18 度以上，糖分在 2%以上。加饭酒口味醇厚，越陈越香，饮用时加温则酒味尤为芳香。

(3)善酿酒

善酿酒也称双套酒。1891 年始创，其工艺独特，以陈年绍兴元红酒代替部分水酿制而成，再陈酿 1~3 年才供应市场。其酒精度为 14 度，糖分为 8%。酒色深黄，酒质醇厚甜美，芳馥异常，是绍兴黄酒中的佳品。

(4)香雪酒

香雪酒以淋饭酒放入少量麦曲，再以酒精浓度 40%~50%的糟烧白酒代替水酿制而成。其酒精多在 20 度左右，含糖量在 20%左右，酒色金黄透明，经陈酿后，此酒甜美醇厚，既有绍兴黄酒特有的浓郁芳香，又不会感到白酒的辛辣味。此酒受国内外广大消费者所欢迎，为绍兴黄酒的高档品种。

除以上种类外，在浙江地区亦有家酿黄酒的风俗。生子之年，选酒数坛，泥封窖藏。待子长大成人的婚嫁之日，开坛取酒宴请宾客。生女儿时，相应称其为“女儿酒”或“女儿红”；生男时称为“状元红”。因经过十数年的封存，酒的风味臻香醇厚。另外，因常在储存绍兴酒的坛外雕绘五色彩图，这些彩图多为花鸟鱼虫、民间故事及戏剧人物，具有民族风格，习惯上称之为“花雕酒”。

(二)山东即墨老酒

产于山东省青岛市即墨区，它以当地龙眼黍米为原料，崂山九泉水为酿造用水。

1.特点

山东即墨老酒酒液黑褐带红，挂杯浓厚，具有特殊的弥香，饮用时醇厚爽口，微苦而余香不绝。

2.历史

东周时期，即墨地区已是一个人口众多、物产丰富的地方。因土地肥沃，黍米高产。黍米俗称大黄米，米粒大而光圆，是酿造黄酒的上乘原料。当时黄酒称为“醪酒”，作为一种祭祀品和助兴饮料，酿造极为盛行。地方官员把质量上乘的“醪酒”当作珍品向皇室进贡。相传春秋时期，齐国国君齐景公朝拜崂山仙境，谓之“仙酒”。秦始皇东赴崂山索取长生不老药，谓之“寿酒”。到了宋代，为了把酒史长、酿造好、价值高的“醪酒”区别于其他地方的黄酒，以便开展贸易往来，“即墨老酒”之称出现。清代道光年间，即墨老酒的产销量达到鼎盛时期。新中国成立后，该酒屡获嘉奖，在 1963 年和 1973 年的全国品酒会上先后被评为优质酒，荣获银牌；1984 年在全国酒类质量大赛中荣获金杯奖。即墨老酒是我国北方黄酒的典型代表，是黄酒中之珍品。

3.工艺

即墨老酒在酿造工艺上继承和发扬了“古遗六法”，即“黍米必齐、曲蘖必时、水泉必香、陶器必良”。黍米必齐，指生产所用熟米必须颗粒饱满均匀；曲蘖必时，指在每年中伏时选择清洁、通风、透光恒温的室内制曲，使之产生丰富的糖化发酵酶，存放一年，然后择优选用；水泉必香，指必须采用水质好，含有多种矿物质的崂山水。陶器必良，即指酿酒的容器，必须是质地优良的陶器；湛炽必洁，指用具必须加热烫洗，严格消毒；火剂必得，指蒸米的火候，必须达到焦而不糊，红中发亮，恰到好处。

（三）福建沉缸酒

沉缸酒产于福建省龙岩，因在酿造过程中酒醅沉浮三次后沉于缸底，故而得名。

1.特点

沉缸酒酒液鲜艳透明，呈红褐色，有琥珀光泽，酒味芳香扑鼻，醇厚馥郁。饮后回味绵长，没有一般甜型黄酒的黏稠感，而有糖的清甜，酒的醇香，酸的鲜美，曲的苦味融为一体，风格独特。

2.历史

沉缸酒始于明末清初，距今已有1 700多年的历史。传说，在距龙岩县城30余里的小池村，有一位来自上杭的酿酒师傅名叫五老官，他见这里有江南著名的新罗第一泉，便在此地开设酒坊。刚开始时按照传统方法酿制，以糯米制成酒后入坛，埋藏3年后出酒。但发现其酒精度低，酒劲小，酒甜口淡。后来进行改良，在酒醅中加入米烧酒，压榨后得酒，人称老酒，但还是不够醇厚。后又再次加入高度米烧酒使老酒陈化，增香后形成了如今的沉缸酒。1959年，沉缸酒被评为福建省名酒，在第二届、第三届、第四届全国评酒会上，3次被评为国家名酒，并获得国家金质奖章。1984年在轻工业部酒类质量大赛中获金杯奖，2004年获中国国际品酒会银奖。

3.工艺

沉缸酒以上等糯米、福建红曲、小曲、米烧酒等原料经长期陈酿而成。其酿造法集我国黄酒酿造的各项传统精湛技术于一体，用曲多达4种。一是药曲，当地祖传，加入冬虫夏草、当归、肉桂、沉香等30多种名贵药材制作而成；二是散曲，是我国最为传统的酒曲；三是白曲，即南方特有的米曲；四是红曲，龙岩当地酒酿造必加之曲。酿造时，先加入药曲、散曲和白曲，酿成甜酒酿，再分别投入著名的古田红曲及特制的米白酒进行陈酿。在酿制过程中，一不加水，二不加糖，三不加色，四不调香，完全靠自然反应而成。

黄酒在我国产地广，品种多。除以上提到的著名黄酒以外，还有江西九江的封缸酒、江苏丹阳的封缸酒、无锡的惠泉酒，以及广东的珍珠红、客家酿酒等众多著名品牌。

五、黄酒的品鉴与服务

(一)黄酒的品鉴

黄酒的品鉴内容亦包括色、香、味、体等,与其他酒类相比,大部分黄酒拥有较深沉的颜色和特别的脂香与酒香。

1.观其色

黄酒的色多为黄色,但由于采用原料和工艺的不同,有米黄色到深褐色等色泽,包括浅黄、金黄、禾秆黄、橙黄、褐黄等,另外还有橙红、褐红、宝石红、红色等。

2.闻其香

黄酒的香主要是由酒醅发酵过程中产生的酒香(也称醇香)、作为糖化发酵剂和配料的麦曲所带来的独特的曲香(主要是氨基酸的香),以及酒经长期储存后产生的焦(糖)香、酯香(或称陈酒香)综合形成的一种复合香。香气成分主要是酯类、醇类、醛类、氨基酸等,呈现出浓郁、细腻、柔顺、幽雅,令人有舒适、愉快的感觉。

3.品其味

由于黄酒中所含的成分非常丰富,特别是酒中含有20多种氨基酸,味觉更为复杂,如甘氨酸、丙氨酸呈甜味,天门冬氨酸、谷氨酸呈酸味,谷氨酸钠、天门冬氨酸钠呈鲜味亮氨酸、甲硫氨酸等呈苦味,酪氨酸呈涩感。因此,在品鉴黄酒时要用心辨别,并注意各种味觉之间的平衡和协调。质上乘的黄酒,具有芳香舒适、引人入胜、口味醇和、柔美醇厚、丰满鲜爽的感觉。

除色香味的判定外,应对其酒体和风格进一步品饮。黄酒的风格是对酒色、香、味、体的综合感觉和评价,也称之为典型性。这是酒中各种化学物质反映到色、香、味、体各个方面的具体体现。一般而言,品质上乘的黄酒,其酒色怡人,酒香馥郁、芬芳,酒味甘润、和谐,酒体醇和、柔顺,似玉液琼浆,诱人欲饮。

(二)黄酒的服务

1.饮用杯具的选择

饮用黄酒的杯具不过分讲究,以选用陶瓷杯为佳,可用玻璃杯,也可用小碗饮用。

2.饮用温度

温热饮用。是最为传统的饮用方法,尤其在冬天饮用。一般是将黄酒倒入盛器中,再放入热水中烫热或隔火加热,酒温一般达到60~70 ℃后饮用。这时,黄酒变得更温和柔顺,醇香溢出,驱寒暖身的效果也更佳。同时,在加热过程当中,也可使黄酒中可能存在的极微量的甲醇、醛、醚类等有机物蒸腾挥发,从而更有利于健康。

冰镇饮用。在夏季,黄酒可冰镇饮用。冰镇黄酒有消暑、促进食欲的功效。通常可将黄酒放入冰箱冷藏,温度控制在4度左右或饮用时在冰中放入冰块。黄酒加冰的饮用方法在我国香港地区和日本较为流行。一般在玻璃杯中加入一些冰块,再注入少量的黄酒,最后加水或苏打水等饮料后饮用,也可在杯内放入柠檬。尤其在甜黄酒中加入冰块或冰冻苏打水,不仅可以降低酒精度,而且清凉爽口,口感更好。

3.佐餐搭配

在用餐时,黄酒可用于佐餐。以绍兴黄酒为例,干型的元红酒适宜搭配蔬菜类以及海蜇等冷盘;半干型的加饭酒适宜搭配各种肉类、大闸蟹等;半甜型的善酿酒适合搭配鸡、鸭、鹅肉等菜肴;甜型的香雪酒可搭配甜食。同时,黄酒的饮用与食用方法很多,亦可以用于烹饪特色菜肴,如醉蟹、醉虾、黄酒炖鸡、黄酒炖羊肉等各种菜肴。

第四节　日本清酒

清酒,俗称日本酒,与我国黄酒同属低度米酒。清酒在日本有国酒之称,英文“Sake”的名称闻名世界,行销60多个国家和地区。

一、清酒的起源与发展

清酒借鉴中国黄酒的酿造法而发展起来的日本国酒。据中国史料记载,古时日本只有浊酒,后来有人在浊酒中加入石炭,使其酒糟沉淀得到清澈的酒液,清酒之名由此产生。7世纪时,当时的百济等朝鲜半岛诸国与中国交流频繁,中国酿酒技术由百济传入日本,促进了日本酿酒业的发展。14世纪,日本的酿酒技术已比较成熟,人们用传统的酿造法生产出各式清酒。到了14世纪,日本的酿酒技术已日臻成熟,人们用传统的清酒酿造法生产出质量上乘的产品,其中尤其是奈良地区所产的最负盛名。自始,清酒一直是日本人最常喝的饮料酒。自19世纪后半叶的日本明治维新运动之后,日本清酒的质量逐渐下降,给日本消费者留下了不良的印象,加上新一代日本人崇尚饮用啤酒和烈性酒,所以清酒的销售量逐年下降。

目前,日本清酒利用现代酿造技术和设备不断提高产品质量,产销量增加。在日本全国有大小清酒酿造厂1 500余家,其中著名的厂商为神户的菊正宗、京都的月桂冠、伊丹的白雪、神户的白鹤、西宫的日本盛和大关等,这些著名的清酒厂大多集中在关西的神户和京都附近。其中神户与西宫号称日本的第一酒乡。

二、清酒的特点和品牌

清酒酒质清冽,色泽多呈淡黄色或无色,清亮透明,具有独特的清酒香,酸度小,呈琥珀酸味,口感绵柔清爽。酒精度为15~17度,含多种氨基酸、维生素等成分,是营养丰富的饮料酒。

清酒的品牌较多,大约有500多个,命名方法各异,一般以人名、动物、植物、景物及酿制方法取名,著名的清酒品牌有月桂冠、菊正宗、大关、白鹰、松竹梅、秀兰等。

三、清酒的生产工艺

清酒以精白米为主要原料,利用优质水源,经过浸米、蒸米,培养优质微生物米曲霉作为酿酒的糖化剂,纯种酵母为发酵剂,在低温的环境下边糖化、边发酵,酿制出清酒原酒,然后经过过滤、杀菌、贮藏、勾兑等工艺酿制而成。

清酒的制作工艺十分考究,主要表现在以下几个方面。

1.精选的酒米

用于酿酒的大米要求米粒大,蛋白质和脂肪少,淀粉含量高,质软,吸水性好。酒米有不同品种,如山田锦、五百万石、美山锦、雄町等,精选的大米要经过磨皮,使大米精白;精白后的大米浸泡时吸水快,而且容易蒸熟。这也引出"精米度"的概念。精米度也称精米步合,指磨去大米表层米粉后所剩米芯的程度。例如,精米度70%,表示磨掉大米30%的表层后酿造的清酒。越高级的清酒,精米度的数字就越小。

2.选用优质水源

选用水源时,据不同的清酒类型要求相应水质的无机含量。如滩之宫水属于无机含量较多的硬水,适合酿造高品质辛辣清酒,而无机含量较少的软水适合酿制甜酒。

3.发酵通常分为前后两个阶段

首先要制米曲,培养酒母,而后进入后发酵阶段。尤其是优质清酒,其耗时较长。

4.销售前工序要求严格

杀菌处理一般在装瓶前后各进行一次,以确保酒的保质期。需勾兑的清酒在勾兑酒液时严格按照规格和标准进行。

四、清酒的分类

(一)按酿制原料和方法分类

1.普通酒类

普通酒以酿造食用酒精为主,添加了糖、酸味素等食用添加剂的大众酒,属低档的"非特定名称酒"。酒标上常见"上选""佳选""特选"等字样。

2.本酿造类

本酿造以大米为主要原料,不可以在酿造过程中添加糖类和其他香精,但可以添加少量酿造酒精(蒸馏酒),属于高档的"特定名称酒"。轻盈、淡雅芬芳的高品质清酒,精米度在70%以下,加入少量蒸馏酒,从而提取更多的香氛和风味。

3.纯米酒类

纯米酒是由米、水、酒曲和酵母制成的清酒,不可以在酿造过程中添加糖类和其他香精和酿造酒精,属于高档的"特定名称酒"。

(二)按等级分类

清酒除根据酿制的原料和方法划分三类以外,通过是否添加酿造酒精和严格的精米度划分等级。在普通酒的基础上进行等级划分,其等级次序为:大吟酿>吟酿>纯米酒/本酿造>普通酒。

1.特级清酒(大吟酿和纯米大吟酿)

特级清酒包括大吟酿和纯米大吟酿,其品质上乘,香氛浓郁,精米度最多50%,酒精度通常在16度以上,适合各种方法饮用,包括冰镇后饮用。

2.一级清酒(吟酿和纯米吟酿)

一级清酒包括吟酿和纯米吟酿,属高品质清酒,精米度比大吟酿高一些,通常低于60%,酒精度通常在16度以上。

3.二级清酒(纯米和特别本酿造)

二级清酒包括特别纯米和特别本酿造。其品质较上述两类低,精米度比吟酿高,通常60%~70%,酒精度为15~16度。

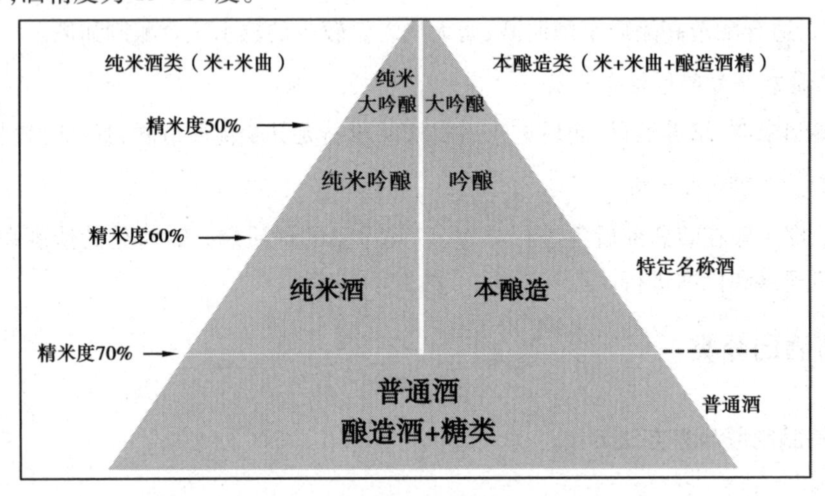

图2-1 日本清酒的类别及精米度

(三)按贮存期分类

1.新酒

新酒是指压滤后未过夏的清酒。

2.老酒

老酒是指储存过一个夏季的清酒。

3.老陈酒

老陈酒是指储存过两个夏季的清酒。

4.秘藏酒

秘藏酒指酒龄为5年以上的清酒。

除以上提到的分类方法以外，还有其他分类方法。例如按口味分为甜口酒、辣口酒、浓醇酒、高酸味清酒、原酒、市售酒、发泡清酒（又称香槟清酒）等。

五、清酒的品鉴与服务

（一）清酒的品鉴

1.观其色

观察色泽是否纯净透明，观察呈现的颜色。常见清酒色泽为清澈透明，也有个别特意为之的浊酒，随时间可能从无色透明到呈琥珀色。同时，观察酒体的黏稠度高低情况。

2.闻其香

通过嗅觉判断香气的高低和复杂性，判断其主要香气特征。清酒有丰富的香气，或淡雅或浓郁。清酒的香气类型包括果味、香辛味、坚果味、草本味、谷物味、菌菇味、焦糖味、乳酸味等。有芳醇香味的清酒才是好酒，清酒忌讳的是过熟的陈香或其他容器所逸散出的杂味。

3.尝其味

通过味觉进一步判断香气的高低和复杂性，判断其主要香味特征。在口中含3~5 mL的清酒，然后让酒在舌面上翻滚，使其充分均匀地遍布舌面来进行品味，同时闻酒杯中的酒香，让口中的酒与鼻闻的酒香融合在一起，而后再仔细品尝口中的余味。若是酸、甜、苦、涩、辣、鲜各味和口感均衡调和，余味清爽柔顺的酒，即为优质清酒。

通过以上三个步骤进一步对清酒综合评价，包括清酒总体的风味及酒体特征，体会香气及余味的强弱与长短等特征。

（二）清酒的服务

1.饮用杯具的选择

传统上使用褐色或青紫色玻璃杯或陶瓷杯。杯底有钴蓝色同心圆的猪口杯（也称蛇目杯）是日本传统且普遍使用的清酒酒杯。猪口杯形状像一个开口小碗，大多为180 mL。与之相配的是一种称为德利（Tokkuri）的清酒壶，其瓶身粗壮，瓶颈窄小，瓶口又宽大，形状像插花花瓶。现多采用无脚无色透明玻璃杯，并有小木盒承载。在品酒时亦采用有脚的郁金香杯，以利于闻香。

2.侍酒温度

冰镇或加温后饮用。冰镇一般以16 ℃为宜，温度太低会使香气难以挥发和感知。酒温一般加热到40~50 ℃饮用。

第五节　发酵酒品鉴实验

一、实验目的

通过本实验项目的讲授和实验操作，要求学生掌握各类发酵酒的品鉴方法，初步学会从色、香、味、体等要素进行综合品鉴，理解不同发酵酒的风格，结合课程中学习的葡萄酒、啤酒、黄酒、清酒等酒水知识，全面理解与掌握相关知识，为进一步的酒水学习奠定基础。

二、实验内容

发酵酒实验在内容讲解后进行，讲解和实验可安排4~6学时，其中实验2~3学时，推荐讲解和实验同步进行。

(一)实验项目

根据酒水识别的一般方法，开展验证性实验，学会各类酒水服务、品鉴方法等技能。

(1)葡萄酒的识别、品鉴和服务。

(2)啤酒的识别、品鉴和服务。

(3)黄酒的识别、品鉴和服务。

(4)清酒的识别、品鉴和服务。

(二)重点难点

重点：葡萄酒、啤酒、黄酒、清酒等酒水的品鉴和服务。

难点：葡萄酒的品鉴和服务。

(三)实验步骤

(1)按照班级人数和要求分组，一般3人一组，个别2~4人。

(2)实验耗材准备，按照需要识别的各类酒水需求预先购置，包括葡萄酒、啤酒、黄酒、清酒等酒水各1~2瓶。

(3)实验仪器准备，包括各类酒水杯、开瓶器、制冰机等。根据酒水类型的不同，每组实验前准备一个托盘，托盘上放置适合饮用类型酒水的酒杯和辅助工具；课前按照制冰机使用手册制冰。

(4)按照以下实验步骤操作：

①清洁器具，消毒所需酒杯。

②准备的物品和所有器具在实验前统一放置在操作台上。

③按照规范开瓶和倒酒。

④按照步骤，开展色、香、味等要素的识别与品鉴。

⑤填写实验报告。

(四)注意事项

(1)按照要求课前预习。
(2)按照要求课前清洁实验室环境。
(3)按照要求准备实验物品。
(4)将用具清洁并消毒备用。
(5)杜绝浪费,每次识别的各类酒水,按照老师的要求使用合适用量。
(6)使用实验室各种电器之前,需要向老师报告并按照操作手册使用。
(7)实验结束后,注意清洗一切使用物品,整理和清洁实验环境。

三、实验报告

结合课程的特点,按照实际需要和效果,完成酒水实验表格(表2-1、表2-2)的内容填写,记录并描述各类酒水的品饮体验,并将分析与思考填入实验表。

表2-1　葡萄酒闻香学习表

香气编号	香气特征	香气类别
	初步判断: 正确结论:	第一类香气 第二类香气 第三类香气 正确结论:
	初步判断: 正确结论:	第一类香气 第二类香气 第三类香气 正确结论:
	初步判断: 正确结论:	第一类香气 第二类香气 第三类香气 正确结论:
实验使用的仪器		
闻香学习的分析与思考		

表 2-2　发酵酒识别学习表

酒水类别	葡萄酒	啤酒	黄酒	清酒
酒标信息 （产地、品牌、酒精度等）				
色泽（观）				
香气（闻）				
滋味（尝）				
风格及结论				
分析与思考				

四、实验评价

实验准备： 实验操作： 实验报告： 总评： 教师签名：

本章小结

发酵酒是人类酒文化的起源,同时也是当今消费量最大的酒精饮料。本章按照酿制原料的不同,将发酵酒分成水果类、谷物类和其他原料类等三种类型,并对葡萄酒、啤酒、黄酒以及清酒的起源、种类、特点、著名产地与品牌等进行了较为深入的介绍。掌握和了解发酵酒的基本知识,对从事餐厅、酒吧服务与管理都必不可少。

练习题

一、名词解释

干红葡萄酒;干白葡萄酒;起泡酒;黄酒;啤酒;清酒

二、选择题

1.干葡萄酒指葡萄酒中的糖分几乎已发酵完,每升葡萄酒中总含糖量低于(　　)克的葡萄酒。

A.4　　B.12　　C.25　　D.50

2.按颜色来分,可以把葡萄酒分为三类,(　　)不属于其中。

A.红葡萄酒　　B.白葡萄酒　　C.干葡萄酒　　D.桃红葡萄酒

3.在啤酒的四个酿造原料中,起到增加啤酒苦味作用的是(　　)。

A.麦芽　　B.酵母　　C.啤酒花　　D.水

三、判断题

1.葡萄酒依据酿制原料的不同可分为红、白葡萄酒。(　　)

2.法国葡萄酒以勃艮第葡萄酒最为有名。(　　)

3.浅色啤酒的酒精度在8°左右。(　　)

4.中国黄酒通过酵母进行糖化发酵。(　　)

5.中国黄酒更适合冰镇饮用。(　　)

四、问答题

1.发酵酒有哪些共同的特点?

2.葡萄酒按生产工艺如何分类?

3.法国葡萄酒的分类等级如何划分?

4.中国有哪些酿酒葡萄产地以及著名品牌?

5.葡萄酒的服务过程中要注意哪些问题?

6.啤酒由哪些原料酿制而成?

7.啤酒在服务过程中应注意什么?

8.中国黄酒具有什么特点?如何进行分类?

9.日本清酒与中国黄酒有哪些异同?

10.日本清酒是如何进行分等定级的?

第三章
蒸馏酒

第一节　白兰地

一、白兰地的含义及特点

白兰地是英语“Brandy”的音译。从狭义的角度定义，是指葡萄发酵后经蒸馏，再经橡木桶储存而成的烈性酒。广义而言，白兰地是以水果为原料，经过发酵、蒸馏、贮藏后酿造而成一种蒸馏酒。我们通常讲的白兰地指葡萄白兰地；使用其他水果原料酿成的白兰地，一般在白兰地的前面加上水果的名称以示区别，或者具有独特的名称。例如，以樱桃为原料制成的蒸馏酒，称为樱桃白兰地（Cherry Brandy）。此外，还有苹果白兰地、李子白兰地等，但它们的知名度远不如葡萄白兰地。而在美国生产的苹果白兰地酒被称为“Apple Jack”，加拿大称为“Pomal”，德国称为“Apfelschnapps”。而世界最为著名的苹果白兰地酒是法国诺曼底的卡尔瓦多斯生产的，被称为“Calvados”。

白兰地属烈性酒，但通常经过长时间的陈酿和勾兑调制，其口感柔和，酒精度为40~48度，常见的白兰地常为琥珀色或褐色。其饮用最佳酒龄通常为20~40年。优质的白兰地口感柔和，酒香或清雅或浓郁，在西方国家极为流行，被称为“葡萄酒的灵魂”。

二、白兰地的起源与发展

白兰地的起源可追溯到7—8世纪。当时阿拉伯炼金术在地中海各地多次利用发酵和蒸馏技术，将葡萄和水果制成医用白兰地。但Brandy最初来自荷兰文Brandewijn，意为“烧制过的酒”。这主要由于从3世纪开始法国干邑地区盛产葡萄酒，那些到法国沿海运盐的荷兰船只将法国的葡萄酒销往北海沿岸国家。但葡萄酒酒精度较低，容易因为滞销等各种原因而变质。同时，法国政府的酒税很高，一些制酒者便开始蒸馏葡萄酒，饮用时再兑水还原。大约至16世纪，葡萄酒产量增加，但由于海运耗时间长，使法国葡萄酒滞销严重。这时，很多荷兰商人利用这些葡萄酒作为原料，加工成蒸馏酒。蒸馏酒由于浓度高不容易变质，而且使运费也大幅度降低，到输入国后再按比例兑水稀释出售。这种把葡萄酒加以蒸馏后制成的酒即为早期的法国白兰地。通过蒸馏,葡萄蒸馏酒不仅改变了葡萄酒味道过酸的缺点,还成为具有独特风味的烈性酒而受到欢迎。随着销量逐渐增加,在法国夏朗德地区(Charente)的蒸馏设备和蒸馏技术也逐步改进,并发展为二次蒸馏法,但这时生产的葡萄蒸馏酒为无色,也就是现在被称为原白兰地的蒸馏酒。此外,法国其他地区也已开始效仿干邑镇的办法蒸馏葡萄酒,并由法国逐渐传播到整个欧洲的葡萄酒生产国家和世界各地。1701 年,法国卷入了一场西班牙的战争。其间,葡萄蒸馏酒销路大跌,大量存货不得不被存放于橡木桶中,然而正是由于这一偶然,产生了现在的白兰地。战后,人们发现储存于橡木桶中的白兰地酒质实在妙不可言,其芳香浓郁、香醇可口,色泽呈现晶莹剔透而显高贵典雅的琥珀般的金黄色。至此,产生了白兰地生产工艺的雏形:发酵、蒸馏、贮藏,也为白兰地发展奠定了基础。

随着白兰地生产工艺的日益精进,法国白兰地的生产质量和包装不断改善与提高,驰名世界。除了法国白兰地以外,世界上生产白兰地的国家有很多,主要为盛产葡萄酒的国家,如西班牙、意大利、葡萄牙、美国、秘鲁、德国、南非、希腊等国家,也都有一定数量风格各异的白兰地生产。

三、白兰地的生产工艺

(一)原料

葡萄的品种有很多,但并不是所有的葡萄品种都适合加工成为白兰地。用于酿制白兰地的葡萄品种一般为白葡萄品种,在浆果达到生理成熟时,都具有以下特点:糖度较低,这使耗用的葡萄原料多,进入白兰地蒸馏酒中的葡萄品种自身的香气物质随之增多;酸度较高,这较高的酸度可以参与白兰地的酯香的形成;葡萄为弱香型或中性香型,无突出及特别香气,利于酒香和谐统一。同时,酿制白兰地的葡萄选用高产而且抗病害性较好的品种。常见主要品种有白玉霞(Ugni Blanc)、白福儿(Folle Blanche)、鸽笼白(Colombard)等。科涅克的主要葡萄品种是白玉霓,占葡萄原料的 90%,辅助品种是白福尔和鸽笼白,占葡萄品种的 10%。白玉霓属晚熟品种,具有良好的抗病性能,酿造出的葡萄原料酒具有酸度高和酒精含量较低的特点。

我国为了酿造白兰地的需要,近几年大量引进白玉霓品种。此外,还有白雅、龙眼、佳利酿、红玫瑰、米斯凯特等品种,均比较适合酿制白兰地。

(二)工艺

目前在白兰地生产中,普遍采用的蒸馏设备是夏朗德式蒸馏锅(又叫壶式蒸馏锅)、带分流盘的蒸馏锅和塔式蒸馏锅。夏朗德式蒸馏锅需要进行两次蒸馏,第一次蒸馏白兰地原料酒得到粗馏原白兰地,然后将粗馏原白兰地进行第二次蒸馏,去除酒头和酒尾,获得无色透明、酒性较烈的原白兰地。而带分流盘的蒸馏锅和塔式蒸馏锅都是经一次蒸馏就可得到原白兰地,并且塔式蒸馏锅可以使生产连续化,提高生产效率。

白兰地生产工艺一般包括原料酒酿造(发酵)、蒸馏、勾兑(调配)、陈酿等。

1.白兰地原料酒酿造

白兰地原料酒酿造与白葡萄酒生产相似,常采用自流汁发酵,经澄清后取出酒清,从而获得原料酒。脚酒等通常单独发酵与蒸馏。

2.白兰地蒸馏

蒸馏以夏朗德式蒸馏锅为例,需要进行两次蒸馏。第一次蒸馏得到乙醇含量在23%~32%(v/v)的酒液,第一次蒸馏得到乙醇含量在70%(v/v)左右的无色的原白兰地酒。白兰地不像其他蒸馏酒那样要求很高的纯度,以保持适当量的挥发性物质,奠定白兰地芳香的物质基础。

3.白兰地勾兑(调配)

原白兰地是一种半成品,品质较粗,香味尚未圆熟,不适合饮用,需经调配,再经橡木桶陈酿。调配是各家酒厂白兰地不同风味的不传之秘。兑酒师要通过品尝储藏在桶内的酒类来判断酒的品质和风格,并决定勾兑比例,调出各具特色的白兰地。

4.白兰地陈酿

白兰地都需要在橡木桶里经过多年的自然陈酿,其目的在于改善产品的色、香、味,使其达到成熟完善的程度。储存陈酿的时间按各国不同的等级规定,有一至数十年不等。在储存过程中,原白兰地酒在橡木桶中发生一系列变化,橡木桶中的单宁、色素等物质溶入酒中,酒的颜色也逐渐转变为金黄色、琥珀色,从而酒液变得高雅、柔和、醇厚、成熟,在葡萄酒行业,这叫“天然老熟”,原白兰地成为真正的白兰地。

5.白兰地调配与装瓶

陈酿后的白兰地,在其品质达到一定要求后,需要进行再次的勾兑(调配)以达到理想的颜色、芳香、味道和适宜的酒精度;再经过过滤、净化等一系列的处理,最后装瓶出售。

四、白兰地的等级

在生产白兰地的国家和地区中,各自有对白兰地等级的划分标准。其中,法国干邑白兰地因历史、工艺及出品质量,其等级划分标准成为各国白兰地等级的参考标准。

在法国的白兰地酒厂,尤其在干邑地区,一般采用字母来表示白兰地的品质:E代表Especial(特别的)、F代表Fine(好)、V代表Very(很好)、O代表Old(老的)、S代表Superior(上好的)、P代表Pale(淡色而苍老)、X代表Extra(格外的);同时,由于白兰地的品质受其储存年限的影响很大,故形成了一套完善的等级系统,这也是各国效仿的对象。

法国干邑按年限顺序及产区的品质含义如下:

①V.S干邑。V.S也称三星白兰地,属于普通型白兰地。法国政府规定,干邑地区生产的最年轻的白兰地需要18个月的酒龄。许多知名厂商为保证酒的质量,一般在橡木桶中陈酿两年半以上。

②V.O干邑:蕴藏陈酿不少于3年。

③V.S.O.P干邑:蕴藏陈酿不少于4年。

④X.O干邑:蕴藏陈酿不少于6年,多在8年以上或更长的时间。

⑤Napoleon(拿破仑)干邑:蕴藏陈酿不少于5年。

⑥Paradise(伊甸园)干邑:蕴藏陈酿不少于6年。

⑦Louis XIII(路易十三):蕴藏陈酿不少于6年。

⑧Fine Champagne Cognac(特优香槟)干邑:采用大、小香槟区的葡萄蒸馏而成的干邑,其中大香槟区葡萄所占的比例必须在50%以上。

⑨Grane Champagne Cognac:采用干邑地区最精华的大香槟区所生产的干邑白兰地。

2018年,法国国家干邑行业管理局(BNIC)对干邑等级划分标准进行了重新修订并实施。其中,V.S三星陈酿至少2年;V.S.O.P仍为至少4年;Napoleon(拿破仑)为至少6年;X.O从原来的至少6年延长为至少10年;X.X.O为一个独立的等级,至少14年。同时,与X.O最低陈酿期同为10年的等级名称标示,还包括Hors d'Age、Extra、Ancestral、Ancetre、Or、Gold、Imperial。

在中国,《白兰地》(GB/T 11856—2008)将白兰地分为四个等级:特级(X.O)、优级(V.S.O.P)、一级(V.O)和二级(三星和V.S)。

五、白兰地的著名产地与品牌

世界上很多国家生产白兰地,主要包括法国、西班牙、意大利、德国、葡萄牙、美国、希腊、澳大利亚、南非、以色列和秘鲁等国。

(一)法国白兰地

法国是生产白兰地最著名的国家,不论数量和质量都名列世界之冠。在法国产的白兰地中,尤以干邑(Cognac)地区生产的最为优美,其次为雅文邑(Armagnac)地区所产。同时,因干邑(Cognac)和雅文邑(Armagnac)地区生产的白兰地的质量上乘,因此成为法国优质白兰地的专有名词,受法国政府的监督和保护,并被世界上很多国家认可。

1.干邑(Cognac)

干邑也称科涅克,是法国西南部的一个古镇,位于夏朗德省境内,在波尔多的北部。在干邑地区约10万公顷的范围内,不仅土壤、气候、雨水等自然条件特别利于酿制白兰地的葡萄的生长,同时,干邑地区生产白兰地有其悠久的历史和成熟严谨的加工工艺,这使干邑成为法国白兰地最古老、最著名的产区。在此区内,干邑区又分六个小区(原7个小区合并),所产酒的品质也有高低,按顺序排列如下:

①Grande Champagne(大香槟区);

②Petite Champagne(小香槟区);

③Borderies(香槟边缘区);

④Fins Bois(优质植林区);

⑤Bons Bois(外围植林区);

⑥Bois Ordinaires(边缘植林区)。

依照1909年5月1日法国政府颁布的法令,只有使用法国干邑地区的特定葡萄和工艺在干邑生产的白兰地才能称为干邑。

在干邑地区有很多著名的厂商和品牌。

(1)人头马(Remy Martin)

人头马酒标以人头马身的希腊神话人物造型为标志,故在中文称之为"人头马"。雷米·马丁公司创建于1724年,有270多年历史。人头马酒庄是世界公认的特优香槟干邑专家。选取法国干邑地区最中心地带——大香槟区和小香槟区的葡萄,保证了人头马特优香槟干邑无与伦比的浓郁芬芳。

人头马的生产标准高于干邑产区生产法令规定的标准,陈酿期7年以下的是V.S,达到7年的是V.S.O.P,超过12年的是CLUB(即人头马俱乐部),达到15年的是Napoleon(即拿破仑),超过20年的是X.O,超过30年的是L'AGED'OR(即金色年代),达到50年以上的就是路易十三了。

路易十三的故事要追溯到1850年,当时人头马第三代传人之子保罗·埃米尔买下发现于Jarnac附近的路易十三时代古战场上的一个文艺复兴时期巴洛克风格酒瓶,瓶上的皇家百合花饰纹代表了酒瓶曾隶属于皇家的高贵门楣。保罗·埃米尔申请了复制专利,并命名为"路易十三"。1874年,他将人马星座标志和已被称为路易十三的酒瓶正式注册为公司商标。"路易十三"成为一种标志,"路易十三"酒瓶成为专门用于盛装人头马陈酿及最佳品质干邑的酒器,"路易十三"更成了顶级干邑的代名词。

(2)轩尼诗(Hennessy)

轩尼诗品牌由法国干邑地区的轩尼诗酒厂出品。轩尼诗酒厂创建于1765年,该厂的创办人理查·轩尼诗 ,原是爱尔兰的一位皇室侍卫, 他在20岁时就立志要在干邑地区发展酿酒事业。经过六代人的努力,轩尼诗干邑的质量不断提高,产量不断上升,并成为法国干邑地区最大的三家酒厂之一。主要产品有轩尼诗X.O(Hennesy X.O)、轩尼诗V.S.O.P(Hennesy V.S.O.P)。

1870年,该厂首次推出以X.O命名的轩尼诗,轩尼诗X.O是世上最先以X.O命名的干邑,原是轩尼诗家族款待挚友的私人珍藏。该酒于1872年传入中国,自此深受国人喜爱。

(3)马爹利(Martell)

马爹利是优质干邑家族中最古老的一员,产自法国干邑地区,也是著名的干邑白兰地品牌,以其创始人的名字命名。

马爹利1694年出生于英国泽西岛,他在家中排行第二,他的父亲是个航海家和商人。1715年,马爹利来到法国干邑地区,创立了马爹利品牌,开始了他干邑生命之水的事业。马爹利酒厂秉承精益求精的目标,通过几个世纪的不断钻研与探索,源于对创新的执着、对完美的追求及独立自创的个性,造就了其芳香飘逸、回味深远的卓越口味。

马爹利酒厂于1842年首次踏足中国市场,并由此开始了远东出口生意。1912年,马爹利蓝带干邑(Martell Cordon Bleu)的推出给公司带来了巨大成功,并成为世界上最受青睐的干邑白兰地之一。

马爹利酒厂的主要品牌有马爹利蓝带干邑(Martell Cordon Bleu),尚·马爹利至尊干邑(Martell Extra L'Or de Jean Martell),以及2007年以来推出的马爹利凯旋珍享干邑(Création Grand Extra)。

(4)拿破仑(Courvoisier)

拿破仑原译为克尔波亚杰(Courvoisier)。该酒厂由克尔波亚杰家族创建于1790年,在19世纪中期便成为法国宫廷的特许供酒商,当时与轩尼诗和马爹利并称为干邑三大家族。2014年,克尔波亚杰被日本三得利集团(Suntory)收购。

在几大干邑品牌中,克尔波亚杰比较特别。酒厂完全没有葡萄园,只依靠于签合同的蒸馏厂供应白兰地原酒。拿破仑曾在1811年到访酒厂,自此便倾心于该酒厂出产的干邑,甚至将其作为炮兵部队的配给,在滑铁卢战役失利后,被流放的拿破仑也不忘带着此品牌干邑随行。后来,人们渐渐以“拿破仑的干邑”来代指Courvoisier,酒厂也顺势将拿破仑的剪影作为品牌标志。自此,Courvoisier便与拿破仑奇妙地联系到了一起。克尔波亚杰一直以饱满圆润的口感著称,特别是顶级酒款拿破仑一世干邑(L’Essence de Courvoisier),使用了上百种优质白兰地原酒调配,其酒瓶形似拿破仑号令军队的图章戒指。

(5)豪达(Baron Otard)

豪达的品牌创始人是尚·拜布迪斯·豪达男爵,他具有不平凡的一生。他是詹姆斯·豪达(与路易十四并肩作战,并于1701年被封为男爵爵位)的长孙,1763年在法国干邑区出生。1795年,豪达男爵创立公司,酿造出了第一瓶干邑。第二年他便在法国干邑区的中心买下了唯一的一座城堡,他将城堡改建为干邑酒窖,城堡厚达3 m的城墙很好地隔绝温度,地窖常年凉爽,干燥区域适合存放新酒,而紧邻夏朗德(Charente)河的部分则十分湿润,是储存陈年白兰地的理想地,1804年,豪达男爵被推选为法国干邑区高级长官。1820年和1824年,他被两次选为夏朗德省的议员。

现在,酒厂不再由Baron Otard家族管理,而是隶属于百加得集团(Bacardi)。2012年,品牌标志由原来的狮头像改为Baron Otard族徽,以强调品牌悠久而珍贵的历史。

百年古堡作为干邑区最热门的旅游目的地之一,酒厂大部分的干邑直接在城堡销售。V.S.O.P是最畅销的酒款,顶级酒款则名为豪达荣耀之心干邑(Baron Otard Fortis et Fidelis)。

(6)卡慕(Camus)

卡慕干邑是法国著名干邑白兰地品牌,始创于1863年,又称金花干邑,是世界干邑顶级品牌。由卡慕家族传承,是全球最大的、完全由家族掌控的独立干邑世家。卡慕的制作工艺尊重传统,所产干邑白兰地均采用自家果园栽种的圣·迪米里翁(Saint Emilion)优质葡萄作为原料加以醇制混合而成,因此具有雅致且充满活力的紫罗兰芳香。

卡慕的建成时间相对较晚,规模上也有差距,但在海外市场的表现毫不逊色,20世纪初便成为俄国沙皇御用干邑供应商。卡慕酒庄的顶级酒款,则是象征着卡慕家族五代耕耘结晶的卡慕家源干邑(Camus Family Legacy)。2000年,卡慕酒厂发布了一款完全由边缘林区葡萄酿制的单一产区干邑,卡慕布特尼X.O(Camus Borderies X.O),成为卡慕的标志性干邑之一。

(7)奥吉尔(Augier)

奥吉尔也称爱之喜,创立于1643年,是奥吉·弗雷尔公司生产的干邑品牌。该公司由皮耶尔·奥吉创立,是干邑地区历史最悠久的干邑酿造厂商之一,其酒瓶商标上均注有“The Oldest House in Cognac”词句,意为“这是科涅克老店”,以表明其历史的悠久。该品牌最大的特色是注重单一品种干邑，其经典酒款有：Le Singulier，是一款顶级的香槟干邑，由罕见品种白佛尔（Folle Blanche）葡萄酿造；Le Sauvage，是一款小香槟区干邑，由白玉霓（Ugni Blanc）酿造；L'Océanique，则由靠近大西洋的奥莱龙岛种植的白玉霓酿造。

（8）百事吉（Bisquit）

百事吉是世界著名干邑品牌，也是欧洲知名蒸馏酒酿造厂，它的特长蒸馏法在干邑区里独一无二。

1819年，一个20岁的年轻商人亚历山大·百事吉在法国的干邑区建立了自己的酒厂。酒庄位于夏朗德河的岸边，风景秀丽，属于干邑地区的中心地带。直到1966年卖给保乐力加集团之前都是家族经营。据说其生产的干邑曾是英国前首相温斯顿·丘吉尔和英王乔治六世的最爱，前者喜欢用百事吉干邑搭配他的双冕牌古巴雪茄。该品牌在许多盎格鲁-撒克逊（Anglo-Saxon）国家中很流行，在2009年被南非最大的葡萄酒和烈酒集团Distell收购。

百事吉酒厂融生产与经营于一体，拥有自己的葡萄田，曾经是夏朗德地区最大的酒庄。百事吉酒厂拥有干邑区内广阔的葡萄园地，所生产的干邑酒质馥郁醇厚。主要品种有：百事吉三星（Three Star Classique）果香醇厚，口感浓烈；百事吉V.S.O.P上等香槟（V.S.O.P Fine Champagne）气息醇和，果香可人，口感醇厚，留香持久；百事吉上等香槟（Prestige Fine Champagne）、百事吉拿破仑上等香槟（Napoléon Fine Champagne），气味芬芳、果香醇和、口感醇厚，果味清香，留香较久；百事吉X.O极品上等大香槟（X.O Excellence Fine Champagne），醇和幽香，口感甘醇，留香较久。百事吉上等大香槟（Extra Fine Champagne），果香浓郁，口感醇和，果味丰厚，留香较久；百事吉亚历山大大香槟（Privilège D'Alexander Grande Champagne），酿藏期在90~100年，气息丰厚醇和，口感怡人，果味浓郁，留香持久，为干邑之极品。

（9）德拉曼（Delamain）

德拉曼酒庄创立于1824年，但其干邑的悠久历史可追溯到1751年爱尔兰人詹姆士·德拉曼来到此地后不久。历经9代人近200年的繁衍发展，德拉曼已成为酿制方法卓越、酒款风格独特的干邑家族。

德拉曼家族只酿制X.O，X.X.O等级及以上的干邑，生命之水全部来自顶级风土区，即最优质的大香槟产区。德拉曼是大型干邑公司中最小的一家，创始人祖上几乎个个家学渊博，身世显赫。迄今德拉曼依然是家族管理。虽然他们在自家酒厂有一个古老的蒸馏壶做展示，但他们不蒸馏，也不拥有葡萄园和进行发酵，而是纯粹的酒商：购入10~15年期的酒，进行藏酿、调配和装瓶；藏酒全部来自大香槟；不使用新木桶，而是用6年以上的二手桶——德拉曼认为在长期的藏酿中，新桶会对酒款留下过多的单宁和橡木印记。色彩和酒品方面的清纯怡人是德拉曼干邑的标志，能够令人浮想联翩到蔚蓝的天空，静静流淌的夏朗德河以及两岸的旖旎风光，一排排绿葡萄树间显现出罗马式的大小教堂。

（10）路易老爷（Louis Royer）

路易老爷由路易·鲁瓦耶创立于1853年，酒庄坐落在法国干邑区的夏朗德湖畔。路易老爷过去一直没有自己的葡萄园，原酒大多收购自六大区的酒庄。2012年，路易老爷终于收购了一个葡萄园，位于大香槟区的中心地带。几乎所有的路易老爷干邑都供出口，主要销往欧洲和东亚市场。

在利木赞橡木桶中陈酿的路易老爷 X.O,是一款杰出的干邑作品。在 2016 年世界干邑大赛上,这款 X.O 获得了最佳干邑 X.O 奖项。路易老爷 X.O 盛装在方形的酒樽之内,酒液呈红色。

(11)御鹿(Hine)

18 世纪末,年轻的托马斯·海因离开家乡英国,前往法国开创事业,后凭借他对干邑酿造的天分和不懈努力,在出身干邑之家的妻子和岳父的帮助下成立了以自己的全名命名的干邑公司(后改名为 Hine)。

由于该公司一直是由托马斯的英国家族在经营,因而与英国王室关系密切。御鹿于 1962 年成为伊丽莎白女王指定的英国王室酒类供应商,自此成为英国王室唯一御用干邑白兰地。由于这家公司是将酒运到英国后才贴标,故而能够"逃过"法国干邑协会不允许在酒瓶上标明干邑年份的限制,是全球唯一标有年份的法国干邑。御鹿的(古董 X.O) Antique X.O至少要陈年一个时代(10 年),这是酒厂将近 250 年的传统。

2.雅文邑(Armagnac)

雅文邑地区位于法国西南部的热尔省境内,在波尔多的东南部,干邑的南部。雅文邑产区下面有三个子产区,分别是下雅文邑、泰纳雷泽和上雅文邑。雅文邑以生产深色白兰地驰名,酒体呈深褐色,带有金色光泽,酒液中心发黑发亮,风格稳健。尤其是陈年或远年的雅文邑,醇厚浓郁,回味悠长。

雅文邑采用的葡萄品种与干邑大致相同,但其气候和制作方法等却有差异,故有其独特的品质。雅文邑白兰地可使用 10 种不同的葡萄品种酿制。用来酿造雅文邑的葡萄品种主要有四种:白玉霓(Ugni Blanc),白福儿(Folle Blanche)、鸽笼白(Colombard)和巴柯(Bacco)。雅文邑的蒸馏与干邑采用的二次蒸馏方式不同,一般采用雅文邑蒸馏器(Alambic Armagnacais),一次连贯蒸馏。其蒸馏出的雅文邑酒精度较低,约为 52 度。雅文邑白兰地通常在颜色较深的黑木桶中陈酿,熟成后通常会被转移到玻璃瓶中存放,并且不会像其他白兰地一样,加水稀释或加入风味剂或调色剂。与干邑相比,雅文邑的口感和风味更为丰富和复杂。典型的雅文邑带有梅干、葡萄干和无花果等干果的香气。其产量比干邑产区少很多,因此,在法国以外的产区知名度并不高。

雅文邑与干邑都是法国及欧洲最早的原产地命名产品之一。只有雅文邑当地产的白兰地才可以在商标上冠以 Armagnac 字样。自 1935 年 7 月起,法国制定法律,对干邑白兰地与雅文邑白兰地葡萄的产地、品种及制作方法作出严格规定。

(二)西班牙白兰地

西班牙生产的白兰地被认为是除法国以外最好的白兰地。西班牙白兰地主要以各地产的葡萄酒蒸馏混合而成,大部分在赫雷斯市,用雪利酒(Sherry)桶陈酿,故而有着独特的芳香。有些西班牙白兰地则直接是用雪利酒(Sherry)蒸馏而成,更是散发着糖果的甜香。因此,很多著名的品牌生产酒厂同时也是雪利酒的著名酿造公司。例如,以酿酒公司命名的康德·欧士朋白兰地(Conde De Osborne)、由生产著名雪利酒的伊比利亚半岛公司生产的亚鲁米兰特白兰地(Acmirante)等。

(三)意大利白兰地

意大利的白兰地有着悠久的历史,据传说,早在12世纪时期,意大利半岛上就已经出现了蒸馏酒。意大利白兰地口味一般来说都比较浓重,所以通常饮用时加入冰块或水使口感柔和。意大利白兰地的生产主要在北部的三个地区:艾米利亚罗马涅,威尼托和皮埃蒙特。此外还有西西里岛和坎帕尼亚。同时,意大利白兰地实行与法国干邑相一致的标准。

(四)德国白兰地

莱茵河地区是德国白兰地的生产中心,其著名的品牌有阿斯巴赫(Asbach)、葛罗特(Goethe)和贾克比(Jacobi)等。

(五)美国白兰地

美国白兰地大部分产自于加州,以加州产的葡萄为原料,发酵、蒸馏至85proof,贮存在橡木桶中陈酿两年以上,出售前兑和调配,有的加焦糖调色而成。

六、白兰地的品饮

(一)饮用方式

白兰地饮用的方式方法多样,传统上常作为餐后酒饮用,有时也作为餐前开胃酒或佐餐酒饮用。饮用时,多采用净饮(即不加水,也称纯饮),也可调制饮用。

净饮时,一般采用郁金香花蕾形矮脚白兰地专用酒杯,这种杯形有利于突出白兰地的特色。品尝白兰地时,斟酒量不宜太多,一般为1 oz或不超过杯容量的1/4,让杯子留出足够的空间以利于促进白兰地芳香气息的展现。饮用时用手掌握住白兰地酒杯杯身,让手掌的温度传递到酒杯和酒液,利于白兰地香味挥发;并可稍微晃动酒杯,促使香气充满整个酒杯;稍微收口的杯口使香气聚集,利于品饮时的闻与品,感受白兰地酒的整体风格。另外,饮用时可配一杯冰水,每喝完一小口白兰地后喝一口冰水,清新味觉能使下一口白兰地的味道更香醇。

除净饮,白兰地可以调制饮用。饮用时,可以加水或加冰,但对于陈年上佳的干邑白兰地来说,易丢失香甜浓醇的味道,浪费了几十年的陈化。同时,白兰地可以用于调制鸡尾酒,经典的鸡尾酒主要包括边车、亚历山大、白兰地帕弗等。饮用咖啡、奶茶等饮品时,亦可加入少量白兰地混合饮用。制作甜食、布丁、糕饼和冰淇淋时,加上些许白兰地可以增加美味。

(二)品鉴方法

白兰地的品鉴采用净饮的方法进行,其品鉴过程与其他酒类相似,均包含观其色、闻其香、品其味的过程。

1.欣赏色泽与酒脚

拿起酒杯对着光源，观察白兰地的色泽及清澈程度。好白兰地应该澄清晶亮、有光泽。若品质优良的干邑白兰地应呈金黄色或琥珀色。将杯身倾斜约45°，慢慢转动一周，再将杯身直立，让酒液沿着杯壁滑落，此时，杯壁上所呈现之宛如美女玉腿舞动的纹路，即为所谓的“酒脚”；越好的干邑白兰地，滑动的速度越慢，酒脚越圆润。

2.嗅闻香气

白兰地的芳香成分是非常复杂的，既有优雅的葡萄品种香，又有浓郁的橡木香，还有在蒸馏过程和贮藏过程获得的酯香和陈酿香等。在品饮时，将酒杯由远而近，以恰能嗅到白兰地酒香的距离来衡量香气的强度与基本香气；再轻轻地摇动酒杯，将鼻子逐渐靠近杯口深闻酒气，充分调动嗅觉以便辨别各种香气的特征与确定酒香的持久力。白兰地的香气有淡雅的葡萄香味、橡木桶的木质风味、陈酿的酯香、青草与花香的自然芬芳等，要感受这些不同香气，应深深地吸气，用鼻根接近双眉交叉处的嗅觉细细体会。

3.品尝酒液

品尝从舌尖开始，先含一些酒在舌间滑动，再顺着舌缘让酒流到舌根，然后在口腔里扩散回旋，使舌头和口腔广泛地接触、感受。入喉之后可趁势吸气伴随酒液咽下，让醇美厚实的酒味散发出来，让口鼻舌喉充分感受其特色。白兰地的成分很复杂，品尝时能感受到乙醇的辛辣味，单糖的微甜味，单宁多酚的苦涩味及有机酸成分的微酸味等。好的白兰地，酸甜苦辣辛等各种刺激相互协调，相辅相成，品尝者可以体察到白兰地奇妙的酒香、滋味和特性，感受其协调、醇和、甘洌、沁润、细腻、丰满或绵延等。

第二节　威士忌

一、威士忌的含义及特点

威士忌（Whisky/Whiskey）是用大麦、黑麦、玉米等谷物为原料，经发酵、蒸馏后放入橡木桶中进行熟化、勾兑而成的烈性酒。威士忌的气味芳香，常见颜色为浅棕红色至褐色，酒精度为38~48度。威士忌需要在橡木桶中进行陈酿，其饮用最佳酒龄通常为15~30年。与白兰地在法国一样，英国人称威士忌为“生命之水”。威士忌这一“生命之水”来源于古代居住在爱尔兰和苏格兰的塞尔特人的语言经千年演变而来，在不同国家的拼写却有差异。在苏格兰和加拿大等大部分国家英语拼写为Whisky，而爱尔兰及美国的威士忌拼写是Whiskey。威士忌在国际贸易中占有重要地位，其贸易额在蒸馏酒中仅次于白兰地。

二、威士忌的起源及发展

威士忌的起源很难考证，其发源地有爱尔兰和苏格兰之争，这也是“威士忌”一词有两种英文拼写的原因。据史料记述，12 世纪爱尔兰已有生产一种以大麦为基本原料的蒸馏酒，这可以看作是威士忌的前身。1171 年，英国国王亨利二世在远征爱尔兰的战争中，常常饮用这种蒸馏酒。在 15 世纪时，威士忌更多的是作为驱寒的药水。苏格兰威士忌的最早的文献记录是在 1494 年，一位天主教修士约翰·柯尔在当时的英国国王詹姆士四世的要求下，采购了八箱麦芽作为原料，在苏格兰的艾雷岛上酿造出第一批"生命之水"（约 1 500 瓶威士忌）。16 世纪因很多修道院的解散，威士忌酿造技术从修道院走向了普通民众。17 世纪，苏格兰威士忌开始征重税，许多造酒人躲到偏远的高地继续酿酒。在那里发现了优质的水源和原料，这使得苏格兰威士忌酿造技术得以发扬光大。19 世纪，随着可以进行连续蒸馏的塔式蒸馏锅的发明及引进，极大地提高了蒸馏效率，苏格兰威士忌的生产进入工业化阶段。同时塔式蒸馏锅改变了以壶式蒸馏器酿造的麦芽威士忌，让谷物蒸馏成为可能，促进了谷物威士忌和调和威士忌的诞生。18—19 世纪，随着爱尔兰和苏格兰的移民，美国和加拿大的威士忌也得以发展。19 世纪下半叶，日本受西方蒸馏工艺的影响，开始生产威士忌。到 20 世纪，威士忌市场销售旺盛，成为世界著名的蒸馏酒之一，同时也是酒吧单杯纯饮销售量最大的酒水品种之一。

三、威士忌的生产工艺

（一）原料

威士忌使用的原料包括大麦、小麦、黑麦、燕麦、玉米等谷物。不同的威士忌种类所使用的原料不同，纯麦威士忌以 100%发芽的大麦作为原料，不添加其他的谷物。谷物威士忌是以大麦芽之外的谷物为主要原料，主要包括玉米、小麦、黑麦、裸麦等。

（二）工艺

威士忌的酿制工艺通常分为发芽、磨碎、发酵、蒸馏、陈年、调配六个步骤。

1.发芽（Malting）

首先将去除杂质后的麦类（Malt）或谷类（Grain）浸泡在热水中使其发芽，其间所需的时间视麦类或谷类品种的不同而有所差异，约需要一至数周的时间来进行发芽，待其发芽后再将其烘干。不同地区及不同品种的烘干方式不一样，最为典型的是采用泥煤（Peat）熏烤。这也是很多苏格兰威士忌带有明显泥煤（或称泥炭）味的原因。而且，传统苏格兰酒厂的窑炉采用宝塔形建筑，因此，这种建筑就成了威士忌酒厂的标志，带有明显泥煤（或称泥炭）味威士忌则是苏格兰威士忌的典型特征。

2.磨碎（Mashing）

将烘烤干燥后的麦芽放入特制的不锈钢槽中碾碎并煮熟成汁，其间所需要的时间约 8~12 h。在这一过程中，温度和时间的控制相当重要，过高的温度和过长的时间影响麦芽汁（或谷物汁）的品质。

3.发酵（Fermenting）

这是将冷却后的麦芽汁加入酵母菌进行发酵的过程。不同酒厂可采用一种或多种不同酵母将麦芽汁中的糖转化成酒精,在完成发酵过程后会产生酒精浓度约5%~6%的液体,此时的液体通常被称为“Beer”。

4.蒸馏(Distilling)

当麦类或谷类经发酵后所形成的低酒精度的“Beer”后,进入蒸馏的步骤使酒精度达到60~70度,这时的酒液被称为“新酒”。麦类与谷类原料所使用的蒸馏方式有所不同。由麦类制成的麦芽威士忌通常采用传统壶式蒸馏器蒸馏,即以单一蒸馏法,至少进行二次的蒸馏。由谷类制成的威士忌酒则多是采取连续式的蒸馏方法进行。在此过程中,将冷凝流出的酒去头掐尾,只取中间的“酒心”(Heart)部分成为威士忌新酒。各个酒厂在选取“酒心”的量上,并无固定统一的比例标准,完全以各酒厂的酒品要求自行决定。

5.陈酿(Maturing)

蒸馏过后的新酒必须要经过陈年的过程,通过橡木桶的陈酿增加香气,产生色泽,同时亦可逐渐降低其高浓度酒精的强烈刺激感。一般而言,熟化中的威士忌每年的乙醇流失量约2%。陈年时间各国各地有不同,一般要在木酒桶中贮藏3年以上,品质高的威士忌则要熟化8年到数十年。陈酿橡木桶的选择也是多样的,常见的一种是西班牙雪利酒酒桶,另一种是美洲波旁。此外,也有使用多种木材制成的酒桶,据需要一次或多次使用。不同的橡木桶赋予威士忌不同的风味。

6.调配(Blending)

威士忌陈年之后,由各个酒厂依据不同品牌酒质的要求进行调配,按照一定的比例搭配,各自调配勾兑出自己与众不同口味的威士忌酒。调配可包括不同原料(谷类与麦类)原酒的混配和不同陈酿年代原酒的混配。在此工艺做完之后,一般经过滤后装瓶出售。

四、威士忌的分类

(一)苏格兰威士忌的分类

1.麦芽威士忌(Malt Whisky)

麦芽威士忌也称纯麦威士忌,是指以100%发芽的大麦作为原料,经发酵后采用壶式蒸馏器(Pot still)蒸馏,再经过适当的陈年后制造而成。麦芽威士忌又分为单一纯麦威士忌(Single Malt Whisky)和调和麦芽威士忌(Vatted Malt Whisky)。单一纯麦威士忌是历史最悠久、工艺最传统的威士忌品类。其完全由同一家蒸馏厂所制造,并且在该厂自有的仓库设施里原地陈年超过3年的威士忌。大部分的苏格兰纯麦威士忌都用来与谷物威士忌勾兑,只有大概3%品质臻于完美巅峰的纯麦威士忌,才会被挑选出来装瓶为单一纯麦威士忌,单一纯麦威士忌是威士忌中的极品。代表品牌有格兰菲迪、百富等。调和麦芽威士忌是苏格兰威士忌家族里最新兴的一个分支,亦被称为纯麦威士忌。其是将不同蒸馏厂的许多单一麦芽威士忌加入同一个大桶里混合而成的,调和中不添加其他的谷物威士忌,有别于市场上主流的调和威士忌。调和麦芽威士忌是一种介于调和威士忌与单一麦芽威士忌之间的过渡产品。这类威士忌在苏格兰威士忌中所占比例较小。代表品牌有威雀苏格兰威士忌、白马威士忌、尊尼获加黑方等。

2.谷物威士忌(Grain whisky)

谷物威士忌是以大麦之外的谷物为主要原料,经过发酵后采用巨型连续蒸馏器蒸馏,再进行陈年、勾兑等工艺的威士忌。其常用的原料有玉米、小麦、黑麦、裸麦等。不过,有时大麦也会被用来当作谷物威士忌的原料,但差别在于全部的大麦无须经过发芽处理。谷物威士忌的口味较平淡,属清淡性烈酒,多用于勾兑其他威士忌酒。谷物威士忌很少零售,大都是提供给其他的调和威士忌厂商作为原料使用。

3.调和威士忌(Blended whisky)

调和威士忌也称混合威士忌,整个世界范围内销售的威士忌酒绝大多数都是混合威士忌酒。苏格兰混合威士忌的常见包装容量在700~750 mL,酒精含量在43%左右。

调和威士忌是将不同蒸馏厂的不同年份的纯麦和谷物威士忌按照调酒师的调配规则勾兑而成的。是以一种或多种谷物威士忌作为基底,混合以一种或多种麦芽威士忌调制出来的威士忌。调和威士忌通常有普通和高级之分。一般来说,纯麦威士忌用量为50%~80%,为高级调和威士忌。如果谷物威士忌所占的比重大于纯麦威士忌,即为普通调和威士忌。高级调和威士忌勾兑调和后要在橡木桶中储存12年以上,而普通调和威士忌在兑和后储存8年左右即可出售。

虽然相对于麦芽威士忌,调和威士忌的发明时间较晚,但其市场占有率一直较高。主要有三个方面的原因:其一,调和威士忌提升了威士忌产品的产量并保持品质与供应的稳定;其二,调和威士忌较为温和的口味对于许多还不习惯麦芽威士忌较复杂风味的消费者,比较容易接受;其三,由于调和式威士忌绝大部分(60%~80%)的成分是由大麦(大部分不发芽)、小麦、玉米等较廉价的谷物原料经全自动作业的连续式蒸馏器大批量蒸馏出来的,生产成本较低,销售价格也相对较低。调和威士忌的品牌有很多,主要有皇家天岑(Royal Clan)、芝华士12年、皇家礼炮21年、百龄坛、尊尼获加红方、格兰雪利(Grant's)等。

(二)美国威士忌的分类

1.单纯威士忌(Straight Whiskey)

以玉米、黑麦、大麦或小麦为原料,酿制过程中不混合其他威士忌酒或者谷类中性酒精,制成后需放入炭熏过的橡木桶中至少陈酿两年。另外,所谓单纯威士忌,并不像苏格兰纯麦芽威士忌那样,只用一种大麦芽制成,而是以某一种谷物为主(一般不得少于51%)再加入其他原料。单纯威士忌又可以分为四类:波本威士忌(Bourbon Whiskey)、黑麦威士忌(也称裸麦威士忌)(Rye Whiskey)、玉米威士忌(Corn Whiskey)、保税威士忌(Bottled in Bond)。

2.混合威士忌(Blended Whiskey)

这是用一种以上的单一威士忌,以及20%的中性谷类酒精混合而成的威士忌酒,装瓶时,酒精度为40度,常用来作混合饮料的基酒,分为三种:肯塔基威士忌、纯混合威士忌、混合淡质威士忌。

3.淡质威士忌(Light Whiskey)

一种美国政府认可的新型威士忌酒,蒸馏时酒精纯度高达80.5~94.5度,用旧桶陈酿再调配,口味清淡。

五、威士忌的著名产地与品牌

(一)苏格兰威士忌

1.概况

苏格兰生产威士忌已有500多年的历史,其产品有独特的风格,色泽棕黄带红,清澈透明,气味焦香,带有一定的烟熏味,具有浓厚的苏格兰乡土气息。苏格兰威士忌具有口感甘洌、醇厚、劲足、圆润、绵柔的特点,是世界上著名威士忌。按照苏格兰威士忌协会的规定,只有陈年3年以上的威士忌才能称为苏格兰威士忌。

苏格兰在英伦三岛的北部,其地理位置使得威士忌的原料能够生长在优越的气候环境里,而这些环境以及当地的水源恰可使这些原料最适于制作威士忌。苏格兰威士忌色泽棕黄带红,清澈透亮,气味焦香。

苏格兰威士忌酒世界闻名的原因是:其一,苏格兰著名的威士忌酒产地的气候与地理条件适宜农作物大麦的生长;其二,苏格兰蕴藏着丰富的优质矿泉水,为优质酒液的生产奠定了基础;其三,苏格兰拥有一种称为泥煤的土地。泥煤是当地特有的苔藓类植物经过长期腐化和炭化形成的,在燃烧时会产生特有的烟熏气味。在苏格兰制作威士忌酒的传统工艺中要求必须使用这种泥煤来烘烤麦芽。因此,苏格兰威士忌酒的特点之一就是具有独特的泥煤熏烤芳香。最后,苏格兰威士忌生产历史悠久,有着传统的酿造工艺及严谨的质量管理方法。

在整个苏格兰有四个主要威士忌产区,即北部高地、南部的低地、西南部的康贝镇和西部岛屿伊莱。北部高地产区约有近百家纯麦芽威士忌酒厂,占苏格兰酒厂总数的70%以上,是苏格兰最著名的威士忌酒生产区。此区面积最大,各家风格因其地貌和水源而有所不同。西部高地的酒酒体厚实而略带泥煤与咸味;北部高地的酒带有辛辣口感;东部中部高地的酒果香特别浓厚。南部低地酒厂较少,约有10家纯麦芽威士忌酒厂。该地区是苏格兰第二个著名的威士忌酒的生产区。当地有高品质大麦和清澈的水源,制造过程中也较少使用泥煤,所以生产的威士忌格外芳香柔和,有的还带有青草和麦芽味。除了生产麦芽威士忌酒外,还生产混合威士忌酒。西南部的康贝镇位于苏格兰南部,是苏格兰传统威士忌酒的生产区。该区域酒厂分布密集,水源丰沛,泥煤遍布。此区的威士忌以优雅著称,甜味最重,香味浓厚而复杂,通常会有水果、花朵、绿叶、蜂蜜类的香味,有时还会有浓厚的泥煤味。西部岛屿伊莱风景秀丽,位于大西洋中。伊莱岛在酿制威士忌酒方面有着悠久的历史,其混合威士忌酒比较著名。此区有丰富的泥煤赋予泥煤味,由大海赋予的海藻和咸味,因此生产的威士忌酒酒体厚重,拥有独特的味道和香气。

2.著名品牌

(1)芝华士(Chivas)。1801年成立于苏格兰,创始人是詹姆斯·芝华士和约翰·芝华士兄弟。芝华士公司是全世界最早生产调和威士忌并将其推向市场的威士忌生产商,同时也是威士忌三重调和的创造者。凭借丰润、独特的风格,200 多年的悠久历史传承,芝华士成为世界最富盛誉的高级苏格兰威士忌。常见芝华士有 12 年、18 年、25 年等,行销全球 200 多个国家和地区。芝华士系列中的极品“皇家礼炮 21 年威士忌”,是为了庆祝英女王伊丽莎白二世的加冕而于 1953 年特别酿制,皇家礼炮 50 年(Royal Salute 50 years old)是 2003 年庆祝英国女王登基 50 周年的限量版珍藏纪念酒。

(2)尊尼获加(Johnnie Walker)。尊尼获加生产历史悠久,是世界十大名酒之一。尊尼获加以酿酒公司的创始人命名,成立于 1820 年,是全世界最大的苏格兰威士忌生产商,以卓越酒质享誉全球。两个世纪以来,不仅成为苏格兰威士忌的代表之作,而且影响着人们的饮酒方式及其衍生的生活理念。其采用 40 种优质单纯麦芽的威士忌,在严格控制环境的酒库中蕴藏最少十二年,有红、黑、绿、金、蓝等各种等级及品牌系列。

(3)麦卡伦(McAllen)。始于 1892 年,苏格兰麦卡伦酒厂致力于传统工艺酿造经典苏格兰威士忌。

(4)珍宝(J&B)。1749 年创立于苏格兰,Justerini& Brooks 是它的全称,主要生产混合型的威士忌酒。

(5)百龄坛(Ballantine)。始创于 1827 年的著名苏格兰威士忌品牌百龄坛,由乔治·百龄坛 19 岁时在苏格兰首府爱丁堡酿造出的第一瓶佳酿揭开了该品牌辉煌荣耀的历史传奇。百龄坛拥有世界上年份品类最全的系列陈酿苏格兰威士忌,其种类包括百龄坛特醇、百龄坛 12 年、百龄坛 15 年、百龄坛 17 年、百龄坛 21 年和百龄坛 30 年。百龄坛是世界上最高档的苏格兰威士忌之一,是世界销量排名第二的苏格兰威士忌,也是全球十大烈酒之一。

(6)格兰菲迪(Glenfiddich)。格兰菲迪威士忌由苏格兰高地斯佩塞特酒厂生产。该酒品牌含义来源于古老的盖尔语,Glen 代表山谷的豪迈,Fiddich 代表麋鹿及其奔放的激情,完整的含义是“鹿之谷”。其酒精度通常为 43 度,有 15 年、20 年等品牌系列。

(7)帝王(Dewar's)。1846 年成立于苏格兰,是世界顶级威士忌酒品牌之一,是百加得公司旗下品牌。

(8)威雀(Famous Grouse)。1800 年创立于苏格兰,是苏格兰最古老的威士忌酿造商,世界著名的威士忌酒品牌,属于苏格兰马修·克拉克公司。

另外,还有金铃、高地女王等品牌。

(二)爱尔兰威士忌

爱尔兰酿制威士忌有 700 多年历史。据传,威士忌起源于爱尔兰后传至苏格兰。在制作原料与工艺上,爱尔兰威士忌与苏格兰威士忌差异并不大,一样是用发芽的大麦、小麦、燕麦和黑麦等为主要原料,使用壶式蒸馏器三次蒸馏,并且依法在橡木桶中陈放 3 年以上。然而,爱尔兰式的做法与苏格兰比较关键的差异是在制造过程中几乎不会使用泥炭作为烘烤麦芽时的燃料,而是用无烟煤。因此,爱尔兰威士忌没有烟熏的焦香味,口味比较绵柔长润。

在威士忌消费比较多的国家和地区中,美国是爱尔兰威士忌最大的出口市场。2018 年,爱尔兰威士忌在美国的销售额约为 9 000 万英镑,占全球威士忌销售总额的 43%。此外,在

2019年,受税收调整影响,爱尔兰威士忌在美国的销售额更是上涨了近10%,远超过苏格兰威士忌、美国威士忌等同类别产品。而在澳大利亚、墨西哥、挪威等国家,爱尔兰威士忌的销量也有不断上升的趋势。爱尔兰威士忌比较著名的品牌有尊美醇(Jameson)、图拉多(Tullamore Dew)、帝霖(Teeling)、米德尔顿(Midleton)等。

(三)加拿大威士忌

在加拿大,约自18世纪中叶开始制造威士忌。当时在加拿大的东南部人口很多,制酒业也很繁荣。而在此行业中,有许多是以蒸馏为副业的,至后来渐渐成为本业,初期,加拿大威士忌以稞麦为原料,所以风味很重。直至19世纪中叶,从英国引进连续式蒸馏器后,在加拿大本土才开始以玉米为原料,生产清淡类型的威士忌。在20世纪20年代,美国实施了禁酒令,但在美国国内对酒的需求却不减反增,凭借地利之便,让人们得以在美加边境将加拿大威士忌偷渡到美国境内,进一步促进了加拿大威士忌的发展。

加拿大威士忌主要由玉米、大麦、裸麦及大麦芽、裸麦芽等多种谷物材料混合酿制。几乎所有的加拿大威士忌都属于调和式威士忌,以连续式蒸馏制造出来的谷物威士忌作为主体,再以壶式蒸馏器制造出来的裸麦威士忌(Rye Whiskey)增添其风味与颜色。由于连续式蒸馏的威士忌酒通常都比较清淡,甚至很接近伏特加之类的白色烈酒,因此加拿大威士忌常号称是“全世界最清淡的威士忌”。加拿大威士忌在蒸馏完成后,需要装入全新的美国白橡木桶或二手的波本橡木桶中陈年超过3年始得贩售。有时酒厂会在将酒进行调和后放回橡木桶中继续陈年,或甚至直接在新酒还未陈年之前就先调和。加拿大威士忌的相关法规被订定于《食物及药物规范》(Food and Drug Requlations),其中将蒸馏烈酒分为加拿大威士忌(Canadian Whisky)、加拿大裸麦威士忌(Canadian Rye Whisky)以及裸麦威士忌(Rye Whisky)三种。在制作上则必须满足:①在小的木桶内熟成至少3年;②具有加拿大威士忌的风格、香气与口感;③生产过程需依据消费税法(Excise Act)的规定;④需在加拿大糊化、蒸馏与熟成;⑤装瓶酒精浓度需在40%以上;⑥可使用焦糖或其他添味剂。

加拿大的本地威士忌给世人的印象一般是口感绵软,适用于混饮。不同类型的加拿大威士忌都有相应的品牌。单一麦芽威士忌(Canadian Single Malt)主要品牌有Glennora生产的Glen Breton和Glennora,以及Okanagan酿造厂生产的Long Wood。单桶谷物威士忌(Canadian Grain Single Barrel)主要品牌有Forty Creek,Century Reserve等。调和威士忌(Canadian Blend Whisky)主要品牌有加拿大俱乐部威士忌(Canadian Club Whisky),皇冠威士忌(Crown Royal),Forty Creek,Seagrams和Wisers等。

(四)美国威士忌

1.概况

美国是世界上最大的威士忌生产国和消费国。美国威士忌与苏格兰威士忌在制法上大致相同,但所用原料不太相同,种类也各异。其中,波本威士忌是美国威士忌的典型代表。波本威士忌中的“波本”(Bourbon)是指位于美国肯塔基州内的一个小镇,该处是美国最先使用玉米做原料酿造出威士忌的地方。大约在18世纪中晚期，苏格兰人和爱尔兰移居到美洲东海岸，最初是按照他们家乡传统办法，用小麦来酿造威士忌。随着时间的推移，移居亦不断地向美洲内陆推进。当他们移居到波本地区时，移居者发觉在这里，更易种植的是其他一些谷类；先是黑麦，后来是玉米。由此，用玉米酿造威士忌的“波本”便由此逐渐产生。虽然，今天的波本威士忌的产地已扩大到马里兰州，但有一半以上的波本威士忌仍然产于肯塔基州。波本威士忌，酒精含量为40%~50%，必须选用至少51%的玉米作为原料酿制而成。事实上，大多数的酒商采用60%或者80%的玉米作原料，配以少量的黑麦和小麦等。同时，由于波本威士忌用烘烤过的美洲橡木桶陈酿，使其产生一种独特的丰富香味，与苏格兰威士忌有较大的区别。根据美国烟酒税贸易（ATTTB）的规定，美国威士忌的最高蒸馏出酒酒精度不能超过79.5%，入桶陈年酒精度不能超过62.5%，标准威士忌必须在新桶中进行熟成，装瓶酒精度不得低于40%，不允许加色或调色。

根据美国联邦法律的规定，波本威士忌必须满足以下几点：①主要原料是玉米，占51%~79%；②蒸馏得到的基酒酒精度不得高于79.5%；③蒸馏后的基酒酒精度必须稀释到62.5%以下才能进行陈年；④陈年时必须使用全新的、经炭烤的橡木桶；⑤装瓶时酒精度在40% 左右；⑥纯波本威士忌（Straight Bourbon Whiskey）必须在橡木桶中存放2年以上，并且不能通过添加物来改变酒液的颜色和香味。

2.著名品牌

美国威士忌的主要品牌有：

（1）杰克·丹尼（Jack Daniel's）

田纳西威士忌（Tennessee Whiskey）的典型代表，酿酒厂由创始人杰克·丹尼建于1866年，1956年，杰克·丹尼被百富门公司收购。

杰克·丹尼的名字家喻户晓，全球销量也非常高，曾达到全美第一，全球第四。2016年就是杰克·丹尼酿酒厂建成150周年的日子。款式有：Old No7. Gentleman Jake 和 Jake Daniel's Single Barrel，他们不同之处在于储存时间。

（2）四玫瑰（Four Roses Bourbon）

日本麒麟啤酒公司（Kirin Brewing Company）旗下品牌，酒厂始创于1888年，是美国持续酿造时间最长的波本威士忌之一。除了著名的“黄牌” 外还有“黑牌”，以及单桶（Four Roses Single Barrel），单桶每瓶都有独立的编号。

（3）伍德福德珍藏（Woodford Reserve）

伍德福德（Woodford）酒厂建成于1838年，是美国有记载以来九大最古老的波本威士忌酿酒厂，目前为美国酒业公司百富门（Brown-Forman Corporation）所有。1995年，该酒厂被列入《美国国家史迹名录》；2000年又被指定为美国国家历史地标。2005年，该酒厂发行了Woodford Reserve Master's Collection 系列酒款，引起了巨大市场反响。

（4）占边（Jim Beam）

1795年创立，创始人雅各·比姆。为了纪念1933年詹姆士·比姆重建品牌，酒厂改名为占边。目前，该品牌为美国威士忌巨头“Beam”和日本三得利“Suntory”合股的“Beam Suntory”（金宾三得利）集团所有。占边是波本威士忌中最驰名的品牌之一。占边系列主要有 Jim Beam 4 years Old(white Label)、Jim Beam Black Label。需经过 7 年储存,可单独饮用也可加冰或调配鸡尾酒。

六、威士忌的品饮

(一)饮用方式

威士忌的饮用方法有多种,最常见的是净饮(即不加水,纯饮),或加冰、矿泉水、苏打水等,以餐后饮用为主。有时,苏格兰威士忌亦在餐前少量饮用,以促进食欲。在饮用威士忌时,每份用量参考标准为 1 oz。使用古典杯加入适量的冰块后倒入 1 oz 威士忌的饮用方式最为常见。

威士忌酒可以作为基酒或辅助用酒调制成鸡尾酒饮用,但需注重比较不同威士忌产地和品牌的特色差异,以及与其他各类酒水的匹配性,从而调制出更怡人的混合饮料。比较知名的威士忌鸡尾酒主要有曼哈顿、威士忌酸、教父等。

(二)品鉴方法

威士忌的品鉴一般采用净饮的方法进行,其品鉴过程与其他酒类相似,均包含观其色、闻其香、品其味的过程,但又有一些特别之处。在品鉴威士忌时,标准的威士忌刻花古典玻璃酒杯不是最理想的杯具,而应该采用收口的酒杯更为合适,如窄口高脚雪利酒酒杯,郁金香形窄口低脚葡萄酒杯等。窄口的作用是将威士忌的香味留在杯内,以使香味聚集于杯口,有利于嗅闻与品尝。

1.观酒色和酒痕

持杯于光线处观察颜色,此时无须添冰加水,以免改变酒的温度与浓度,影响品鉴。首先是观酒的清澈度,然后是色泽。威士忌酒的颜色多来自橡木桶的陈化,威士忌酒常见颜色有:浅黄、金色、古铜色、深褐色。颜色虽然可以人为地控制工艺而达到,但颜色还是和香味有很大关系。但通常说来,颜色由浅入深,其香气从更清爽、更多是花果香到更多花蜜和谷物类香气,深色的酒液更多地展现焦糖、辛香料、烟熏或者核桃等干果的香味。在观色的同时,可缓缓转动酒杯以观酒痕(酒泪),令琥珀色液体沿透明玻璃杯自如流动;也可倾斜再复原以留下的一道道酒痕,观察酒液的丰厚程度和流动快慢,通常,酒痕流动时间长则意味酒更浓更稠,酒精含量相对高一些,但这与品质无直接关系,只是酒的不同特性。

2.嗅闻酒香

威士忌的香气种类丰富,比葡萄酒毫不逊色,有由原材料带来的谷物香、玉米香、酵母发酵带来的饼干味、泥煤的烘焙香,陈年过程中获得的花香、草药香、核果类、柑橘类香气,橡木桶提供的焦糖、香草、烟熏类香气等。不同原材料、工艺和风格出产的威士忌,香气差异千差万别。闻酒香时,先由远及近将酒杯凑近鼻子,轻吸闻酒香,感受酒精的强度以及各类香气的展现;第一次闻香后可轻摇酒杯,让酒香变得更为开放和明显。若酒精度太高,亦可在威士忌中加入适量的矿泉水将酒的度数降低之后再闻。通常,品质高的威士忌香气明显且怡人。

3.品尝酒液

品饮时,慢慢啜饮一口,用舌尖将酒液在口腔中回荡,让酒香在口中散发,使味蕾充分感受威士忌所带来的口感。当威士忌的香味溢满整个口腔时,再慢慢咽下,并停留回味不同香味、酒体与余香。回味能让品鉴的愉悦感更上一层楼。高品质威士忌的回味复杂悠长,犹如一首渐强的旋律,然后慢慢退去,留下美好的回忆。

第三节　金　酒

一、金酒的含义和特点

金酒(Gin)是以大麦、稞麦、小麦、黑麦、玉米等为原料,经发酵、蒸馏后加入杜松子等香料再次蒸馏制成的烈性酒。金酒是英语的音译,香港、广东地区被称为毡酒,而台北则称为琴酒,又因其含有特殊的杜松子味道,所以又被称为杜松子酒。金酒在世界各国亦有不同的称呼,荷兰人称之为 Genever,英国人称之为 Hollamds 或 Gin,法国人称之为 Genevieve,比利时人称之为 Jenevers,有认为 Gin 由 Genever 演变而来。金酒酒液无色透明,具有杜松子的独特清香,口感醇美爽适,酒精度一般为 35~55 度,既可单饮,也非常适合与其他酒类混合调制,有“鸡尾酒心脏”之美誉。

金酒最先由荷兰生产,在英国大量生产后闻名于世,是世界第一大类的烈酒。金酒的主要产地为荷兰、英国、美国,此外还有德国、法国、比利时等国家。

二、金酒的起源及发展

金酒诞生于荷兰,成长在英国。最早可以追溯到 16 世纪,荷兰的莱顿大学医学院西尔维斯教授发现杜松子具有医疗作用,于是将杜松子浸泡在酒中,后使用蒸馏方法获得。最初制造这种酒主要是为了帮助在东印度地区活动的荷兰商人、海员和移民预防热带疟疾病,作为利尿、清热的药剂使用。不久人们发现这种利尿剂香气和谐、口味协调、醇和温雅、酒体洁净,具有净、爽的自然风格,很快就被人们作为正式的酒精饮料饮用。

荷兰金酒还被称为“Dutch Courage”。在 16 世纪末期英荷两国作为战友一起对抗西班牙军队的时候,英国士兵发现荷兰人好像特别勇猛,每天都很有活力进行战斗,似乎无所畏惧。荷兰人分享了他们的秘诀,原来他们每天起床都会喝一杯 Genever,觉得这样能够有效对抗恐惧和疲劳。英国人尝过后也喜欢上了这种可以壮胆的好味道,并称之为“荷兰人的勇气”。战争结束后,英国人去繁从简,尝试酿制,并摒弃掉不太好念的称呼“Genever”,称之为“Gin”。17 世纪时期英法两国关系恶化,当时的英国国王威廉三世又是荷兰人,便出台了一系列政策,对干邑征收重税,这促进了 Genever 的推广和后来 Gin 的生产与兴起。1830 年,埃涅阿斯·科菲改良了连续式蒸馏器,可以蒸馏出更纯净、更中性的谷物酒精,也不需要再添加甜味剂即有较好口感,“干金酒”(Dry Gin)就此诞生。就像葡萄酒中的“dry”一样,这里的"干"指的是含糖量低。由于最开始是在伦敦制作,人们亦将采用这种生产制作方式的金酒称为"London Gin"(伦敦金酒)。19 世纪中叶,在英国维多利亚女王时代,金酒的声誉不断提高,传统风格的金酒逐渐为清爽风格的干金酒代替。到 20 世纪,随着鸡尾酒等混合饮料的发展,金酒的生产量和销量更是不断提高。

三、金酒的生产工艺

金酒以大麦芽、黑麦、玉米和其他谷物为原料,将经过发酵、蒸馏至 90 度以上的酒精液体,后再加水淡化至约 51 度,然后以此为基酒将杜松子、香菜籽、香草、橘皮、桂皮、大茴香等不同植物香料加入,再次蒸馏至约 80 度的酒液,最后勾兑稀释而成。金酒通常不用陈酿,但有些也会熟化一段时间,尤其是荷兰金酒。一般将最后精馏而得的酒储存于玻璃槽中待其成熟,然后勾兑稀释,再出售。也有个别厂家将原酒放到橡木桶中陈酿,从而使酒液略带金黄色。

不同风味的金酒,其原料的使用及蒸馏方式有一定差异。荷兰金酒历史较早,采用传统工艺。其首先是以大麦芽为主要原料,配以黑麦、玉米等其他谷物发酵,使用单式蒸馏器(Pot Still)三次蒸馏后再加水淡化,得出类似威士忌的蒸馏酒"Malt Wine"(麦芽酒);然后以此为基酒,将杜松子等香料加入,再次蒸馏后储存。这种使用单式蒸馏器蒸馏出的酒液有较浓厚的麦芽味,香气高。英国金酒的生产过程比荷兰金酒简单,多采用玉米为主要原料,配以大麦芽和其他谷物,采用连续式蒸馏器获得食用酒精,此时酒精浓度一般在 96 度,再加入杜松子以及其他香料共同蒸馏而得。其与荷兰金酒的酿制区别主要在于没有 Malt Wine 这个部分的,而以中性食用酒精为基酒,香料浸泡后进行二次蒸馏、调和等方法制成。这种采用连续式蒸馏而成的酒液,味道比较清爽中性。

四、金酒的分类与著名产地

(一)荷式金酒(Genever)

荷式金酒主产于荷兰,主要集中在斯希丹一带,是荷兰人的国酒。荷式金酒(Dutch Gin)也被称为 Genever,是由于受其中重要原料之一的杜松子(荷兰语为 Jeneverbes)影响而命名。采用传统工艺生产的荷兰金酒,酒色泽透明清亮,口感香醇,香气浓郁,带有杜松子和麦芽的香味。酒精度约为 52 度,因香味较重,较适合于净饮或加冰饮用,不宜做鸡尾酒。

荷式金酒常装在长形陶瓷瓶中出售。新酒叫 Jonge,陈酒叫 Oulde,老陈酒叫 Zeet oulde。比较著名的品牌有:汉斯(Henkes)、波尔斯(Bols)、波克马(Bokma)、邦斯马(Bomsma),哈瑟坎坡(Hasekamp)等。荷式金酒除在荷兰生产外,在比利时、德国等国也有生产。

(二)伦敦干金酒(London Dry Gin)

伦敦干金酒也称伦敦金酒、英式金酒,起源于英国,是目前世界上最主要的金酒品种。伦敦干型金酒的意思是含糖量极低的金酒,根据"干"的程度,由高到低又可分为:Dry Gin、Extra Dry Gin、Very Dry Gin 等,其与最初的荷兰金酒(较香甜)有极大的区别。伦敦金酒并不特指仅限于在伦敦生产的金酒。历史上，随着英国高品质金酒的大量出口，很多国家也都开始效仿酿制金酒，而伦敦干金酒也逐渐成为一种生产方式的代名词，而并不意味着只能是“伦敦制造”。凡是采用伦敦干金酒的生产方式的、符合这种类型的金酒，不论是否伦敦，乃至是否在英国境内生产，都可以称之为伦敦金酒。

伦敦干金酒酒色透明，气味清香，口感醇美爽适。既可纯饮，又非常适合作为鸡尾酒的基酒。常见的品牌大部分起源于英国，有哥顿金酒、必富达金酒等。哥顿金酒（Gordon's）创建于1769年，是历史较为悠久的金酒品牌，其产品以严格的工艺和纯净的口感而成为世界广受欢迎的金酒品牌之一，现属于帝亚吉欧公司旗下品牌；哥顿金酒在英国本土市场的包装为绿色酒瓶，而出口产品则用透明酒瓶。必富达金酒（Beefeater）起源于1820年英国，现隶属于保乐力加集团旗下品牌。添加利金酒（Tanqueray）亦以优质而有较大的影响力，是美国进口金酒中的第一大品牌，由成立于1898年的添加利哥顿公司生产，现隶属于帝亚吉欧酒业集团旗下品牌。

（三）美国金酒（American Dry Gin）

美国金酒为淡金黄色，因其与其他金酒相比，需要在橡木桶中陈年一段时间。美国金酒主要有蒸馏金酒（Distilled Gin）和混合金酒（Mixed Gin）两大类。通常情况下，美国的蒸馏金酒在瓶底部有“D”字，这是美国蒸馏金酒的特殊标志。混合金酒是用食用酒精和杜松子简单混合而成的，很少用于单饮，多用于调制鸡尾酒。

（四）其他金酒

金酒的主要产地除荷兰、英国、美国以外，还有德国、法国、比利时等国家。比较常见的金酒有：德国的辛肯哈根（schinkenhager）、西利西特（Schlichte）、多享卡特（Doornkaat），比利时的布鲁克人（Bruggman）、菲利埃斯（Filliers）、弗兰斯（Fryns）、海特（Herte）、康坡（Kampe）、万达姆（Vanpamme），法国的克丽森（Claessens）、罗斯（Loos）、拉弗斯卡德（Lafoscade）等。

在口味上，除荷兰金酒和英国干金酒外，还有老汤姆金酒（加甜金酒）和果味金酒（芳香金酒）等。老汤姆金酒（Old Tom Gin）是在金酒中加入2%的糖浆、橘子或薄荷等，使金酒带有怡人、丰富香甜味；果味金酒（Fruit Gin）也称风味金酒（Signature Botanical Gin），是在干金酒中加入了成熟的水果、花卉或香料，如黑刺李金酒、柑橘金酒，柠檬金酒、姜汁金酒等。

五、金酒的品饮

金酒具有芬芳和诱人的香气，可以作为餐前酒或餐后酒。金酒饮用方法可以是净饮，也可以加冰块、果汁、碳酸饮料和利口酒等调配饮用，尤其是干金酒，是调制鸡尾酒中不可缺少的酒类。金酒调制出来的鸡尾酒口感芳香丰富，很多经典的鸡尾酒用金酒为基酒调制，典型的代表如马天尼、红粉佳人等。

净饮时，一般用量25 mL或1 oz，杯具为专用的小容量酒杯、利口酒杯或烈酒杯，加冰时多用古典杯。荷式金酒以净饮为主，其他饮法也比较多，在东印度群岛流行在饮用前用苦精

(Bitter)洗杯,然后注入荷兰金酒,大口快饮,饮后再饮一杯冰水,具有开胃之功效,且痛快淋漓,美不胜言。荷式金酒加冰块,再配以一片柠檬,则是世界名饮干马天尼(Dry Martini)的最好替代品。

第四节　伏特加

一、伏特加的含义和特点

伏特加(Vodka)是指以小麦、大麦、稞麦、玉米等谷物或马铃薯等为原料,经过发酵、反复蒸馏,再进行活性炭过滤后稀释而成的烈性酒。由于经反复蒸馏(精馏),伏特加原酒的酒精度多高达95度。如此高纯度烈酒再经过活性炭过滤,使酒质晶莹澄澈。稀释后酒精度通常为35~60度,口感清雅爽口。伏特加酒以无色、无杂味、不甜、不苦、不酸、不涩,只有烈焰般的刺激而独具一格,且不需陈年即可出售。伏特加的主要生产国有俄罗斯、波兰、德国、芬兰、瑞典、英国、美国、日本等。

由于伏特加酒的中性特性,伏特加可与其他任何香料、酒类、饮品混合调制成各种混合饮品。因此,出现很多调味伏特加。同时,在各种调制鸡尾酒的基酒中,伏特加成为最具有灵活性、适应性和变通性的酒。

二、伏特加的起源与发展

伏特加的起源有不同的说法。很多人一直认为伏特加诞生于俄罗斯,但也有说伏特加诞生于波兰,且都被两国看作民族象征。这两个国家,关于谁先发明了伏特加的争论至今没有停止。

俄语"Vodka"在斯拉夫语中的意思是指少量的水。根据1174年弗嘉卡的记载,世界首家制作伏特加的磨坊成立于11世纪的俄罗斯科尔娜乌思科地区。14世纪,英国外交大臣访问莫斯科时发现伏特加已成为俄罗斯人民的饮用酒。而波兰人认为伏特加在8世纪就已经出现了,被称作是哥兹尔卡(Gorzalka);后来将蒸馏方法融入以生产质量更好的伏特加酒。但据考证认为,这种酒来自冰冻葡萄蒸馏后的酒,应属比较粗糙的白兰地。伏特加在俄罗斯也有各种名称,直到20世纪初,才正式被定名为"伏特加"。

15世纪,俄罗斯运用罐式蒸馏法制作伏特加,而且还采用了调味及鸡蛋澄清酒液等技术,提高了酒的质量并大量生产,至1505年已经向瑞典出口。16到18世纪,俄罗斯生产技术不断提高,伏特加的品种开始更多样化。在此期间,伏特加也在波兰、瑞典等东欧和北欧国家酿造。18世纪初,彼得大帝对伏特加酒实行国家专营制,这时伏特加酒的税收已成为俄国最主要的财源。18世纪中叶是俄罗斯制酒业发展的黄金时代,并发明了通过木炭层进行过滤酒液的方法。19世纪,得益于化学家德米特里·门捷列夫的研究,俄罗斯历史上首次推出伏特加的国家标准。酿酒业的工业化进程发展很快,酒精的质量和纯度都有了很大提高。至此,伏特加基本形成了如今的清澈透亮、高酒精纯度的特性。伏特加不仅成为俄罗斯王室的宴会用酒,并且像面包一样出现在所有俄罗斯人的正餐中。1917 年十月革命后,苏联人将伏特加酒的制作技术带到世界各地。1934 年美国开设了第一家伏特加厂,美国人广泛认识和饮用伏特加。到 20 世纪 60 年代,伏特加的声誉和销量不断增加,在美国、加拿大及法国、荷兰、意大利等许多国家都有生产和销售。

三、伏特加生产工艺

(一)原料

用于生产伏特加的原料很多,除现在大部分是采用谷物(特别是大麦、小麦和黑麦)以外,伏特加在酿造原料上并没有任何特殊的要求,所有能够进行发酵的原料都可以用来酿造伏特加,包括葡萄、玉米和马铃薯。俄罗斯伏特加最初多用大麦为原料,到 18 世纪以后,开始逐渐使用马铃薯和玉米作为原料,并沿用至今。

(二)主要生产工艺

1.发酵

伏特加的发酵制造酒醪的过程和其他蒸馏酒并无特殊之处。将谷物等原料磨成粉,加水加压蒸煮。当谷物中含有的淀粉变成糊状后,可加入一定量的糖,得到的糊浆经冷却后,加入酵母进行发酵。整个发酵过程约持续 40 h,得到的酒液酒精度约为 9 度。

2.蒸馏与精馏

现代伏特加的蒸馏过程是一般蒸馏与精馏共同进行的。在不少于两座蒸馏塔中用连续蒸馏和精馏的方法对酒进行提纯,制成高酒精度原液。蒸馏塔一般 20~40 m 高,进行蒸馏的容器有多座蒸馏塔。通过多次的蒸馏与精馏,酒精浓缩,并去除杂醇油和甲醇等物质,最终得到的酒精含量多达到 95%及以上,酒液没有杂味,没有初级原料的味道。

3.过滤和稀释

伏特加的过滤工艺过程是其特别之处。精蒸后得到的伏特加原液要注入白桦活性炭或木炭过滤槽中进行过滤。通常,每 10 L 蒸馏液用 1.5 kg 木炭连续过滤不得少于 8 h,40 h 后至少要换掉 10%的木炭。经缓慢的过滤程序,使精馏液与活性炭分子充分接触并净化,将所有原酒液中所含的油类、酸类、醛类、酯类及其他微量元素除去,便得到更纯净的伏特加原液。

最后,用蒸馏水稀释至一定的酒精度,经质量检查后装瓶出售。伏特加酒不用陈酿即可出售与饮用,也有少量的伏特加,如调香伏特加在稀释后还要经串香等程序,使其具有芳香味道。

四、伏特加的分类与著名品牌

（一）伏特加的分类

伏特加根据原料和生产方式的不同，一般分为原味伏特加和调香伏特加两种类型。

1.原味伏特加

原味伏特加是指经发酵、蒸馏、过滤得到的无色、无杂味的中性品种。不论何种品牌，其生产量和销售量都是伏特加中最大的。无色无味（除酒精味外），可以和任何一种饮料美妙地混合，能增加饮品的烈度，却不会改变原来的味道，非常适合作为调制鸡尾酒的基酒。

2.调香伏特加

调香伏特加是在伏特加的酿制过程中，加入香料、水果、叶子、草等调香物质，使其具有明显水果或其他香味。调香伏特加适合单独饮用，亦可用于调制鸡尾酒。

（二）伏特加的著名品牌

1.斯米诺（Smirnoff）

斯米诺是最常见的伏特加品牌，在世界上销量最大。其品牌起源于1818年的俄罗斯，1934年斯米诺伏特加开始在美国生产，现属于英国帝亚吉欧旗下品牌。斯米诺口感纯正柔和，曾多年来是俄罗斯、瑞典等国的皇家伏特加。现销往全球170多个国家和地区，并连续多年保持全球销量第一。红牌伏特加（Smirnoff Red）是斯米诺经典款，酒瓶上面有标志性的亮红色酒标，酒精度为40度，口感纯净，有微妙的矿物质味道，并带点薄荷新鲜感，入喉明显有酒精刺激感，后劲足，深受调酒师的喜爱。

2.绝对（Absolut）

绝对是世界知名的伏特加酒品牌，销量仅次于斯米诺。虽然伏特加酒起源于俄罗斯（或波兰），但是绝对伏特加却产自一个人口仅有一万的瑞典南部小镇Ahus。瑞典的绝对伏特加，使用单一产地的硬质冬小麦，从当地深度超过130 m的深水井中获得的优质水源，这赋予了绝对伏特加优质细滑的特征。同时，绝对伏特加采用连续多次蒸馏，要求伏特加绝对纯净的这一宗旨贯穿生产过程的始终，使其以绝对的纯净而著称。此外，绝对伏特加具有独特的、辨识极强的酒瓶外形，灵感来源于古老的瑞典药剂瓶，古典而优雅，装饰性强。其中，中性的原味伏特加是绝对的经典款，在我国销量最大。其入口干净，略有典型的黑胡椒、面包和香草味，回味时伴随酒精的辛辣，纯饮、调酒都非常适用。同时，众多的香料添加方式丰富了绝对伏特加品牌的家族。各类香型丰富，香味稳定，给各款鸡尾酒带来巧妙时尚的调饰。

3.苏联红牌（Stolichnaya）

苏联红牌1938年创立于前苏联，在中国常被翻译为“苏联红牌伏特加”。苏联红牌是俄罗斯国民酒，其中Stoli Premium为代表款，由小麦为原料酿造，酒精度为40度，酒体中等，有温和的果皮香气，随后是湿稻草和均衡的胡椒味；口感柔顺，清新，微甜，入喉有明显的灼烧感。俄罗斯人常用来配鱼子酱吃。

除以上提到的各品牌以外,波兰的雪树伏特加(Belvedere),法国的灰雁伏特加(Grey Goose),乌克兰的霍尔蒂恰(Khortytsa)等都是伏特加的著名品牌,各具特色。

五、伏特加的品饮

伏特加可作为餐后酒直接饮用,亦非常适合用作斯堪的纳维亚、俄罗斯和波兰菜的佐餐酒。在净饮时,可常温或冰镇。净饮用烈酒杯、利口杯,加冰常用古典杯,用量多为 1 oz 或 40 mL 左右。在俄罗斯,传统饮法是在冰箱中冰镇,配上鱼子酱用小酒杯饮用。这种古典原始的喝法亦被称为“冷冻伏特加”(Neat Vodka),冰镇伏特加酒温常在-18～-18 ℃,这能有效的延缓酒精的蒸发,并能弱化口腔的酒精刺激。冰镇后的伏特加略显黏稠,入口后酒液蔓延,如葡萄酒似白兰地,口感醇厚。如同时有鱼子酱、烤肠、咸鱼、野菇等佐餐,让品饮感受更佳。冷冻伏特加酒一般不细斟慢饮,以快饮、豪饮为主。

伏特加是酒吧的理想用酒,作为基酒使得鸡尾酒更烈,但却不改变原味。这使得伏特加非常容易与各类新鲜的水果、果汁、汽水、甜酒等搭配与混合,给调酒师以无限的创作空间。除制成各类短饮鸡尾酒以外,各种“混合伏特加”(Mixed Vodka)的长饮非常常见,即伏特加酒加其他任何果汁,软饮料等混合,多海波杯盛放,慢慢品味。用伏特加为基酒制作世界闻名的鸡尾酒有很多,如血腥玛丽(Bloody Mary)、大都会(Cosmopolitan)、螺丝刀(Screwdriver)等。

第五节　朗姆酒

一、朗姆酒的含义和特点

朗姆酒(Rum)是以甘蔗及其副产品为原料,经过发酵、蒸馏等工艺制作而成的蒸馏酒。同时,Rum 是拉丁语“糖”的缩写,也称为糖酒;朗姆酒为英文的音译,故又翻译为兰姆酒、蓝姆酒。优质的朗姆酒一般酒液清澈透明,口感甜润、芬芳馥郁。朗姆酒的酒精度一般为 38～50 度,酒液颜色有无色、琥珀色、棕色等。无色透明的白朗姆酒以质地轻薄著称,适合做鸡尾酒基酒,与其他饮料调和饮用。金朗姆酒酒味香甜,适合做鸡尾酒基酒,或直接加入冰块、果汁饮用;黑朗姆酒醇厚馥郁,适合净饮细品。同时,朗姆酒也是制作糕点的上好选择。

二、朗姆酒的起源与发展

一般认为,朗姆酒起源于加勒比海地区,虽然也有其他不同的说法。例如,有个别认为起源于古印度或塞浦路斯。朗姆酒在加勒比海地区的起源和发展,得益于甘蔗的引入和种植。据史料,哥伦布于 1493 年将甘蔗第一次带入古巴,加勒比地区得天独厚的气候加上肥沃的土壤,让甘蔗的种植在古巴等加勒比海地区取得了前所未有的成功。到 17 世纪,随着甘蔗种植业和蔗糖制造业逐渐发展,有一个问题令糖厂头疼:当甘蔗糖浆结晶形成糖时,会剩余一些黑乎乎的胶状物,每两磅糖浆,会产生一磅的副产品。不知道怎么处理的种植园主,一般情况下会拿其喂给奴隶和牲畜,或者直接扔进海里。直到种植园中的一个奴隶发现,这些“垃圾”可以发酵成酒精。同时,随着蒸馏技术的引入,早期的朗姆酒诞生。这种酒与其他绵软口感的酒类不同,朗姆酒极具刺激性,味道和口感并不好,但价格很低廉,受到了奴隶和苦工们的欢迎。较为富有的欧洲殖民者则很少饮用,他们的酒水以葡萄酒、白兰地和威士忌为主。但种植园主们并没有阻止奴隶酿造和饮用朗姆酒,因为本身朗姆酒就是用制糖剩下的边角料制作的,不用花钱。其次,奴隶在喝完朗姆酒后可以放松身体、缓解疲劳,这样干活时会更加卖力。史料记载,在 1650 年左右,加勒比海地区的巴巴多斯小岛流行用甘蔗蒸馏而成的酒“Rumbullion”。Rumbullion 在英语里有“骚乱、动荡”的意思,估计为朗姆酒的词源。

随着蒸馏技术的发展,种植园主们意识到朗姆酒的作用和商业价值,开始主动酿造和销售朗姆酒。在当时,朗姆酒以每加仑两先令六便士的低廉价格被销售,受到了很多人的热烈追捧,并逐渐向海外拓展。到了 17 世纪后期,朗姆酒已取代法国白兰地,成为大西洋三角贸易中的首选交换酒类。非洲的奴隶交易以前用白兰地酒付钱,也改以朗姆酒付钱。同时,朗姆酒也成为横行在加勒比海地区的海盗的最爱,因此朗姆酒又称海盗酒。19 世纪中叶,随着蒸汽机的引进,甘蔗种植园和朗姆酒厂在古巴等国日益增多。一系列先进酿酒技术的运用使朗姆酒的质量得到很大提高。到 20 世纪,除古巴、牙买加、海地等加勒比海地区的国家生产朗姆酒外,美国、墨西哥、圭亚那、巴西等南北美洲国家,以及非洲的马达加斯加等国也出产朗姆酒。

三、朗姆酒的生产工艺

(一)原料

朗姆酒的原料主要是甘蔗汁、糖蜜或甘蔗渣等。甘蔗汁原料适合于生产清香型朗姆酒。若甘蔗汁经真空浓缩被蒸发掉部分水分,可得到一种较厚的带有黏性液态的糖浆(糖蜜),更适宜于酿制浓香型朗姆酒,甘蔗渣经处理后亦用作原料。

(二)主要生产工艺

1.预处理和发酵

现代朗姆酒的生产多直接以甘蔗为原料,经过榨汁、煮汁和澄清等工艺进行预处理。在预处理时,注意去除胶体物质,尤其是硫酸钙等,这些物质在蒸馏时会结成块状而影响生产。在预处理后,用水调至适宜的发酵浓度(总糖含量常达 10~12 g/100 mL),加入酵母,发酵约 24 h,此时,蔗汁的酒精含量多为 5~6 度。对于酵母、容器以及温度的选择,每一家酒厂各有不同,几乎各家都有独特的酵母和容器,一些酒厂还会使用野生的酵母来增加朗姆酒的风味。

2.蒸馏

发酵完成的糖蜜就会被送往蒸馏塔进行蒸馏,一般蒸馏后得到 65~75 度的无色烈性酒液。蒸馏方式有两种:单式蒸馏和连续蒸馏,两者的冷凝方式导致了捕获的香气和口感有一定的差别。单式蒸馏会让香气更加集中和饱满,而连续蒸馏的方式则会让朗姆酒更加顺滑纯净。两种蒸馏方式都能孕育优质的朗姆酒。

3.陈年

绝大多数的朗姆酒会在蒸馏结束之后放入波本橡木桶中进行陈年,以获得烘烤橡木桶的风味,并且染上一定的颜色,如诱人的琥珀色。和威士忌一样,越是陈年的朗姆酒颜色越深。也有很多酒厂使用其他的木桶或不锈钢桶进行陈年。在不锈钢桶中陈年的朗姆酒可以保持朗姆酒透明的颜色,同时酒体更为顺滑。在很多的国家和产区都有朗姆酒最低陈年时间要求,比如 9 个月或者 1 年。和威士忌和白兰地类似,由于橡木桶的透气性导致酒液随着时间推移而蒸发,会出现一定的“天使份额”(Angels' Share),使酒液减少。一般而言,在法国和苏格兰比较寒冷的地区,天使份额每年在 2%左右,而产自热带的朗姆酒则会有着极大的蒸发量,甚至会高达每年 10%左右。超高的蒸发量常带来的超高度的浓缩感,更长时间陈年的朗姆酒拥有更加浓郁的香气和口感。

4.调配

陈年之后的朗姆酒在装瓶之前需要进行调配。不同年份的陈年朗姆会进行组合,以达到平衡的口感再上市。同一批次的朗姆酒很有可能拥有不同的颜色、口感等差异,不同年份的不同橡木桶差异更大,通过调配不同比例可获得较一致的品质。通常,白朗姆会在陈年之后进行过滤,去除陈年所带来的染色。相反,黑朗姆则需要加入焦糖或者焦糖色以得到理想的酒体颜色。

四、朗姆酒的分类与著名品牌

(一)朗姆酒的分类

根据酒液的颜色分类,有白朗姆、金朗姆与黑朗姆之分。

1.白朗姆(White Rum)

白朗姆也称银朗姆(Silver Rum),是淡色朗姆,透明无色、香味不浓、简单纯净,是调酒师们的挚爱,是经典鸡尾酒的莫吉托(Mojito)的基酒。白朗姆酒通常也要陈酿一段时间,在温暖的气候下,通常需要 3~6 个月,在寒冷的气候下则是 1 年。陈酿之后的酒一般经过多次过滤,去除杂质以及颜色,相比陈酿时间长的其他朗姆酒,白朗姆酒的香气与味道更显清雅。白朗姆除了可制作鸡尾酒外,还可以搭配虾、海鲜和生鱼等较清淡的食物佐餐。

2.金朗姆(Golden Rum)

金朗姆也称老朗姆(Old Rum)、琥珀朗姆,是指蒸馏后的酒存入内侧灼焦“炭化”的旧橡木桶中至少陈酿 3 年而成。金朗姆的陈酿过程和方式,赋予了标志性的颜色以及更甜、更芳香丰富的风味。优质的金朗姆酒口感醇厚,香气浓郁,层次复杂,果香、橡木香和肉桂味突出,可作为鸡尾酒的基酒和高质量的单独品饮烈酒。

3.黑朗姆(Dark Rum)

黑朗姆也称传统朗姆(Traditional Rum),是深色朗姆,黑朗姆是所有朗姆酒中陈酿时间最长的,一般陈年8~12年。黑朗姆一般要放在内侧重度烘烤过的橡木桶中陈酿,有时还会用焦糖调色。黑朗姆的酒色更深,呈深褐色或棕红色,酒体带有木桶的烟熏味或香草味,酒味醇厚,更适合单独饮用。由于黑朗姆酒味道醇厚复杂,适合与香草、香料等较丰富的食物(如甜点和肉类)搭配饮用。

另外,还可以根据风味特征,将朗姆酒分为清淡型、芳香型、浓烈型等。

(二)朗姆酒的著名品牌

1.百加得(Bacardi)

百加得品牌起源于波多黎各的,创建于1862年,在美国和中国朗姆酒市场的销量常排名第一,也是世界上获奖最多的朗姆酒品牌。百加得白朗姆酒以质地轻薄、口感清爽著称,适合用于调制莫吉托等夏日清凉饮品。百加得朗姆酒的瓶身上有一个非常引人注目的蝙蝠图案,这个标记在古巴文化中是好运和财富的象征。百加得旗下有多种风格的朗姆酒,可以满足众多消费者的不同需求,其中包括被称为"全球经典白朗姆酒"的百加得白朗姆酒,被誉为"全球最高档陈年深色朗姆酒"的百加得八年朗姆酒,还有"全球最为时尚的加味朗姆酒"的百加得柠檬朗姆酒等。

2.摩根船长(Captain Morgan)

摩根船长品牌起源于牙买加,1943年,施格兰公司(Seagram Company)首次发布了名为"摩根船长"的朗姆酒。该酒得名于17世纪一位著名的加勒比海盗亨利·摩根,其海盗船长的酒标形象令人过目难忘。2001年,帝亚吉欧集团收购了摩根船长朗姆酒品牌。摩根船长是美国人最喜欢的第二大烈酒品牌,仅次于斯米诺伏特加。摩根船长品种丰富,其香料朗姆酒在酿制环节调入了加勒比岛的香料,在烤焦的美国白橡木波旁酒桶中进行熟成,有着晶莹剔透的橘黄色酒液及微微的烟熏味。

3.哈瓦那俱乐部(Havana Club)

哈瓦那俱乐部是古巴朗姆酒品牌,1934年首次推出。其以香草和巧克力口味的朗姆酒品种居多,酒精度多为40度。该品牌是古巴的两大特色之一(雪茄和哈瓦那俱乐部),曾连续七年获得美国品酒协会颁发的金奖。从1994年开始,哈瓦那俱乐部朗姆酒由保乐力加公司和古巴政府以合资方式联合经营。

除以上提到的各品牌以外,还有加勒比海巴巴多斯岛的凯珊(Mount Gay),法属马提尼克岛的克莱蒙(Clement)和拉莫尼(La mauny),危地马拉的萨凯帕(Ron Zacapa Centenario),多米尼加的布鲁加尔(Brugal)和巴塞洛(Barcelo),菲律宾的丹怀朗姆酒(Tanduay),委内瑞拉的酋长朗姆酒(Cacique),印度的伯爵夫人(Contessa)、老古董(Old Cask)朗姆酒等。同时,有世界知名的混合朗姆酒,如创立于1980年牙买加的以椰子味闻名的马利宝(Malibu)等。

五、朗姆酒的品饮

朗姆酒流行于加勒比海等盛产地,饮用方法多种多样,很多具有热带风情。除可以净饮外,有加冰、加可乐、加苏打水、加橙汁、加冰激凌饮用、加椰汁饮用等多种方法。以朗姆酒调制的经典鸡尾酒代表有自由古巴(Cuba Libre)、莫吉托(Mojito)等。

通常,淡色朗姆更适合调制鸡尾酒饮用,而深色朗姆更适合单独净饮。朗姆可用于佐餐,在用餐时可调制作为开胃酒饮用,或者在餐后饮用等。在侍酒服务时,如果是纯饮,宜采用小型烈酒杯、利口酒杯等,如果是调制长饮鸡尾酒,多使用飓风杯,装饰多采用糖边。

第六节　特基拉

一、特基拉的含义和特点

特基拉(Tequila)是以墨西哥生产的一种龙舌兰(蓝色龙舌兰)为主要原料,经过发酵、蒸馏等工艺制作而成的蒸馏酒。其以著名出产地哈里斯科州的特基拉小镇而得名。在世界各国,很多人都习惯使用特基拉来称呼龙舌兰酒,这不仅是因为特基拉是高品质的龙舌兰酒,而且除墨西哥之外的其他国家很少见到其他龙舌兰酒。实际上,从广义而言,龙舌兰酒更多被称为梅斯卡尔(Mezcal),Mezcal 是所有以龙舌兰的草心(或称根茎)为原料制造出的蒸馏酒总称,可以认为 Tequila 是 Mezcal 的一种,但并不是所有的 Mezcal 都能称作 Tequila。

根据墨西哥法律规定,只使用的原料有超过 51%是来自蓝色龙舌兰草,制造出来的酒才有资格称为特基拉。特基拉的酒精度为 35~50 度,口感凶烈、咸鲜,色泽多透明清亮,香气独特,带有龙舌兰的芳香和淡淡的胡椒味,可以放桶陈年。

二、特基拉的起源与发展

大约 3 世纪时,居住于中美洲地区的印第安文明已发现并利用发酵酿酒的技术。印第安人使用墨西哥的本土植物龙舌兰的根茎进行酿酒,这种发酵酒被称为普基酒(Pulque)。由于酿酒技术的限制,这种酒的酒精度不高,质量较粗糙,可以看作是所有龙舌兰酒的基础原型。殖民时期,西班牙人来到墨西哥,带来了蒸馏技术,将普基酒进行蒸馏,得到了龙舌兰酒。但西班牙人为了保护本国白兰地的出口,限制龙舌兰酒的发展。直至 1795 年,墨西哥才出现了第一个法律允许的龙舌兰酒生产商,这正式确立了龙舌兰酒产业的开始。至此,龙舌兰酒的生产得到发展,质量也不断提高。

无论是特基拉还是其他以龙舌兰为原料的酒类,都是墨西哥国原生的酒品,其中特基拉更是该国重要的外销商品与经济支柱,受到极为严格的法规限制与保护,以确保产品的品质。特基拉的生产中心位于墨西哥的哈利斯科州(Jalisco)境内,在瓜达拉哈拉和特皮克之间的特基拉小镇。起初,特基拉只被允许在哈利斯科州境内生产。在 1977 年 10 月 13 日墨西哥政府修改了相关法令，放宽了 Tequila 的产地限制，允许周围几个州的部分行政自治区生产特基拉。但事实上，在拥有特基拉生产执照的众多蒸馏厂中，仅有两家酒厂不在哈利斯科州境内。

三、特基拉的生产工艺

（一）原料

特基拉的原料很特别，以蓝色龙舌兰（Blue Agave）为主要原料。龙舌兰是一种仙人掌科植物，叶宽多刺，与芦荟相似，其体积较大，根茎含糖量高。其中，蓝色龙舌兰品质最高，为墨西哥的特产，主要产地为哈利斯科州。因此地的火土壤及特殊气候，故出产品种最好的蓝色龙舌兰。相比其他龙舌兰，蓝色龙舌兰的糖分含量高，而纤维含量低。除了品种不同之外，病虫害、太阳照射时间、产地高度等因素也会影响品质。蓝色龙舌兰的栽种时间大约 8~10 年，而且只能采收一次。收割后，将叶子分开，当作肥料；根茎的部分（或称草心）就成了特基拉的原料。

（二）生产工艺

特基拉在制法上与其他蒸馏酒相比，有其特别的流程和工艺。

1.高温蒸煮

在龙舌兰经过多年的栽培后，其长满叶子的根部会形成大菠萝状根茎，常重达 60~80 千克。制作特基拉时，将叶子全部切除干净，将含有甘甜汁液的茎块切割，然后放入专用糖化锅内煮大约 12 h，尽可能地使其中的淀粉转化为糖分。

2.发酵

待糖化过程完成之后，将其榨汁注入发酵罐中，加入酵母，以及上次制作时的部分发酵汁。有时，为了补充糖分，还加入适量的糖。发酵时间一般为 2~5 天。

3.蒸馏

发酵结束后，发酵汁除留下一部分做下一次发酵的配料之外，其余的在单式蒸馏器中蒸馏两次。第一次蒸馏后，将会获得一种酒精含量约 25%的液体。第二次蒸馏，经过去除首馏和尾馏的工序，将会获得一种酒精含量大约为 55%的可直接饮用的烈性酒。和伏特加酒一样，特其拉酒在完成了蒸馏工序之后，酒液要经过活性炭过滤以除去杂质。

4.陈年

刚蒸馏完成的龙舌兰新酒，是完全透明无色的。通常经过不同时长的橡木桶陈年，获得不同颜色和口感的酒液。一般来说，龙舌兰酒最适合的陈年期限是四到五年，再超过后桶内的酒精会挥发过多而影响风味。

四、特基拉的种类与著名品牌

(一)特基拉的种类

作为优质龙舌兰酒的特基拉依贮藏方式及成熟度可分为三大类:银色龙舌兰、金色龙舌兰、古老龙舌兰。

1.银色龙舌兰(Silver Tequila)

银色龙舌兰也称白色龙舌兰(Blanco),其放入橡木桶的时间多不超过30日,一般为14~21天,而特基拉新酒(Joven)则是蒸馏后2个月内装瓶。白色龙舌兰的特征是带有较强烈的青草气味。

2.金色龙舌兰

金色龙舌兰(Gold Tequila,西班牙语Oro)通常为微陈级特基拉(Reposado),蒸馏后的龙舌兰放入桶中贮藏后会呈金黄色的变化,金色龙舌兰在橡木桶中熟成2~12个月。

3.古老龙舌兰(Añejo Tequila)

Añejo在西班牙语为“古老”之意,其贮藏于木桶内超过一年,由于经长时间酝酿,其强烈的辛辣味较淡,口感温和爽口,与白兰地非常相近。

除了颜色之外,特基拉产品也有标示原料含量以表明等级差异。例如,有些产品的瓶上标示100%AGAVE,即指百分之百以龙舌兰提炼制作,完全不掺混任何添加物,品质通常较高。

(二)特基拉的著名品牌

1.豪帅快活(Jose Cuervo)

豪帅快活也称金快活,是世界上最古老的龙舌兰畅销品牌,其销售量占世界龙舌兰酒销量的1/5。豪帅快活始于1795年,由墨西哥的贝克曼家族(Beckmann Family)拥有和经营,在墨西哥哈利斯科的拉罗耶纳酿酒厂生产,以酿制优质橡木桶陈年的龙舌兰酒而著称。

2.唐胡里奥(Don Julio)

唐胡里奥龙舌兰酒是其创始人名字(唐·胡里奥)命名的龙舌兰品牌,也是世界上第一个优质的豪华龙舌兰酒品牌。1942年唐·胡里奥创立了自己的酿酒厂。1985年,为了庆祝他60岁生日,他儿子们以他的名字命名了一款龙舌兰酒。1987年,唐胡里奥龙舌兰正式进入市场,并被公认为世界上第一款奢侈型龙舌兰。2014年,帝亚吉欧(Diageo)收购了唐胡里奥。目前,唐胡里奥是墨西哥最知名的高级龙舌兰品牌,共生产5种品级的龙舌兰:Blanco、Reposado、Anejo、1942 Anejo和Real Extra Anejo。

3.塔巴蒂奥(Tapatio)

“Tapatio”原意指来自哈利斯科州的男人。塔巴蒂奥龙舌兰酒产自阿尔特纳蒸馏厂,该酒厂所在区域以出产蓝色龙舌兰而出名,是墨西哥最经典的老牌龙舌兰酒厂。塔巴蒂奥采用传统方法发酵、蒸馏,在原波旁酒桶中陈酿而成,保留了较多的自然特性和风味。

4.马蹄铁(Herradura)

马蹄铁1870年创建的墨西哥龙舌兰品牌,创始人为费利克斯·洛佩兹。19世纪末期,该品牌已有相当的知名度,费利克斯的儿子奥雷里奥正式将其命名为马蹄铁。2007年,马蹄铁被美国酒业巨头百富门(Brown-Forman)收购。马蹄铁售卖的龙舌兰酒主要有Reposado、Anejo、Seleccion Suprema、Blanco、Blanco Suave和Antiguo等。

5.卡贝萨(Cabeza)

卡贝萨是产自墨西哥的品牌,卡贝萨由Vivanco家族在哈利斯科的El Ranchito酿酒厂生产。属于高地龙舌兰酒,酒体丰满,余味较淡,带有蜂蜜般的泥土气息和复杂的香气。

6.卡勒23号(Calle 23)

卡勒是墨西哥哈利斯科(Jalisco)的一个龙舌兰品牌,创始人为法国微生物学家索菲·德珂贝可。勒23号生产不经橡木桶陈放的白色龙舌兰酒(Blanco),一般采用两种特殊酵母发酵,以保证其风味的独特性。同时,也出产微酿龙舌兰和陈年老窖型龙舌兰等。

7.艾珑(Espolon)

艾珑1998年由西利罗·奥罗佩萨首创。一般在墨西哥哈利斯科州的圣尼古拉斯酒厂(San Nicolas Distillery)生产酿造。艾珑主要生产四款龙舌兰酒,包括Reposado、Blanco、Anejo和一种在波本桶中陈酿的特殊Reposado,一般称作El Colorado。艾珑是第一个生产特殊Reposado龙舌兰酒的品牌。

8.奥美加(Olmeca)

奥美加在1968年创立于墨西哥,其植根于古代墨西哥奥美加文化,强调富有浓郁的墨西哥风情和迷人的异国情调,充分汲取了墨西哥哈里斯科高地植物的馥郁芳香,采用传统的工艺以确保获得独特的醇和口感和高度。

五、特基拉的品饮

特基拉以口味凶烈,香气独特,喝法豪爽著称。特基拉可以佐餐或调制各种饮品在很多场合饮用。通常的饮用方法有以下几种:净饮;加冰;加碳酸饮料;调制成各式鸡尾酒。特基拉加冰饮用,可使口感冰凉,融化的冰起到稀释酒精浓度的作用。不论净饮、加冰或加碳酸饮料(以无色的雪碧最为常见),通常均佐以盐和柠檬角饮用,也有配上腌渍过的辣椒干、柠檬干等。品饮时,通常手掌虎口处抹一点食盐,饮用时先舔一点盐,喝一口特基拉,再咬一口柠檬,风味独特。整个过程一气呵成,无论风味或是饮用技法,都堪称一绝。另一种常见喝法是在透明的特基拉中兑上透明的汽水,通常一比二的比例,盖上杯口,在桌上用力一敲,香甜的酒气随着透明的气泡奔涌并顺势喝下,喝法豪爽,可视性强。此两种方法亦可相互结合,在酒吧常见。此外,将特基拉混合西柚汁等各式果汁、柠檬汁、苏打水和盐调制而成的鸡尾酒是墨西哥最常见的经典下午酒款。

不论加冰或加碳酸饮料饮用,一般采用古典杯,用量为1 oz。调制其他鸡尾酒时亦常采用盐边和柠檬装饰,以特基拉为基酒调制的经典鸡尾酒代表有特基拉日出(Tequila

Sunrise）、玛格丽特（Margarita）、知更鸟（Mockingbird）等，其中调制玛格丽特鸡尾酒时使用玛格丽特杯。

第七节　中国白酒

一、中国白酒的含义和特点

中国白酒是以高粱、玉米、大米、大麦、小麦等淀粉质为原料，利用曲类、酒母为糖化发酵剂，经蒸煮、糖化、发酵、蒸馏、陈酿和勾兑等工艺而成的各类烈性酒。中国白酒多为无色，故称为白酒，其工艺独特，是中国特有的蒸馏酒。

一般而言，中国白酒具有酒质无色（或微黄）透明、气味芳香浓郁、入口绵甜爽净、酒精含量较高等特点。白酒的酒精度为38~65度，50~60度较为常见，在一些地区也俗称烧酒。由于制曲、发酵、蒸馏等工艺各不相同，中国白酒形成了不同的香型和风格特点，故品种繁多，风格各异。中国白酒作为餐桌上的传统饮品，从古至今在人们日常生活和交际应酬中都扮演着重要角色。

二、中国白酒的起源与发展

中国白酒历史悠久。据考古研究认为，我国劳动人民约在3 000多年前的商周时代就独创酒曲复式发酵法，开始大量制造黄酒，此后相当长的一段时期，黄酒一直在中国占据主导地位。据上海博物馆收藏的东汉前期蒸馏器推断，我国酿造蒸馏酒可能起源于东汉（25—220年）。自元代以后，白酒开始得到发展，由于高粱不能直接食用，蒸馏酿制的高粱酒好喝且易于保存，一年四季都可以酿制，故高粱开始大量用来酿酒。明代李时珍的所著《本草纲目》中有关于蒸馏技术运用于酿酒的明确记载，其称："烧酒非古法，自元时始创，用浓酒和糟，蒸令汽上，用器承取滴露，凡酸坏之酒，皆可蒸烧。"2002年，考古工作者在江西省南昌市进贤县李渡镇考古发掘了一处元代的烧酒作坊遗址，从而也证实了元代我国已有烧制白酒。随着元明时期蒸馏技术的发展，酒的品质得到了较大的提升，白酒品种逐步多样化。

新中国成立后，白酒的发展和工艺提升进入了新时代。我国各地的酿酒作坊开始合作化改造，白酒进入了真正意义上的工业化生产阶段。同时，随着我国经济发展和国际地位的迅速提升，中国白酒开始走出国门。根据中国酒业协会发布的消息，从2021年1月1日起，"海关商品名录"中中国白酒的英文名字由原来的"Chinese Distilled Spirits"更改为"Chinese Baijiu"，这也标志着我国白酒在国际上地位的提升和认可。

三、中国白酒的生产工艺

中国白酒有多种生产工艺，不同原料和风味的白酒制作方法不尽相同。

(一)原料

中国白酒使用的原料很多,主要包括高粱、大米、糯米、玉米、大麦、小麦等。此外,甘薯、木薯、高粱糠、米糠、麸皮、淀粉渣等,以及橡子、菊芋、杜梨、金樱子等野生植物,均可作为代用原料。在白酒酿造过程中需根据原料特性及细度要求的不同,进行原料粉碎、配料拌料、蒸煮糊化等工序。

(二)主要工艺

1.糖化发酵

在对原料进行处理之后,根据不同的原料和不同香型白酒的生产要求,采用不同的酒曲加入进行糖化发酵。酒曲是一种糖化的发酵剂,是中国白酒发酵的灵魂。酒曲主要有大曲、小曲、麸曲、混合曲等。其中,大曲是以大麦、小麦、豌豆等为原料,制成的以毛霉、曲霉、根霉和酵母为主(含有多种微生物菌系和各种酿酒酶系),配备其他野生菌杂生的糖化发酵剂。麸曲的原料是麸皮,接种曲霉菌,以固体法培养而制得的酒曲。小曲又称药曲,是南方常用的一种糖化剂,因曲坯小而得名,制曲原料为碎米、纯糠,添加中草药、野生菌制曲,形成以根霉、酵母为主的糖化发酵剂,适用于大米、高粱、糯米等白酒原料。

同时,白酒的发酵方式又可分为固态法、液体法和固液结合法发酵。国内名酒绝大多数以高粱、大麦、小麦等粮食作物为原料,采用大曲固态法发酵。其成品酒的酒质较好,具有香气浓郁、口感柔和爽净、余味悠长等特点。

2.蒸馏

无论是传统工艺酿酒还是新工艺酿酒,其蒸馏原理是一样的:将酒醅(指蒸煮过后发酵好的粮食)加热变成酒蒸汽再冷却成酒的过程。发酵好的酒醅,乙醇含量不高,同时含有数量众多但含量甚微的香味成分,需经过蒸馏将其中所含的乙醇及香味成分提取,并排除有害杂质。在加热过程中,各种成分发生变化从而形成质量不同的酒液。大多数的名酒都采用多次蒸馏法或取酒心法等不同的工艺来获取纯度高、杂质含量少的酒液。

中国白酒的工艺素有“生香靠发酵,提香靠蒸馏”的说法。蒸馏与发酵的方式、次数、时长等,因不同的工艺而不同,从而形成了白酒风格的多样性。

3.储存与勾兑

中国白酒经过发酵与蒸馏之后形成的酒液(新酒),通常不是直接销售,而是作为基酒进入储存阶段,即陈酿。从酿酒车间刚出产的新酒,具有辛辣、口感不醇厚柔和等特点,而经过一段时间的储存,燥辣味明显减少,香味增强,口味逐渐柔和醇厚,酒质得到提升。新酒在储存之前,通常会进行勾兑,把具有不同香气和口味的同类型的酒,按不同比例掺兑调配,起到补充、衬托、制约和缓冲的作用。勾兑是使酒符合同一标准、保持成品酒一定风格的专门技术。《白酒工业术语》(GB/T 15109—1994)对白酒生产中的“勾兑”一词作了定义,“勾兑”就是把具有不同香气和口味的同类型的酒,按不同比例掺兑调配,起到补充、衬托、制约和缓冲的作用,使之符合同一标准,保持成品酒一定风格的专门技术。以茅台酒为例,同一批原料要经过九次蒸煮、八次发酵、七次取酒，将不同轮次、不同典型体、不同酒精度、不同酒龄的基酒进行勾兑，勾兑后储存于陶坛中，历时数年。

四、中国白酒的种类与著名品牌

(一) 中国白酒的种类

中国白酒品类繁多，各地因地制宜，结合当地风俗和传统进行酿造。由于酿造所采用的原材料和酿造工艺的不同，不同的白酒所表现出来的色泽、香气和口感都各有不同。

1.按主要原料分类

中国白酒使用的原料主要为高粱、小麦、大米、糯米、玉米等，其中又以高粱为原料的白酒最多，所以白酒常按照酿酒所使用的原料来冠名及分类，如分为粮食类、薯干类、代用原料酒等。

2.按照酿造酒曲分类

按发酵曲分为大曲酒、小曲酒、麸曲酒、混合曲酒等。

(1)大曲酒。是以大曲作为糖化发酵剂生产的酒。大曲又分为中温曲、高温曲和超高温曲。大曲酒一般采用固态发酵方式，其所酿的酒质较好，多数名优酒均以大曲酿成，例如泸州老窖、茅台酒、汾酒、五粮液、洋河大曲等。

(2)小曲酒。是以小曲做糖化发酵剂生产的酒。小曲酒的主要原料为稻米，多采用半固态发酵，南方的白酒多是小曲酒。如桂林三花酒、江小白、五华长乐烧等。

(3)麸曲酒：是以麦麸做培养基接种的纯种曲霉做糖化剂，用纯种酵母为发酵剂生产出的酒，其以发酵时间短、生产成本低为多数酒厂所采用，此类酒的产量也是最大的。

3.按照香型分类

(1)浓香型白酒。也称泸香型、窖香型、五粮液香型，属大曲酒类。其特点是香、醇、浓、绵、甜、净；其以粮谷为原料，经固态发酵、储存、勾兑而成，窖香浓郁，清洌甘爽，绵柔醇厚，香味协调，尾净余长。

(2)酱香型白酒。也称茅香型，酱香突出、幽雅细致、酒体醇厚、清澈透明、色泽微黄、回味悠长。

(3)米香型白酒。也称蜜香型，以大米为原料小曲作糖化发酵剂，经半固态发酵酿成。其主要特征是蜜香清雅、入口柔绵、落口爽洌、回味怡畅。

(4)清香型白酒。也称汾香型，以高粱为原料清蒸清烧、地缸发酵，具有以乙酸乙酯为主体的复合香气，清香纯正、自然谐调、醇甜柔和、绵甜净爽。

(5)其他香型。主要有兼香型白酒、凤香型白酒、豉香型白酒、药香型白酒、芝麻香型白酒等。

(二) 中国白酒的著名品牌

1949 年，中华人民共和国成立以后，为了加快技术进步，提高酒的质量，共进行了五次国家级的名酒评选活动。1952年第一届评酒会评出的名酒是茅台酒、汾酒、泸州大曲酒、西凤酒;1963年第二届评酒会评出的名酒是五粮液、古井贡酒、泸州老窖特曲、全兴大曲酒、茅台酒、西凤酒、汾酒、董酒。

1979年第三届评酒会评出的名酒是茅台酒、汾酒、五粮液、剑南春、古井贡酒、洋河大曲、董酒、泸州老窖特曲;1984年第四届评酒会评出的名酒是茅台酒、汾酒、五粮液、洋河大曲、剑南春、古井贡酒、董酒、西凤酒、泸州老窖特曲、全兴大曲酒、双沟大曲、特制黄鹤楼酒、郎酒;1988年第五届全国评价会获奖白酒是茅台酒、汾酒、五粮液、洋河大曲、剑南春、古井贡酒、董酒、西凤酒、泸州老窖特曲、全兴大曲酒、双沟大曲、特制黄鹤楼酒、郎酒、武陵酒、宝丰酒、宋河粮液、沱牌曲酒等。1989后,我国不再举办全国酒评会。

1.茅台酒

茅台是中国高端白酒品牌,为中国驰名商标、中华老字号。茅台酒是大曲酱香型白酒的鼻祖,产于贵州省遵义市仁怀市茅台镇,为中国国家地理标志产品。茅台酒作为中国的传统特产酒,被誉为“国酒”,与苏格兰威士忌、法国科涅克白兰地齐名的世界三大蒸馏名酒之一,已有800多年的历史。

1996年茅台酒工艺被确定为国家机密加以保护。2001年,茅台酒传统工艺列入国家级首批物质文化遗产。2006年,“茅台酒传统酿造工艺”列入首批国家级非物质文化遗产名录。茅台酒具有色清透明、酱香突出、醇香馥郁、幽雅细腻、入口柔绵、清洌甘爽、酒体醇厚丰满、回味悠长、空杯留香持久的特点,人们把茅台酒独有的香味称为“茅香”,是中国酱香型风格的典型。茅台酒的特殊风格来自历经岁月积淀而形成的独特传统酿造技艺和酿造方法,也是当地赤水河流域环境与农业生产相结合的产物。

2.五粮液酒

“五粮液”是中国驰名商标、中华老字号,中国国家地理标志产品,四川省宜宾市特产。五粮液早在宋代已有酿造,当时在宜宾境内的姚氏家族酿酒坊利用大豆和高粱等5种农作物酿造,被称为是“姚子雪曲”。随着时间的推移,原料变化及工艺的改进,晚清时期改名为“五粮液”。而今,五粮液运用600多年传承的古法技艺,集高粱、大米、糯米、小麦和玉米等食物之精华,在独特的自然环境下酿造而成,品质上乘。

3.剑南春酒

剑南春酒是中国名酒、中国驰名商标、中华老字号,四川省绵竹市剑南镇特产,中国国家地理标志产品,其传统酿造技艺被认定为国家级非物质文化遗产。剑南春酒的历史最早可以追溯至1 500年前的唐朝。据《后唐书·德宗本纪》记载,在盛唐时期剑南春被选为宫廷御酒(当时叫剑南烧春)。剑南春是现代中国唯一载入正史的中国名酒,也是中国至今唯一尚存的大唐名酒。几经变迁,剑南春酒县委现为四川剑南春集团有限责任公司生产,甄选川西出产的高粱、大米、糯米、小麦、玉米五种优质粮食为原料,传承绵竹千年酿酒技艺的精华,科学配比,发挥五粮独特酿造优势,采用天然微生物接种制作的大曲药发酵,以陶坛陈酿,其酿制之酒无色(或微黄)透明、无悬浮物、无沉淀杂质,香气芳香浓郁、纯正典雅,口感丰富、优美绵柔。

4.泸州老窖

四川泸州老窖是中国最古老的四大名酒之一,有“浓香鼻祖,酒中泰斗”之美誉。泸州老窖大曲的起源可以追溯到秦汉,而作为大曲酒的工艺的形成和发展开始于元代。泸州老窖自1573年起持续酿造至今从未间断的“1573国宝窖池群”,是我国现存建造早、持续使用时间长、保存完整的原生古窖池群落,是与都江堰并存于世的“活文物”;1996年,国务院颁布其为“全国重点文物保护单位”,2006年,入选中国“世界文化遗产预备名录”。

5.洋河大曲

洋河大曲是我国历史悠久的名酒之一,产地江苏省宿迁市洋河镇,地处位于白洋河和黄河之间,距南北大运河很近,水陆交通极为方便,是重要的产酒和产曲之乡。相传,明代万历年间山西商人开始在洋河镇开设酿酒糟坊产酒,至今已有400多年历史。洋河酒属于浓香型大曲酒,以小麦、大麦、豌豆为原料精制而成,酒液澄澈透明,酒香浓郁清雅,入口鲜爽甘甜,口味细腻悠长。

6.汾酒

汾酒是中国传统名酒,属清香型白酒的典型代表。因产于山西省汾阳市杏花村,又称“杏花村酒”。汾酒有着4 000年左右的悠久历史,1 500年前的南北朝时期,汾酒作为北齐的宫廷御酒。汾酒工艺精湛,源远流长,以入口绵、落口甜、饮后余香、回味悠长特色而著称,在国内外消费者中享有较高的知名度。

7.西凤酒

西凤酒古称秦酒、柳林酒,是产于的陕西省宝鸡市凤翔区柳林镇的地方传统名酒,为中国四大名酒之一,始于殷商,盛于唐宋,已有3 000多年的历史,有苏轼咏酒等诸多典故。西凤酒无色清亮透明,醇香芬芳,清而不淡,浓而不艳,集清香、浓香之优点融于一体,以“醇香典雅、甘润挺爽、诸味协调、尾净悠长”和“不上头、不干喉、回味愉快”的独特风格闻名。

8.董酒

董酒属于典型的兼香型白酒,产于贵州遵义。董酒是我国白酒中酿造工艺非常特殊的一种酒品,它采用优质高粱为原料,以贵州大娄山脉地下泉水为酿造用水,采用小曲、小窖制取酒醅,大曲、大窖制取香醅,以酒醅香醅“串香”而成。

9.古井贡酒

古井贡是中国古代最知名的一款白酒,产自安徽亳州,在汉代还被刘协称作是“回味经久不息的佳酿”。古井贡酒是大曲浓香型白酒,有“酒中牡丹”之称、被称为中国八大名酒之一。

10.郎酒

郎酒始于1898年,是中国驰名商标、中华老字号。郎酒产自四川赤水河畔二郎镇,地处酱香白酒酿造优质地带,郎酒还拥有世界上最大的自然储酒溶洞(天宝洞),在洞中醇化生香、陈化老熟。在中国高端白酒排名中,郎酒有着浓香、酱香、兼香三大类型,是中国白酒品牌中的驰名商标。郎酒香气好,口感醇厚,余味悠长。

此外,知名的中国白酒还有水井坊、全兴大曲酒、双沟大曲、衡水老白干等品牌。

五、中国白酒的品饮

中国白酒一般以整瓶销售,饮用时以小酒杯净饮佐餐。中国白酒的品饮是一门学问,通过"观、闻、品、悟"等品鉴顺序来体验细微的差别,感受酒体的复杂性。

1.观色

观色时,将酒倒入杯中七分满,观察酒液的色泽是否清澈透明,有无杂质、悬浮、沉淀物。优质白酒的酒液清澈透明,没有杂质。观察完毕,可再逆时针转动酒杯,观察酒杯的挂杯情况。优质白酒的微量成分丰富,因此酒体黏稠,挂杯痕迹明显、均匀。

2.闻香

闻香是品酒的关键步骤,通过闻香可鉴定酒香气的特征(香韵和香调),分清酒体的香味层次,检查有无其他的异杂气味等。为了充分释放酒香,闻香时,可先轻嗅酒香,然后旋转晃动酒杯再闻。通常将酒杯倾斜约30°靠近鼻尖,自然吸气,感受酒香充盈鼻腔。闻酒香时对酒吸气,呼气时需将酒杯挪开再呼出气体。优质白酒的气味可以使人身心愉悦,香气中或带有如粮食、果实、花朵等自然香味,或带有陈酿的脂香等。

3.品酒

中国白酒的品饮通常有三式:一抿、二咂、三呵。一抿酒品其醇:将酒杯送到唇边,缓缓呷一小口,让酒液布满口腔,同时用舌尖在口中转动,仔细辨别其味道。优质白酒的整体感觉是绵甜净爽,没有异杂味。二咂味润其喉:慢慢酒液咽下,自然发出"咂"或"嗒"之声。优质白酒顺喉,但劲道十足,如有一股暖流直透丹田。三呵气留其香:酒下咽后,张口吸气,闭口呼气,辨别酒的后味。优质白酒的回香纯正丰富,丝丝入扣。

除以上三步以外,中国白酒的品饮还讲究悟韵,即通过品味美酒,感悟人生。以平静空灵的心情饮酒,以微醺雅酌的方式放松,感悟千百年酿酒技艺的传承和交融。

第八节　蒸馏酒品鉴实验

一、实验目的

通过本实验项目的讲授和实验操作,要求学生掌握各类蒸馏酒的品鉴方法,学会从色、香、味、体等要素进行综合品鉴的方法,理解不同蒸馏酒的风格,学习白兰地、威士忌、伏特加、金酒、朗姆酒、特基拉等酒水的知识和识别方法,为进一步的酒水学习(尤其是鸡尾酒)奠定基础。

二、实验内容

本部分内容的讲解与实验可安排4~6学时,其中实验2~3学时,讲解和实验同步进行。

(一)实验项目

(1)白兰地的品饮和识别。
(2)威士忌的品饮和识别。
(3)金酒的品饮和识别。
(4)伏特加的品饮和识别。
(5)朗姆酒的品饮和识别。
(6)特基拉的品饮和识别。
(7)中国白酒的品饮和识别。
(8)其他蒸馏酒的品饮和识别。

(二)重点和难点

重点:白兰地、威士忌、金酒、朗姆酒、特基拉等酒水的知识和识别方法。
难点:白兰地、中国白酒等的知识和识别方法。

(三)实验仪器与材料

各类酒水杯,开瓶器,制冰机;白兰地、威士忌、金酒、伏特加、朗姆酒、特基拉、中国白酒等酒水各1~2瓶。

(四)实验步骤与注意事项

此部分内容参考发酵酒实验部分(与第二章的发酵酒实验相同)。

三、实验报告

实验报告要求完成酒水实验表格(表3-1)的内容填写,记录并描述各类酒水的品饮体验,并将分析与思考填入实验表。

表3-1　蒸馏酒识别学习表

酒水类别	白兰地	威士忌	伏特加	金酒	朗姆酒	特基拉	中国白酒
酒标信息(产地、品牌、酒精度等)							
色泽(观)							
香气(闻)							

续表

酒水类别	白兰地	威士忌	伏特加	金酒	朗姆酒	特基拉	中国白酒
滋味 （尝）							
风格及结论							
分析与思考							

四、实验评价

实验准备：

实验操作：

实验报告：

总评：

教师签名：

本章小结

本章系统介绍了蒸馏酒的分类、蒸馏酒的酿造、世界著名蒸馏酒品牌等内容。世界著名蒸馏酒主要有白兰地、威士忌、金酒、伏特加、特基拉、朗姆酒、中国白酒等。白兰地以葡萄为原料酿制而成，主要产地国为法国。威士忌以大麦等原料酿制而成，主要产地国为苏格兰等。金酒以杜松子等为原料酿制而成，主要产地国为英国和荷兰。伏特加以马铃薯等为原料酿制而成，主要产地国为俄罗斯及北欧等国。特基拉以龙舌兰为原料酿制而成，产地国为墨西哥。朗姆酒以甘蔗汁等为原料酿制而成，主要产地国为古巴和牙买加等。中国白酒是中国特产，可分为酱香型白酒、浓香型白酒、清香型白酒、米香型白酒和其他香型白酒。

练习题

一、概念题

白兰地；威士忌；金酒；伏特加；特基拉；朗姆酒；中国白酒

二、选择题

1.酿造金酒的主要原料是(　　)。

A.葡萄　　B.杜松子　　C.大麦　　D.土豆

2.以甘蔗汁为主要原料，经发酵、蒸馏后得到的高度酒是(　　)。

A.朗姆酒　　B.威士忌　　C.特基拉　　D.金酒

3.中国白酒有多种香型，但(　　)不属于中国白酒的香型。

A.醋香型　　B.酱香型　　C.浓香型　　D.清香型

三、判断题

1.白兰地最早起源于法国。(　　)

2.最好的白兰地是由不同酒龄、不同来源的多种白兰地勾兑而成的。(　　)

3.金酒又被称为“生命之水”。(　　)

4.五粮液产于四川省仁怀县。(　　)

5.伏特加是从俄语中“水”一词派生而来的，用土豆和玉米作原料酿造。(　　)

四、问答题

1.什么是白兰地？有哪些著名的品牌的？
2.什么是干邑？如何进行等级的划分？
3.干邑采用哪些葡萄品种作为原料？其又分为几个产区？
4.什么是威士忌酒？其生产包括哪些酿制工艺？
5.苏格兰威士忌有哪些类型和特点，著名的品牌有哪些？
6.美国的波本威士忌酒有何特点，著名的品牌有哪些？
7.金酒分为哪几类？各自有什么特点和著名的品牌？
8.朗姆酒分为哪几类？各自有什么特点和著名的品牌？
9.伏特加的酿制原料是什么？具有什么特点？
10.特基拉分为哪几类？各自有什么特点和著名的品牌？
11.中国白酒通常分为几种香型，各有何特点？
12.中国白酒的品饮有何特点？

第四章 配制酒

配制酒(Integrated Alcoholic Beverages)是以发酵酒、蒸馏酒或者食用酒精为酒基,加入各种天然或者人造原料,经特定工艺制成的混合酒。配制酒属于酒品的二次加工,相比发酵酒和蒸馏酒,独具特色。按配制酒在用餐中的功能,可以分为开胃酒、甜点酒、利口酒。配制酒的制作方法多种多样,法国、意大利、荷兰等是全球著名的配制酒生产国。此外,中国配制酒历史悠久,与欧洲各国又有较大差异。同时,鸡尾酒也属于配制酒的范畴,但其配方灵活,常为现场配制,故作为一个独立的类别。

第一节 开胃酒

一、开胃酒的含义及特点

开胃酒(Aperitif)也称餐前酒,是人们习惯在进餐前时间段饮用的配制酒。在许多欧洲和北美的饭店、餐厅和酒吧有专营开胃酒的时间。其销售开胃酒的种类取决于不同国家和不同地区的餐饮习惯及不同的需求。在欧洲,尤其是法国,如果被邀请到家里用餐,主人会提供开胃酒给客人先品尝,同时准备薯片、花生、腰果等小吃做开胃菜。根据欧美人的餐饮礼节,喝开胃酒通常在客厅进行,而不在餐厅饮用,大家一边品酒一边聊天,饮用开胃酒的时间通常在餐前半小时。在重要的商务宴请或正式宴会中,也在开餐前提供开胃菜和开胃酒。根据商务宴请的级别,开胃菜有多种,档次比较高的法国餐厅,可以是鹅肝酱、黑鱼子、开那批(Canape)、迪普(Dip)等。

开胃酒的最大特点是气味芳香独特,有开胃作用,糖度通常较低。一般情况下,酒精度也不宜过高,但因基酒不同而有所不同。以葡萄酒为基酒的开胃酒多为16~20度,以蒸馏酒为基酒的开胃酒多为30~40度。除配制酒外,一些白葡萄酒、香槟等也可作为开胃酒。

二、开胃酒的主要工艺

开胃酒主要有两种配制方法:一种以葡萄酒为基本原料,加入适量的白兰地酒或食用酒精,再配以各种药草和香料等原料配制而成;另一种以蒸馏酒为基酒,与草药提炼的物质或茴香油等原料配制而成。

三、开胃酒的种类

配制酒中的开胃酒种类很多,最常见的有味美思酒、苦味酒和茴香酒等。

(一)味美思酒

1.味美思酒的特点

"味美思"由英文"Vermouth"音译而成。"Vermouth"一词源自德语"Wermut",意为苦艾"Wormwood",故味美思酒又被称为苦艾酒,但其与真正意义上的苦艾酒是有区别的。味美思酒是芳香型葡萄酒,以白葡萄酒为原料,加入白兰地酒或食用酒精及苦艾、奎宁、肉豆蔻、龙胆根、当归和甘菊等数十种草本和香料,浸渍数月后配制而成。

2.味美思酒的种类

味美思酒可以按产地分类,也可以按产品特色分类。按产地可以将味美思酒划分为意大利味美思酒和法国味美思酒。意大利味美思酒(Italian Vermouth)主要产自意大利的南部地区和都灵市,以甜型和独特的清香及苦味而著称。意大利味美思酒的酒标多为色彩艳丽的图案。法国味美思酒(French Vermouth)则以干型而著称,并带有坚果香味,主要产自法国南部地区。

味美思酒按产品特色分类,根据含糖量可分为干、半干、甜三种,根据色泽分有红、白之分。干味美思酒(Vermouth Dry/Secco)含糖量在4%以内,酒精度约18度,颜色为浅金黄色或接近无色。白味美思酒(Vermouth Blanc/Bianco)含糖量约为10%~15%,酒精度约18度,色泽金黄,香气柔美。红味美思酒(Vermouth Rouge/Rosso)含糖量在15%,酒精度约18度,色泽与玫瑰红葡萄酒或红葡萄酒相似,但其色泽并非源于酿酒葡萄,而是加入酒中的焦糖和黄糖等。

3.味美思酒的著名品牌

味美思酒风格多样,品牌很多,其中仙山露(Cinzano)和马天尼(Martini)是著名品牌。仙山露牌味美思酒产于意大利都灵,该产品沿用都灵市传统配方,它以独特的香气和酒品在世界范围内广受好评。该产品已有近250年的生产历史,有三种产品,包括干味美思酒(Dry)清醇芳香;白味美思酒(Bianco)酒味香甜浓郁;红味美思酒(Rosso)香甜圆润,保留都灵市传统风味。马天尼牌味美思酒同样产自意大利都灵,商标以酒厂名命名,该酒厂是世界上最大的味美思酒厂。该厂生产的味美思酒与仙山露牌味美思酒的种类基本相同,有红色味美思酒、白色味美思酒和干味美思酒。目前,马天尼(Martini)已成为味美思酒的代名词。

其他著名的意大利味美思酒商标有Gancia(干霞)、Carpano(卡帕诺)、Riccadonna(利开多纳)等。著名的法国味美思酒商标有Chambery(香百丽)、Duxal(杜法尔)、Noily Prat(诺瓦丽·普拉)等。

（二）苦味酒

1.苦味酒的特点

苦味酒是由英文“Bitter”音译而成，也称作比特酒或必打士。苦味酒是以蒸馏酒或葡萄酒为原料，加入带苦味的植物根茎和药材提取的香精配制而成。苦味酒的酒精度通常为16~45度，味道苦涩。配制苦味酒常用的植物或药材有奎宁、龙胆皮、苦橘皮和柠檬皮等多种材料。

2.苦味酒的种类

从口味上区分，苦味酒有清香型和浓香型；从颜色上区分，有淡色苦味酒和浓色苦味酒。苦味酒的共同特点是有苦味和药味。苦味酒可作纯饮，也可作为鸡尾酒的原料与苏打水一起饮用，可提神和帮助消化。

3.苦味酒的著名品牌

意大利、法国、荷兰、英国、德国、美国和匈牙利等是苦味酒的主要生产国。比较著名的苦味酒著名品牌有：

安哥斯特拉酒（Angostura）。产于特立尼达岛，该苦味酒以朗姆酒为主要原料，配以龙胆草等药草调味，呈褐红色，酒香悦人，口味微苦，酒精度为40度。

爱玛·必康酒（Amer Picon）。爱玛·必康酒产于法国，该酒以奎宁、橘皮和多种草药配制，酒精度为21度，糖度约10%。

金巴丽酒（Campari），也译为康巴丽、康巴利。产于意大利米兰，它以葡萄酒为原料，以奎宁和橘皮等调味原料和草药配制而成。酒精度为26度。酒体呈棕红色，药味浓郁。在苦味酒中属味道最苦的，苦味来自金鸡纳霜。

杜本那酒（Dubonnet）。产于法国巴黎，酒精度为15度。它以白葡萄酒为原料，以奎宁和多种草药配制，酒味独特，苦中带甜，药香突出。该酒有深红色、金黄色和白色几种。金黄色的杜本那比深红色的清淡。

西娜尔酒（Cynar）。产于意大利，酒精度为18度，该酒以洋蓟为主要配料制成。

菲纳特·伯兰卡酒（Fernet Branca）。产于意大利，酒精度为40度。该酒以多种草药和植物为配料，苦味香浓，有“苦酒之王”的称号。

（三）茴香酒

1.茴香酒的特点

茴香酒（Anise）是以蒸馏酒或食用酒精配以大茴香油等香料制成的酒。酒精度为25~45度，有着色和不着色的品种之分。茴香酒的特点是香气浓、味重，有开胃作用。传统工艺是将大茴香籽、白芷根、苦扁桃、柠檬皮和胡荽等香料和物质放在蒸馏酒中浸泡，然后加水蒸馏，在装瓶前加糖、丁香等香精进行配制。

2.茴香酒的著名品牌

法国和瑞典是茴香酒的著名生产国，比较著名的茴香酒品牌有：

里卡尔(Ricard)。产于法国马赛,以食用酒精、茴香、甘草和其他香草配制而成,酒精度为45度,糖度约2%。

巴斯特斯(Pastis)。产于法国马赛,茴香味清淡,深受法国人和意大利人的欢迎。

潘诺45(Pernod 45)。产于法国,酒精度为45度,糖度10%,味稍甜。

(四)苦艾酒

除了以上提到的开胃酒外,还有其他的配制开胃酒,如苦艾酒(Absinthe)。苦艾酒是一种起源于古希腊-罗马时代的酒精饮料。苦艾酒的酒精度较高,一般呈翡翠绿色、黄绿色或者橄榄绿色,因而它有着"绿色精灵"的昵称。最知名的苦艾酒是艾碧斯(Absinthe),艾碧斯是两百多年前一名瑞士医生发明的一种加香加味型烈酒,最早是在医疗上使用。该酒的主要原料从草本植物苦艾的叶子中提取,它赋予了苦艾酒的灵魂。苦艾的拉丁文为"Artemisia absinthium",这也是艾碧斯酒名字的来源了。此外,该酒在制作中还加入了茴香、蜜蜂花、肉豆蔻等多种药草和香料。艾碧斯酒的酒精含量至少为55%,有的可高达72%,颜色可从清澈透明到传统上的深绿色,区别在于茴香提取物含量的多少(苦艾酒的深绿色主要是茴香的提取液)。传统上,饮用时常加3~5倍的溶有方糖的冰水稀释,所以口感先甜后苦,伴着悠悠的药草气味。加水稀释后的酒呈现混浊状态,是优质苦艾酒的标志,成因主要是酒内含植物提炼的油精的浓度大,水油混合后造成混浊的效果。不少杰出的艺术家和文学家,如海明威、毕加索、梵高等都是苦艾酒的爱好者。

第二节　甜点酒

一、甜点酒的含义及特点

甜点酒(Dessert Wine)也称甜食酒,是佐助西餐最后一道食物即餐后甜点时饮用的酒品。甜点酒是以葡萄酒为基本原料,适当加入白兰地酒或食用酒精等方法制成的甜型配制酒。甜点酒具有酒精度较高、口味较甜、浓郁芬芳的特点。大多甜点酒是强化葡萄酒(Fortified Wine),其酒精含量通常在15%~22%,几乎是普通葡萄酒酒精含量的一到两倍。由于有较高的酒精度和糖度,甜点酒具有在开瓶后仍能进行保存的特点,因此餐馆、酒吧常有此类存酒。配制的甜点酒以西班牙和葡萄牙出产的最为著名。此外,甜型的葡萄酒等亦可作为甜点酒。例如,盛产于加拿大、德国等国的冰酒,产于德国莱茵高、法国波尔多苏玳等地的贵腐酒(Noble Wine)等。

二、甜点酒的主要工艺

甜点酒通常为糖分较高的葡萄酒,但不同的甜点酒生产工艺差别较大。要酿造甜葡萄酒有几种不同的技术,例如,浓缩葡萄糖分、移除酵母、在干型葡萄酒中添加甜葡萄汁或干甜葡萄酒勾兑等。其中,浓缩葡萄糖分是经过额外成熟期、受贵腐菌感染或冰冻的葡萄中萃取含有高度的浓缩糖分的葡萄汁,以至于酵母在发酵停止前不可能消耗所有糖分。匈牙利的托卡伊(Tokaji Aszu)是这类葡萄酒的范例。此外,最常使用的方法是通过添加白兰地或食用酒精杀死酵母,从而提前终止葡萄酒的发酵过程,保留葡萄酒中所含有的天然葡萄糖分,最终酿制成一种酒精含量和糖度均较高的葡萄酒。葡萄牙的波特酒(Port)则是这类型的典型代表。

三、甜点酒的种类

甜点酒的种类较多,特点各异。知名甜点酒有葡萄牙的波特酒(Port)、西班牙的雪莉(Sherry)、葡萄牙马得拉岛的马得拉(Madeira)、意大利西西里岛的马赛拉(Marsala)、西班牙南部马拉加市的马拉加(Malaga)等。

(一)波特酒

1.波特酒的特点与发展

波特酒是由英文"Port"音译而成,也称作钵酒或波尔图酒。波特酒原产地是葡萄牙波尔图地区,具有酒味浓醇、清香爽口的特点,是葡萄牙的国酒。

波特酒虽然产于葡萄牙,但它的生产工艺却是由英国商人发明的。18 世纪初,由于英法战争,法国中断向英国出口葡萄酒,英国商人转向葡萄牙进口葡萄酒。在漫长的海运中,为了防止葡萄酒变质,英国商人向葡萄酒添加蒸馏酒,从此,这种酒精度高的葡萄酒受到了英国和北欧国家人们的喜爱。19 世纪中期,葡萄牙正式生产波特酒。波特酒自问世以来,一直受到各国人民的欢迎。

2.波特酒的原料和工艺

用于酿制波特酒的葡萄原料有很多,一般来说,都采用产自葡萄牙本土的葡萄品种酿造。根据葡萄牙波特酒相关法律规定,有 80 多种葡萄可以用来酿制波特酒,其中有 5 个主要葡萄品种最常用于酿造优质波特酒:葡萄牙国产弗兰卡(Touriga Franca)、多瑞加(Touriga Nacional)、罗丽红(Tinta Roriz,在西班牙称为丹魄)、红巴罗卡(Tinta Barroca)和红卡奥(Tinto Cao)。其中,多瑞加产量少,具有浓郁的风味与酸度,同时也具有陈酿潜力,所以常用于高年份的波特酒;红巴罗卡产量高,带有明显的花香、单宁略粗犷,是波特酒主要的酿造品种;红卡奥为葡萄牙古老的原生品种,常用来与年份波特酒调配,悠长香气显著;弗兰卡口感淡雅带有浓郁香气,也是混酿不可或缺的品种之一。

波特酒的酿造是一个复杂和严谨的过程,主要工艺是在发酵过程中,当酒精度数达 10°左右时,通过添加白兰地终止其发酵过程,从而获得酒精度数为 16~20 度左右,具有甜味的强化型葡萄酒。在葡萄牙,葡萄在 9 月下旬开始收获,由于杜罗河上游地区的气候条件差异非常大,葡萄成熟时间也大不相同,因此收获期往往要持续 5 周左右;葡萄的压榨及破碎后使葡萄发酵,待 2~4 天后,酒精度可达 6~8 度,这时分离皮渣,将酒液倒入酒桶,然后再继续酒精发酵;当发酵到一定程度时(往往取决于酿酒师的经验),这些正在发酵的葡萄酒就被直接灌入已经预先添加了1/5白兰地的橡木桶中,这种白兰地的酒精度高达77%,由于酒精含量陡然上升到20%左右,酵母被杀死而使酒液中断发酵,最后再经过熟化、勾兑为成品。

按照葡萄牙政府的规定,波特酒实施原产地命名保护,只有产自葡萄牙波尔图市的波特酒才可以冠以"波特"的名号,但事实上,它并不是在波尔图市酿造的。波特酒的酿酒葡萄种植和酿造都在杜罗河上游地区进行,当发酵和加烈工序完成后,就用一种像鞋底儿的平底船(Barcos Rabelos)运抵杜罗河口的维拉·诺瓦·盖亚(Villa Nova de Gaia)的酒窖中进行陈酿和储藏,再从对岸的波特港销往世界各地。酿酒商要想在自己的产品上写"波特"(Port)的名称,葡萄牙政府有三项规定:第一,用杜罗河上游的奥特·斗罗(Alto Douro)地域所种植的葡萄来酿造。为了提高产品的酒精度,所用来勾兑的白兰地也必须是这个地区的葡萄酿造的。第二,必须在杜罗河口的维拉·诺瓦·盖亚酒窖(Vila Novade Gaia)内熟化和储存装瓶,并且由波特港口运出。第三,波特酒的酒精浓度不得低于16.5%。唯有符合以上三项严格规定,才能称得上真正的波特酒。如不符合三个条件中的任何一条,即使是在葡萄牙出产的葡萄酒,也不能冠以"波特酒"。

3.波特酒的种类

与香槟一样,波特酒多数也是无年份的,即是由多年份调配而成。而年份波特只在极少数非常优秀的年份中出产。波特酒有两个主流的类型,根据颜色可分为宝石红波特(Ruby Port)和茶色波特(Tawny Port)。此外,还据储存时长、年份的不同,以及酒液特点,有珍藏波特酒(Reserve Ruby Port)、年份波特酒(Vintage Port)、晚装瓶年份波特酒(Late Bottled Vintage,简称LBV),以及"酒垢"波特酒(Crusted Port)、白波特酒(White Port)等。

(1)宝石红波特酒(Ruby Port)。通常由不同年份的葡萄酒混合制成,在橡木桶或不锈钢罐中陈年2~3年,之后进行灌装。为了避免过度接触氧气,一般不会进行换桶的操作,所以宝石红波特酒中常有一些酒渣。宝石红波特酒储存时间短,有果香和甜味,其颜色近似红宝石,由此而得名。珍藏宝石红波特酒(Reserve Ruby Port)选用若干种更优质量的葡萄酒配制而成,并且经过更长时间陈酿,因此酒色深红,酒味更浓郁。

(2)茶色波特酒(Tawny Port)。有普通茶色波特、珍藏茶色波特(Reserve Tawny Ports)、陈年茶色波特(Aged Tawny Port)等类别。茶色波特酒为黄褐色,即茶色。这种酒通常是将红葡萄酒制成的波特酒经过木桶的长期储存熟化与氧化,使其成为茶色,有甜味型和微甜型等。普通茶色波特与宝石红波特的陈年时间差不多,采用颜色浅、萃取时间短的基酒调配而成,产量大。珍藏茶色波特(Reserve Tawny Ports)采用优质不同年份的基酒调配而成,至少在橡木桶中熟成7年,酒液呈黄褐色或者茶色,口感柔顺,香气复杂。陈年茶色波特通常在木桶中熟成6年以上,酒液呈茶色,并带有柔顺丝滑的口感。茶色波特在酒标上标有10、20、30、40等,这些年龄是指酿造茶色波特的基酒的平均年龄。优质茶色波特香气集中,带有巧克力、咖啡、坚果和焦糖等复杂香气,拥有绝佳的复杂度和浓郁度。

(3)年份波特酒(Vintage Port)。年份波特酒是波特酒中质量优异的酒,采用单一年份的葡萄基酒酿成,产量很小。只有生长在最好的葡萄园、在最佳成熟状态下采摘的葡萄,再加上一个适宜的夏季,长时间的陈年,才能酿成年份波特。发售年份取决于酒庄,大概平均每三年会出一个年份波特,年份波特的陈酿潜力非常大,可以陈酿几十年。要成为年份波特，须经过葡萄牙波特管理组织（IVDP）的批准，综合考虑该年份的品质、数量和市场的接受程度等因素才能上市。年份波特一般在陈年 2～3 年后装瓶，但至少 30 年以后才会上市。年轻时，酒液颜色常呈深黄棕色，果味微妙，口感黏稠复杂，由于酚类物质含量高，瓶中沉淀较厚，故饮用之前要醒酒。

（4）白波特酒（White Port）。白波特酒产量小，以白葡萄为原料，其颜色有金黄色和淡黄色之分，并且颜色愈淡愈佳。该酒通常在糖分发酵完毕时，再添加白兰地酒，制成干味波特酒。

一般来说，波特酒都具有浓郁的焦糖、巧克力和蜂蜜味，茶色波特会有干果、香草和肉桂香。具有甜味的波特酒作为一种餐后甜酒，适合与诸多甜点搭配，与巧克力亦能契合，而干型的白波特酒可作为开胃酒或佐餐饮用。世界著名的波特酒品牌有山地文（Sandeman）、克罗夫特欢（Croft）、杜斯（Dow's）、嘉来利（Gallery）、幸运（Hanwood）和皇室（Royal）。

（二）雪利酒（Sherry）

1.雪利酒的特点和发展

雪利酒也称雪梨酒、些厘酒。雪利酒产于西班牙南部赫雷斯，后因读音转变成英文拼写为"Sherry"，因此，雪利酒是以地名命名的酒。雪利酒以葡萄酒为基本原料，经过特殊工艺发酵，并经过勾兑白兰地等工艺而成的配制酒。雪利酒的酒精度在 16～20 度，有的品种可达 25 度，是著名的加强型葡萄酒（Fortified Wine）。干性雪利酒常作为开胃酒，甜型雪利酒常作为甜点酒。

雪利酒不仅拥有悠久的历史，风格也多种多样，熟化方式更是独具特色。雪利酒的历史与西班牙葡萄酒酿造的历史密切相关，作为世界上最古老的葡萄酒之一，其发展过程受到不同文明的影响，腓尼基人、希腊人、罗马人、摩尔人和英国人都在雪利酒的发展史中留下了印记。最早提到雪利酒的是公元前 1 世纪的希腊地理学家斯特拉博（Strabo），认为赫雷斯（Jerez）地区的第一批葡萄树是在公元前 1100 年由腓尼基人带来的，腓尼基人把酿酒技术引进西班牙。自此，当地开始酿造葡萄酒，并在被罗马征服后，大量向罗马出口。从 11 世纪到 13 世纪，雪利酒得到较大发展，被出口到英国，并逐渐成为西班牙王国的重要财富来源。1587 年，德雷克爵士占领了西班牙南部城镇加的斯，并将 3 000 桶雪利酒带回了英国，随即在英国引发了雪利酒热潮。如今，所有标示为 Sherry 的葡萄酒都必须产自西班牙雪利三角洲地区，位于加的斯省的赫雷斯·德·拉·弗龙特拉、桑卢卡尔·德巴拉梅达和爱尔波多尔图·德·圣塔玛丽亚之间区域。

2.雪利酒的原料和工艺

生产雪利酒的葡萄品种有帕洛米诺（Palomino）、佩德罗-希梅内斯（Pedro Ximenez）、麝香葡萄（Moscatel）。其中，帕洛米诺（Palomino）为最主要品种，超过 90%的雪利酒来自此品种及其变种酿造。佩德罗-希梅内斯（Pedro Ximenez）用于生产甜葡萄酒，其含糖量高，且在制作前期于阳光下晒成葡萄干以集中糖分。麝香葡萄（Moscatel）同样用于生产甜的葡萄酒，但用量极少。

雪利酒的生产工艺很特殊,是典型的氧化型陈酒,采用“生物老熟法”形成了醛类化合物为主体的特殊芳香。西班牙雷茨市雪利酒的酿制程序是:以白葡萄帕洛米诺(Palomino)为原料,将葡萄暴晒2~3天,然后榨汁,将榨成的浓葡萄汁倒入长有菌膜的木桶中进行发酵。这种菌膜不是一般的有害菌膜,而是由天然酵母和帕洛米诺葡萄发酵而产生的。葡萄汁数量为木桶容量的3/4左右,经过数天的发酵,泡沫会从桶口溢出,然后会平静下来。沉淀物分离后,再发酵2~3个月,一旦发酵完成,则据酒液的情况分出三种不同的类型。通常,将酒液上长有一层灰色泡沫物的酒(酒花)作为菲诺型雪利酒(Fino)的原料;将酒液上没有泡沫物的酒作为奥乐路索型雪利酒(Oloroso)的原料;阿蒙提拉多雪利酒(Amontillado)介于两者之间。分出类别之后,在发酵好的葡萄酒中加入适量的白兰地酒,再经过索雷拉系统(Solera System)熟化,出售前经过杀菌、澄清、调配等工序。

索雷拉系统(Solera System)是雪利酒独特的熟化方式。在熟化过程中,将酒桶叠成数层,每年的销售是从最下面那二层的酒中每桶取出1/3去销售,然后从最下面第二层的酒中注满最底层的桶,第三层的又注满第二层的桶,如此类推,新鲜的酒液补充到最上一层的酒桶中。如此往复,保证了酒质的稳定和独特的香醇。

3.雪利酒的种类和品牌

根据原产地规定和工艺,雪利酒分为干型和甜型两大类。

(1)干型雪利酒

干型雪利又分为三大风格:菲诺(Fino)、奥乐路索(Oloroso)与阿蒙提拉多雪利(Amontillado)。三大风格彼此截然不同,很大程度上是因不同的陈年期和条件所造成的。干型雪利通常是甜型雪利的基础,一般用作开胃酒。

菲诺雪利(Fino Sherry)在一层厚厚的被称为酒花(Flor)的白色酵母层下进行陈年。这种在酒花层下陈年的方法被称为生物型陈年。基酒在进入索雷拉系统(Solera System)之前被强化到15% abv(Alcohol by Volume)左右。酒花会形成于葡萄酒表面,保护其不受氧气影响。Fino通常为淡柠檬色,酒精度较低,味道清淡,带着苹果、杏仁的香味,以及来自酒花(饼干、面包面团)的味道。装瓶后,这些葡萄酒会迅速失去新鲜度,应尽早冰镇后饮用。

奥乐路索雪利(Oloroso Sherry)的生产不涉及酒花。其干型基酒强化到17% abv左右,这也是酒花无法生存的原因。少了酒花的保护,葡萄酒会在氧化的情况下陈年。随着时间的推移,葡萄酒在颜色上变成褐色,并形成果干(葡萄、西梅干)和刻意氧化的味道(核桃、焦糖)。

阿蒙提拉多雪利(Amontillado Sherry)的风格介于Fino和Oloroso Sherry之间。工艺上,先在酒花下陈酿了一段时间,然后经强化达到17% abv左右,酒花无法生存。因此,葡萄酒会在氧化的情况下陈年,直到装瓶。阿蒙提拉多雪利(Amontillado Sherry)的颜色明显比菲诺(Fino)更深,带有来自酒花(饼干、面包面团)和氧化陈年(核桃、焦糖)的味道。

(2)甜型雪利酒

甜型雪利酒又分为自然甜型雪利和加甜型风格雪利。

自然甜型雪利主要是由佩德罗-希梅内斯白葡萄酿成的雪利(Pedro Ximenez,PX)。其葡萄通过日晒而浓缩,糖分含量极高,葡萄酒经强化后在solera系统中氧化陈年。由此产生的葡萄酒颜色几乎为黑色，味甜且带有浓郁的果干味（无花果、西梅干、葡萄干）。PX经常被用作干型雪利的甜味成分。

加甜型风格雪利在菲诺雪利（Fino）、奥乐路索雪利（Oloroso）和阿蒙提拉多雪利（Amontillado）的基础上加甜而形成。依次形成浅色加甜型（Pale Cream Sherry）、半甜型（Medium Sherry）和甜型（Cream Sherry）。

除了以上提到的不同风格之外，一些雪利酒还会根据熟化时间进行区分。奥乐路索、阿蒙提拉多、帕罗卡特多和佩德罗-希梅内斯这四类雪利酒都可以在酒标上标出熟化时间，并且根据熟化时间的长短进行分级。

世界著名的雪利酒品牌有山地文（Sandeman）、克罗夫特（Croft）、哈维斯（Harveys）和派波牌（Tio Pepe）、杜斯（Dow's）、嘉来利（Gallery）、幸运（Hanwood）和皇室（Royal）等。

（三）马德拉酒（Madeira）

马德拉酒（Madeira）产自大西洋葡萄牙属的马德拉群岛，是以地名命名的酒。马德拉酒是一种加强型葡萄酒，酿造周期较长。马德拉酒以葡萄酒为主要原料，加入白兰地酒和蜜糖，经过保温、加热及储存等酿制工序，再进行勾兑而成。

马德拉酒经过特殊的暖发酵工艺和不同的熟化程度，酒色从淡黄、金黄、琥珀色到暗红褐，味型从干型到甜型，酒味香浓醇厚，酒精度为16~20度。马德拉酒可以分为干型的舍西亚尔（Sercial）、半干型的佛得罗（Verdelho）、甜型的伯亚尔（Bual）和马尔姆塞（Malmsey）四类。马德拉酒（如甜型）是世界上优质的甜点酒，也是上好的开胃酒（如干型）。

第三节　利口酒

一、利口酒的含义及特点

利口酒（Liqueur）也称利口、利娇、力娇，是人们习惯在餐后或休闲时饮用的香甜酒。利口酒是主要以蒸馏酒（白兰地、威士忌、朗姆酒、金酒、伏特加）为基酒，配制各种调香物品，采用浸泡果实或药草，或再蒸馏、勾兑等方法进行加工，并经过甜化处理的酒精饮料。

利口酒的酒精含量为15%~55%，气味芬芳独特，多具有颜色鲜艳、酒味甜蜜等特点。大部分的利口酒含甜浆量都超过2.5%，甜浆可以是糖或蜂蜜等。利口酒所采用的加味材料千奇百怪，有三大类，即植物、动物、矿物质等，最常见的为水果味和香草味，适合餐前饭后调制或单独饮用。由于利口酒比重较大，密度各异，也特别适合用以调配具各种色彩层次的鸡尾酒。

二、利口酒的生产工艺

制作利口酒经过浸泡、熬煮、蒸馏等过程，或直接配制为含酒精饮品。制作利口酒的方法主要有蒸馏法、浸泡法、香精法、渗透过滤法四种。

(一)蒸馏法

采用蒸馏法制造利口酒的方式可以分为两类:一类是将提香原料直接浸泡在蒸馏酒中,然后一起蒸馏提香;另一类是取出提香原料,只用蒸馏浸泡过的汁液蒸馏。蒸馏法主要用于香草类、柑橘类的干皮等原料的提香上。这种方法生产利口酒在经过蒸馏后,再进行勾兑、熟化等工艺而成。

(二)浸泡法

一些新鲜的香料经过加热蒸馏后会失去香味,所以在一些利口酒的酿制方法上会选用浸泡法来进行。其操作方法是将增味提香的配料浸泡在基酒中,使酒液从配料中充分吸收其味道和色泽,再将配料滤出,最后加入糖浆和食用植物色素,以改善利口酒的口味和色泽。这种方法在目前的利口酒酿制中被广泛使用。

(三)混合法

一种快速制造利口酒的方法,使用中性酒或食用酒精按一定比例加入糖、水、柠檬酸、香精和色素等,搅拌均匀并熟化一段时间,过滤后装瓶即成利口酒。不过这类利口酒的质量通常较低。

(四)渗透过滤法

该制造方法一般适用于草药及香料利口酒的生产。生产方法类似于煮咖啡,生产设备也同咖啡蒸煮器皿相似。一般是将提香原料放在上面的容器中,酒基放在下面的容器中,加热后,酒液往上升,通过香料草药而带有其气味,如此循环反复,直至达到酒液摄取到足够的香味为止。

三、利口酒的发展历史

利口酒起源于古埃及和古希腊。古代的利口酒都采用浸泡方法制造,当时人们将鲜果或草药直接浸渍在酒中,以获得天然的色、香、味。13—15 世纪,随着蒸馏技术传入,制作原料和工艺的多元化,利口酒先后传入法国、荷兰、英国等欧洲国家,并很快在这些国家得到了发展。18 世纪以后,人们更重视水果的营养价值,制作利口酒的水果种类也不断增加,如苹果、草莓、李子、橘子、橙子等,利口酒被人们逐渐认识并受到欢迎,尤其受到女士们的青睐,被誉为“液体宝石”。利口酒不仅是人们纯饮的佳酒,更是调配鸡尾酒不可缺少的原料。法国、意大利、荷兰、德国、匈牙利等是利口酒的著名生产国。

四、利口酒的种类

在调酒世界中,蒸馏酒(基酒)与利口酒几乎分别占据了半壁江山。利口酒的原料众多,其颜色、香气、特点各异。可以有多种分类。如果按照颜色来源分类,有天然色泽利口酒(大部分水果酒)、无色利口酒(大部分植物酒)和添加色素利口酒。根据利口酒的配制原料,可以分为水果利口酒、植物利口酒和动物利口酒等。水果利口酒主要是提取水果肉和皮的味道,以其香气为该酒的主要特色。这种类型的利口酒多数采用浸泡方法,将鲜果整只或破碎后浸泡在烈性酒中,然后经过分离和勾兑制成。植物利口酒主要提取植物的花卉、茎、皮、根及其种子的香气和味道作为该酒的主要风味。这种酒的加香物质多有强身健体的功能,这些物质被切碎或粉碎后,通过浸泡、蒸馏等程序,再经过勾兑配制成有特殊风味的利口酒。动物利口酒以添加奶油、鸡蛋等为主。

(一)水果利口酒

根据所使用水果的不同,水果利口酒主要有柑橘类、樱桃类等不同种类。

1.柑橘利口酒

柑橘利口酒是以橙子或橘子为主要气味和味道,或再掺入其他植物香味(如肉桂、丁香等)配制的利口酒。著名的柑橘利口酒有:

(1)君度(Cointreau)。君度是一种橙味的利口酒,诞生于18世纪初,由法国爱德华·君度创造,君度家族已成为当今世界最大的酒商之一。君度基酒是白兰地,主要原料是橙子皮:一种不常见的青色的有如橘子的果子,其果肉又苦又酸,难以入口。这种果子来自海地、西班牙和巴西等地。酒精度为40度,无色,以生产厂商名命名,该酒原名为"Triple Sec White Curacao"。君度橙酒由来自世界各地的甜味、苦味橙皮完美混合制成,酒精浓度为40%,浓郁酒香中混以橙子水果香味,水晶般色泽,晶莹澄澈。君度是许多鸡尾酒配方的基酒,它是苦味和甜味的完美结合,用于经典之作,如加龙舌兰是玛格丽特(Margarita)、加干邑是边车(Side Car)、加金酒是白色丽人(White Lady)、加伏特加和蔓越莓汁则是大都会(Cosmopolitan)。

(2)古拉索酒(Curacao)。该酒产于南美洲的荷兰属地古拉索岛,以地名命名。古拉索酒是用古拉索岛上特产的橘子为主要原料,配以朗姆酒、波特酒、白兰地酒、砂糖等原料,通过浸泡、蒸馏和勾兑制成的酒。该酒有无色透明、粉红色、蓝色、绿色和褐色等颜色,酒精度为30度。其特点是橘香悦人,略有苦味。

(3)金万利(Grand Marnier)。该酒产于法国著名白兰地酒生产区——科涅克,是以干邑白兰地酒配以苦橘皮制成的古拉索型柑橘酒。

2.樱桃利口酒

樱桃利口酒有两种制作方法:一种是以樱桃为酿酒原料,将樱桃发酵制成樱桃酒,蒸馏后再调以丁香、肉桂和糖浆制成,这种酒被称为樱桃白兰地酒(Cherry Brandy);另一种方法是将樱桃浸泡在白兰地酒中,然后再勾兑成Cherry Liqueur,被称为樱桃利口酒。樱桃白兰地酒和樱桃利口酒都有消除疲劳和促进食欲的作用。著名的樱桃利口酒生产国有法国、丹麦、意大利、瑞士和日本。著名的樱桃利口酒商标与产品有:

(1)瑞士朱古力樱桃利口酒(Cheri-Suisse Cherry Liqueur)。该酒产于瑞士,以甜美的樱桃和朱古力配以优质的烈性酒制成,以精致的白瓷酒瓶盛装,具有瑞士阿尔卑斯山的风味。

(2)彼得·亨瑞(Peter Heering)。该酒为丹麦生产的樱桃甜酒,酒色暗红,带有水果香味。

(3)马士坚奴(Maraschino)。马士坚奴又称为樱桃酒,为意大利产无色樱桃酒。酒精度为25度,有浓郁的果香和花朵的香味,口味甘甜。其制作方法是以樱桃为原料,经发酵、蒸馏后再配以蜂蜜及香料。

(4)可士(Kirsch)。该酒是德国产樱桃利口酒,白色,甜味,冷藏后饮用。

3.其他水果利口酒

许多水果都可以制作利口酒,常见的品种有椰子、桃、梨、香蕉、苹果和杏等,如:

(1)马利宝椰酒(Malibu)。该酒产于美国加州马利宝海滩,以地名命名。它是新鲜的椰子和牙买加清淡朗姆酒的完美结合。该酒具有热带气息,受到年轻人的喜爱。

(2)波士杏子白兰地酒(Bol's Apricot Brandy)。该酒以酒厂名命名,采用欧洲南部出产的新鲜杏配以优质白兰地酒,经加工而成,酒呈褐色,并有清新的杏的芳香味。

(3)杏子白兰地(Apricot Brand)采用新鲜杏子与法国干邑白兰地加工调制而成,酒体呈琥珀色,果香清鲜,产地是荷兰。

(4)乐露桃子甜酒(Leroux Peach Basket Schnapps)。该酒以家族名命名。乐露家族位于比利时布鲁塞尔,该家族从事利口酒的酿制已有四代人的历史。该酒以新鲜白桃汁配以优质的烈性酒制成。以Leroux(乐露)为商标的水果利口酒还有黑莓白兰地酒(Blackberry Flavored Brandy)、草莓甜酒(Strawberry Patch Schnapps)。

(5)佳丽唯多(Calvados)。这是法国诺曼底地区出产的苹果白兰地酒,该酒以苹果为原料,经发酵、蒸馏后存放在橡木桶而成。其他地区生产的苹果白兰地酒被称为苹果白兰地酒(Apple Brandy)。

(二)植物利口酒

植物利口酒的种类比较多,可以分为香草及草药味利口酒、薄荷味利口酒、咖啡和可可味利口酒、杏仁味利口酒等。

1.香草及草药利口酒

香草及草药利口酒是以烈性酒调以香草及草药原料制成的利口酒。著名的产品有:

(1)加里安奴(Galliano)。该酒是意大利米兰生产的,以白兰地酒为基本原料,配以香草和草药,酒精度为40度,酒呈黄色,带有明显的香草味。该酒以意大利英雄人物——加里安奴少校名命名,酒瓶细长。

(2)当姆酒(Benedictine Dom)。当姆酒是著名的利口酒,也称为泵酒、丹酒或班尼狄克汀、香草利口酒,由法国诺曼底的费康(Fecamp)地区生产,以干邑白兰地酒为基本原料,配以柠檬皮、小豆蔻、苦艾、薄荷、百里香、肉桂等草药制成。酒精度为40度,酒呈黄褐色,具有浓烈的芳香味和甜味。该酒由法国天主教班尼狄克汀修道院的一位修士伯那得·文西里于1510年研制成功。该酒商标上的D.O.M是拉丁语“Deo Optimo Maximo”的缩写,其含义是“献给至善至上的上帝”。

(3)沙特勒兹(Chartreuse)。沙特勒兹也称为修道院酒,产于法国,是世界上著名的利口酒,以修道院名称而命名。该酒以白兰地酒为主要原料,配以100多种植物香料制成,有黄色和绿色两种,黄色酒味较甜,酒精度为40度;绿色酒的酒精度较高,约在50度以上,味较干、辛辣,比黄色酒更芳香。

(4)杜林标(Drambuie)。“Drambuie”的原意是“令人满意的饮料”,也称为确姆必、特莱姆必和蜜糖甜酒。杜林标产于英国,以优质的苏格兰威士忌酒为主要原料,配以蜂蜜和草药制成,酒色金黄,香甜味美。

(5)桑布加(Sambuca)。酒体呈黑色,酒精含量为40%,具有茴香香气,香料来自特有的茴香树花油,适用于调兑汽水饮用,产地是意大利。

2.薄荷味利口酒

薄荷味利口酒是一种味甜、带有薄荷的清凉感和香味的配制酒。它常以金酒或食用酒精为主要原料,加上薄荷叶、柠檬及其他香料配制而成。酒精度为30~40度,有的可达50度,酒体较稠,有白色、绿色等颜色,饮用时加冰块或加水稀释。常见的名品有:

(1)乐露薄荷利口酒(Leroux Peppermint Schnapps)。该酒由比利时乐露家族的传统秘方配制而成,是著名的薄荷甜酒。

(2)波士绿薄荷利口酒(Bol's Creme De Menthe Green)。该酒是荷兰波士酒厂生产的绿色薄荷酒。

3.咖啡味和可可味利口酒

咖啡酒主要产于南美洲的咖啡生产国。该酒主要以咖啡作为调香原料,将咖啡豆烘焙、粉碎后浸泡在食用酒精中,然后蒸馏、勾兑,制成咖啡酒。酒精度为30度,酒呈褐色,有明显的咖啡芳香味。可可酒也产于南美洲国家,以可可为主要调香原料,通常将可可豆粉碎,浸泡在食用酒精中,然后蒸馏、勾兑,制成可可利口酒。可可利口酒有白色和褐色的两种,有浓郁的可可香味,味道香甜。著名的咖啡利口酒和可可利口酒有:

(1)高拉(Kahlua)。该酒是墨西哥生产的咖啡利口酒,酒精度为26度。

(2)爱尔兰绒(Irish Velvet)。该酒以优质的爱尔兰威士忌酒配以浓烈的黑咖啡和糖制成。

(3)波士咖啡利口酒(Bol's Coffee Liqueur)。该酒由荷兰波士酒厂生产,酒呈咖啡色,芳香浓郁。

(4)乐露咖啡白兰地酒(Leroux Coffee Flavored Brandy)。该酒是比利时著名的产品,以咖啡和白兰地酒配制而成。

(5)波士棕色可可酒(Bol's Creme De Cacao Brown)。该酒由荷兰波士酿酒厂生产,以南美出产的可可豆及香兰果为调香原料制成的利口酒,酒液为棕色,香醇甘甜。

(三)鸡蛋或奶油类利口酒

鸡蛋利口酒多由鸡蛋、糖和白兰地制成,主要在荷兰、比利时、德国和奥地利等国生产,比较著名的有荷兰波士酒厂生产的鸡蛋酒,酒体蛋黄色、不透明,采用鸡蛋黄、芳香酒精或白兰地，经特殊工艺制成，营养丰富，需要避光冷冻存放。

著名的奶油类利口酒代表是百利甜酒（Baileys），1974 年创立于爱尔兰，现为帝亚吉欧集团旗下品牌，是当今最受欢迎的利口酒之一，更深受女性消费者的喜爱。百利甜采用新鲜优质的爱尔兰奶油、爱尔兰威士忌，以及马达加斯加的香草和天然可可豆等高品质原料的自然结合。通过独特的酿造工艺技术，每瓶百利甜有至少 50%的新鲜奶油（OMG）加入蒸馏过的爱尔兰威士忌，酒精含量为 17%。百利甜既保持了奶油的天然新鲜和丝绸般的顺滑口感，又达成了奶油和威士忌的美妙融合。

第四节　中国配制酒

我国配制酒的制作方法与国外大致相同，不同之处是我国所用的基酒为白酒与黄酒，因此，酒的风格特点完全不同。外国配制酒一般不采用动物性材料，而我国独创加入乌鸡、蛇、鹿茸等动物性原料，制成滋补型、疗效型配制酒，具有较高的医疗价值。

一、中国配制酒的发展历史

中国配制酒以发酵原酒、蒸馏酒或优质酒精为酒基，加入可食用的花、果、动植物的芳香物料或各类药材，采用浸泡、蒸馏等不同工艺调配而成，在酿酒科学史上属世界珍贵的酒类之一。据考证，中国配制酒起源于春秋战国之前，最初多以黄酒为酒基。其中，药酒（即药材类配制酒）是我国配制酒中最重要的酒类，大约 1 700 年前，汉代名医张仲景就在其所著的《伤寒论》和《金匮要略》中记载了药酒的医理及其配制方法，历代名家在此基础上不断改进。

元代，我国酿酒技术逐渐成熟，蒸馏酒已经大规模产生。蒸馏酒的出现为生产药酒创造了有利条件。由于白酒度数较高，药材在酒中的溶解度高，因此医疗效果好，而且制成的酒液不易变质，可以长期保存下来。此时，采用的原材料也更为广泛，有植物药材和动物性药料等。1578 年，李时珍在《本草纲目》中详细介绍了 69 种药酒的制作方法及疗效，说明我国当时的药酒配制技术已相当完备。

19 世纪，我国现代化葡萄酒工业兴起，以葡萄酒为酒基的配制酒逐步发展。随着现代酿酒技术的提高，配制酒从原有的以草药或动物性药料为主要调制原料，发展到使用各种花卉、果实等原料配制。目前，我国的配制酒已成为花色品种最多的酒类，产品质量不断提高，如天津金星牌玫瑰露酒、山西汾酒厂的竹叶青、湖北园林青等，并多次在国内外评酒会上获奖。此外，具有较高知名度的其他配制酒亦有很多，如在成品酒加入中草药材制成的五加皮酒，加入名贵药材的人参酒，加入动物性原料的鹿茸酒、蛇酒，加入水果的杨梅酒、荔枝酒等。

二、中国配制酒的分类

我国配制酒的种类繁多，较难划分，但总体可以分为两大类：一种是以所用的酒基分类；

另一种更为常见，是以所用的香料或药材等原材料划分，分为花卉类、果实类、植物药材类、滋补类等。

(一)花卉类配制酒

以各种花卉的花、叶、根、茎等为原料，采用黄酒、葡萄酒、白酒、食用酒精等为酒基调配而成的酒，属花类配制酒。这种酒花香明显，如桂花酒、玫瑰露酒。

(二)果实类配制酒

采用不同的酒基，加调果汁，或用酒基浸泡破碎后的果实配制而成的酒，属果实类配制酒。这种酒果香突出，酒精度和糖度不高，甘甜爽口，如山楂酒、蜜橘酒等。

(三)植物药材类配制酒

采用除花卉植物以外的含一定药性的芳香植物，直接浸泡于酒基中，或浸泡后再蒸馏制成的酒，属芳香植物药材类配制酒。这种酒加入的植物香料种类很多，绝大部分属中药材，所以又称药香型配制酒，如劲酒等。

(四)滋补类配制酒

滋补类配制酒采用的材料更为广泛，且在民间有多种不同配方。这类配制酒多数采用白酒或黄酒为酒基，调配各种动植物滋补药料，用浸渍法或滋补药料单独处理后混合配制而成，如人参露酒、鹿茸灵酒、十全大补酒、三鞭酒、海马酒等。

三、著名的中国配制酒

(一)竹叶青

竹叶青是著名的中国配制酒，销售广泛。竹叶青产于山西省汾阳市杏花村酒厂，以汾酒为原料，加入竹叶、当归、檀香等芳香中草药材和适量的白糖、冰糖后，浸制而成。该酒色泽金黄、略带青碧，酒味微甜清香，酒性温和，适量饮用有一定的滋补作用。酒精度为45度，含糖量为10%。

(二)莲花白酒

莲花白酒以优质高粱酒为酒基，加入莲蕊、当归、黄芪、砂仁等20多种中药，采用浸泡、提炼、储存等工艺酿造而成。丰收牌莲花白酒是北京葡萄酒厂的产品，曾获国家优质酒称号及银质奖。该酒酒液无色透明、酒香浓郁、药香芬芳、口感醇和圆润。酒精度为50度，含糖量为8%。

(三)玫瑰露

玫瑰露酒采用优质高粱酒为酒基，配入砂糖及鲜玫瑰花提取的香料，经调兑、储存精制而成。金星牌玫瑰露是天津市外贸食品加工厂的产品。1984 年获国家优质酒称号及银质奖,1986 年获法国巴黎第 12 届国际食品博览会金牌奖。其酒液无色透明,玫瑰香味突出,口味醇和、圆润。酒精度为 52 度,含糖量为 8%,属高级配制酒。

(四)中国劲酒

中国劲酒于 1953 年创立于湖北,现中国驰名商标和保健酒品牌,属劲牌有限公司。中国劲酒以幕阜山泉酿制的清香型小曲白酒为基酒,精选药材酿制而成,具有抗疲劳、免疫调节的保健功能。配料有优质白酒、水、淮山药、仙茅、当归、肉苁蓉、枸杞子、黄芪、淫羊藿、肉桂、丁香、冰糖等。

四、中国配制酒的饮用方法

我国的配制酒多作餐后酒饮用。药酒服用的时机应依药性功能及个人身体状况而定,滋补型药酒可在进餐、餐后或睡前适量饮用。花类、果实类配制酒可冰镇或加冰块后饮用,多佐餐。中国配制酒多为单品净饮,很少用作调制鸡尾酒。

第五节　配制酒实验

一、实验目的

通过本实验项目的讲授和实验操作,掌握各类配制酒的品鉴方法,学会从色、香、味、体等要素进行综合品鉴,理解不同配制酒的风格,重点学习味美思、雪利酒、波特酒等酒水的知识和识别方法,为进一步的酒水学习(尤其是鸡尾酒)奠定基础。

二、实验内容

讲解与实验内容共 3~4 学时,其中实验 1~2 学时,讲解和实验同步进行。同时,可结合鸡尾酒的调制进行。

(一)实验项目

(1)味美思的品饮和识别。
(2)雪利酒的品饮和识别。
(3)波特酒的品饮和识别。
(4)其他配制酒的品饮和识别。

(二)重点和难点

味美思、雪利酒、波特酒等酒水的知识和识别方法。

（三）实验仪器与材料

各类酒水杯，开瓶器，制冰机；味美思、雪利酒、波特酒等酒水各1~2瓶。

（四）实验步骤与注意事项

此部分内容参考发酵酒实验部分（与第二章的发酵酒实验相同）。

三、实验报告

按要求完成酒水实验表格（表4-1）的填写，记录并描述各类酒水的品饮体验，并将分析与思考填入实验表。因配制酒的种类众多，故可根据实际情况适当选择实验用酒。

表4-1　配制酒识别学习表

酒水类别	味美思	雪利酒	波特酒	
酒标信息 （产地、品牌、酒精度等）				
色泽（观）				
香气（闻）				
滋味（尝）				
风格及结论				
分析与思考				

四、实验评价

<table>
<tr><td>实验准备：

实验操作：

实验报告：

总评：

教师签名：</td></tr>
</table>

本章小结

本章系统地介绍了配制酒的分类，以及各类配制酒的特点等内容。就世界范围而言，配制酒可以分为开胃酒、甜点酒、利口酒，其中利口酒的种类最多，可以分为水果利口酒、植物利口酒和其他利口酒三大类，利口酒也是调制鸡尾酒的主要原料，对鸡尾酒的色香味产生重要影响。中国也有配制酒，中国配制酒主要以药酒的形式出现，特别是各少数民族，各有各的特色配制酒。

练习题

一、名词解释

配制酒;开胃酒;甜点酒;利口酒

二、选择题

1.按酒的酿造方式分类,可以把酒分为三类,(　　)不属于其中。

A.发酵酒　　B.混合酒　　C.蒸馏酒　　D.配制酒

2.竹叶青是中国著名的配制酒,它以(　　)为主要配制原料。

A.利口酒　　B.二锅头　　C.女儿红　　D.汾酒

3.按原料来分类,可以把利口酒分为三大类,(　　)属于水果利口酒。

A.雪利酒　　B.君度力娇酒　　C.百利甜酒　　D.劲酒

三、判断题

1.配制酒的酒基既可以是原汁酒,也可以是蒸馏酒,还可以两者兼而用之。(　　)

2.酿造配制酒的方法有浸泡、混合、蒸馏、勾兑等几种配制方式。(　　)

3.雪利(Sherry)酒是西班牙著名的开胃酒。(　　)

四、问答题

1.配制酒可分为哪几类?有哪些不同的酿造方法?

2.什么是利口酒?利口酒可分为哪几种类型?各自有哪些著名的品牌?

3.什么是开胃酒?开胃酒分为哪几种类型?

4.味美思分为哪几类?著名的品牌有哪些?

5.除味美思以外,还有哪些著名开胃酒及品牌?

6.简述波特酒的种类和著名品牌。

7.简述雪利酒的种类和著名品牌。

8.简述中国配制酒的种类和著名品牌。

第五章
鸡尾酒

第一节　鸡尾酒概述

一、鸡尾酒的含义

鸡尾酒由英文“Cocktail”意译而成，指以各种蒸馏酒、利口酒和葡萄酒等为基本原料，与柠檬汁、苏打水、汽水、奎宁水、牛奶、糖浆、奶油、香料、鸡蛋或咖啡等混合并装饰而成的，具有色、香、味、形、意特点的艺术饮品。鸡尾酒通常是在酒吧或酒店、餐厅等场所现场调配。随着时代的发展，有一些人们喜爱的或经常饮用的鸡尾酒也已出现由酒厂成批生产与销售。

鸡尾酒有狭义和广义之分。狭义鸡尾酒指容量为60~90 mL，在三角形鸡尾酒杯中盛装的、酒精度较高的调制酒。广义鸡尾酒指由各类酒水混合的多种展现形式的饮品。

二、鸡尾酒的起源与发展

鸡尾酒的起源众说纷纭，有许多相关的传说。

传说一：源于19世纪，美国人克里福德在美国哈德逊河边经营的一间酒店。他有三件引以为豪的事情，人称“克氏三绝”：一是他有一只孔武有力、器宇轩昂的大公鸡，是斗鸡场上的好手；二是据说他拥有世界上最优良的美酒；三是他的女儿艾恩米莉，是全镇第一绝色佳人。镇里有个叫阿普鲁恩的年轻船员，每晚都会来酒店闲坐。时间长了，他和艾恩米莉坠入爱河。小伙子性情好，工作也踏实，老先生喜欢他，但老是捉弄他说：“小伙子，你想吃天鹅肉？给你个条件吧，赶快努力当船长！”小伙子很有恒心，几年后果真当上了船长，并和艾恩米莉举行了婚礼。婚礼上，老先生从酒窖里拿出陈年佳酿，调成美酒，并在杯边以雄鸡尾作装饰，美艳至极。新人举杯高呼“鸡尾酒万岁！”鸡尾酒由此诞生。

传说二：在国际调酒师协会（IBA）的正式教科书中介绍。很久以前，英国船只开进了墨西哥尤卡里半岛的坎佩切港，经过长期海上颠簸的水手们找到了一间酒吧，喝酒、休息以解除疲劳。吧台中，一位酒保正用一根漂亮的鸡尾形树枝调搅着一种混合饮料。水手们好奇地向酒保询问混合饮料的名字，酒保误以为对方是在问他树枝的名称，于是答道：“考拉德·

嘎窖。”这在西班牙语中是公鸡尾的意思。这样一来,“公鸡尾”就成了混合饮料的总称。

传说三:《纽约世界》杂志对鸡尾酒溯源。“鸡尾酒”一词产生于1519年左右,是墨西哥高原上阿兹特尔克族的土语。这个民族中的一位权贵,将爱女Xochitl亲自配制的混合酒奉送给当时的国王。国王品尝后倍加赞赏,于是以Xochitl命名该酒。此后,Xochitl逐渐演变为今天的Cocktail。

关于鸡尾酒传说的真假已不再重要,但据大部分史料基本可以认为:鸡尾酒起源于美洲,时间大致在18世纪末或19世纪初。鸡尾酒的世界性传播可以追溯到19世纪的美国,当时美国的制冰业正向工业化迈进,为鸡尾酒的发展奠定了基础。而鸡尾酒迅猛发展,尤其得益于1920—1933年美国实施的禁酒令。由于禁酒,使得各种混合饮料,特别是鸡尾酒调制技术得到突飞猛进的发展,美国成为当时鸡尾酒最为盛行的国家。第二次世界大战期间,随着美国军队的进驻,调酒师纷纷外流到法国、英国,促成了欧洲乃至世界鸡尾酒黄金时代的到来。现今,鸡尾酒因色香味俱全而广受世界各地欢迎。

早期的鸡尾酒缺乏严格的配方,有关的文字记载也很少,因此调制鸡尾酒时,随意性较大。随着鸡尾酒的流行和发展,各种研究层出不穷,世界各地调制鸡尾酒的技术逐步完善,并走上正规化。1951年2月24日,国际调酒师协会(IBA)在英格兰成立,该协会致力于发展国际调酒培训工作。从1976年开始,该协会每3年举办一次国际调酒师大赛(ICC),这一赛会使世界各国的调酒师能够充分展现技艺,大大促进了调酒业的发展。

改革开放以来,鸡尾酒逐渐出现在我国的社交场合。相关书籍不断被发行,各种培训班涌现,如1992年在桂林举行的全国旅游系统技术大赛以及1993年全国奥林匹克青年工人技术大赛均将调酒列入赛程,这种大型赛事为我国调酒业的建设与发展奠定了坚实的基础。随着酒店业的蓬勃发展,特别是独资、合资、合作酒店带来的具有国际水准的酒吧设施,国内调酒技术不断完善。许多酒吧不仅能调制出国际流行的鸡尾酒,而且能创造出自己的鸡尾酒;不仅能用进口酒调制鸡尾酒,而且能创造以中国名酒为基酒的鸡尾酒。“中华鸡尾酒”开始在世界上崭露头角,得到国际调酒界人士的高度赞扬。

三、鸡尾酒的构成与特点

(一)鸡尾酒的构成

尽管世界上鸡尾酒的配方有成千上万种,调制方法、展现形式及分类也各不相同,但在其基本构成上,各种鸡尾酒却是大同小异。通常每款鸡尾酒包括基酒(即主要原料)、辅料、装饰物,以及冰块等多种成分。

1.基酒

基酒(Basic Liquors)一般以蒸馏酒为主,也有使用葡萄酒和配制酒等作为基酒的鸡尾酒。基酒是鸡尾酒的灵魂,是鸡尾酒的主体,决定了鸡尾酒的品种,在鸡尾酒中起主导作用。基酒的含量在传统鸡尾酒的成分比例中较高,在短饮鸡尾酒中一般不低于总容量的一半,以确定鸡尾酒的基本酒味。通常情况下,基酒是由一种单一的酒品构成的,但有时也可能出现以两种酒品作为基酒的现象。此外,现在也有一些由软饮构成的无酒精鸡尾酒,不过这种情况为数不多。

2.辅料

辅料(Mixing Aids)是鸡尾酒的调和缓冲剂,在鸡尾酒中起到调色、调香、调味和缓和酒精的作用。常见的辅料主要有各种利口酒、碳酸饮料、果蔬汁、奶类制品、鸡蛋、糖浆、盐、胡椒粉、辣椒油、肉桂、巧克力粉等。辅料与基酒混合后能充分展示鸡尾酒的特色,使鸡尾酒的色泽更加丰富多彩,将基酒特殊的刺激味道予以缓和,同时在酒液中增添独特的香味,使鸡尾酒具有艺术化特征,风情万种。

3.装饰物

鸡尾酒的装饰物(Adoming)是鸡尾酒的重要组成部分。装饰物的巧妙运用,可有画龙点睛般的效果,使一杯平淡、单调的鸡尾酒立刻鲜活生动起来,充满着生活的情趣和艺术。一杯经过精心装饰的鸡尾酒不仅能捕捉自然生机于杯盏之间,而且也可成为鸡尾酒典型的标志与象征。对于经典的鸡尾酒,其装饰物的构成和制作方法是约定俗成的,应保持原貌,不得随意篡改。而对创新型鸡尾酒,装饰物的修饰和雕琢则不受限制,调酒师可充分发挥想象力和创造力。对于不需作装饰的鸡尾酒品,不应赘饰,以防画蛇添足,破坏了酒品的意境。装饰物一般多使用时令水果,此外,诸如小型鲜花朵、花瓣、薄荷叶、艺术吸管、小纸伞、砂糖、精盐等也都可以作为鸡尾酒的装饰物。这些装饰物起到点缀、调味以及增加鸡尾酒的艺术情趣的目的。

除以上提到的构成部分外,冰块和载杯也一同构成鸡尾酒的特色。冰块在调制过程中赋予了鸡尾酒生命,在鸡尾酒中的作用是其他材料所不能替代的(部分热饮类鸡尾酒除外)。冰不仅稀释了部分鸡尾酒浓烈的高酒精口味,而且使鸡尾酒的整个酒体给人以清凉、冰爽的感觉。在鸡尾酒的调制中,选择合适的冰块(大冰块、块状碎冰、块冰、粗碎冰、细碎冰、碎冰、刨冰等)是非常讲究的。同时,鸡尾酒还应当讲究盛载的器皿,只有正确地使用合适的杯具,每款鸡尾酒的个性与特点才能得到淋漓尽致的发挥。

(二)鸡尾酒的特点

鸡尾酒不是若干酒类的简单混合,其用料、颜色、香味都是调酒师精心设计的佳作。鸡尾酒的特点可以概括如下:

1.花样繁多,调法各异

用于调酒的原料、辅料、配料种类繁多,有调、摇、兑、搅等各种调法,使鸡尾酒的种类和品种数不胜数。不同名称的鸡尾酒使用的原料不同,甚至同一名称的鸡尾酒,各企业使用的原料也不尽相同,主要表现在原料的品牌和数量、产地和级别等方面的差异。像菜肴一样,除了著名的品种、流行的配方外,还经常产生新的品种和配方。各著名酒店、餐厅和酒吧都可以有自己独特的产品。

2.增进食欲,振奋精神

鸡尾酒是增进食欲的滋润剂。由于酒中微量调味饮料的作用,如酸味、苦味等饮料,饮用者的胃口会有所改善,此类可为开胃酒在餐前饮用,而甜味鸡尾酒可于餐后或配合甜点饮用。同时,鸡尾酒具有消除疲劳、振奋精神的作用,适当饮用可以使紧张的神经得以缓和,使肌肉得以放松,可平时休闲饮用。

3.色泽优美,外观诱人

鸡尾酒也称艺术酒,通常拥有优雅、鲜艳的色调。同时,其盛载选用讲究,一般选用样式新颖大方、颜色协调得体、容积大小适当的酒杯,并配上相应的装饰物,展现鸡尾酒的诱人魅力,令人愉悦。

4.口感冰爽,风味独特

鸡尾酒绝大部分需加冰调制后饮用,使口感冰爽。同时,通过调制各类酒水,展现不同鸡尾酒拥有的独特、卓越的风味,使整体风格优于单体组分。

第二节 鸡尾酒的分类

世界上流行的鸡尾酒达几千种,而且仍在不断地出现新品种,其分类方法各有不同,可根据饮用时间、主要原料、配制特点等进行分类。

一、按鸡尾酒的饮用时间分类

(一)餐前鸡尾酒(Appertizer Cocktail)

餐前鸡尾酒主要在餐前饮用,是生津开胃、以增加食欲为目的的鸡尾酒。这类鸡尾酒通常含糖分较少,口味偏酸。例如,马天尼(Martini)、曼哈顿(Manhattan)、血红玛丽(Bloody Mary)等。

(二)俱乐部鸡尾酒(Club Cocktail)

俱乐部鸡尾酒在正餐中饮用,可代替开胃菜或开胃汤。其特点是色泽美观、酒精度较高。如三叶草俱乐部(Clover Club)、皇室俱乐部(Royal Clover Club)。

(三)餐后鸡尾酒(After Dinner Cocktail)

餐后鸡尾酒是在正餐或主菜后,为佐助甜品饮用,以帮助消化为目的的鸡尾酒。这类鸡尾酒通常含糖分较高,因而口味较甜,且酒中使用较多的利口酒,尤其是可可、咖啡、香草类利口酒,以促进消化。例如,亚历山大(Alexander)、B & B、黑俄罗斯(Black Russian)等。

(四)夜宵鸡尾酒(Supper Cocktail)

夜宵鸡尾酒也称午夜前鸡尾酒、夜餐鸡尾酒,通常在22:00—24:00饮用。此类为睡前饮用的鸡尾酒(Night Cup Cocktail),多可帮助人们入眠,酒精含量较高,如旁车(Side Car)。

(五)喜庆鸡尾酒(Champagne Cocktail)

喜庆鸡尾酒也称派对鸡尾酒,这是在一些派对场合使用的鸡尾酒品,通常以香槟为主要原料。其特点是非常注重酒品的口味和色彩搭配,酒精含量一般较低。派对鸡尾酒既可以满足人们交际的需要,又可以烘托各种派对的气氛,很受年轻人的喜爱。常见的有香槟曼哈顿(Champagne Manhattan)、特基拉日出(Tequila Sunrise)、自由古巴(Cuba Libre)、马颈(Horse's Neck)等。

二、按鸡尾酒的容量及酒精含量分类

(一)短饮类鸡尾酒(Short Drinks)

短饮类鸡尾酒容量小,约 2~3 oz,酒精含量高,大部分酒精度为 30 度。烈性酒常占总量的 1/3 或 1/2 以上,香料味浓重,多以三角形鸡尾酒杯盛装,有时也用酸酒杯盛装。这类鸡尾酒应当快饮,一般在 20 min 内饮用完,否则易失去其风味和特色。

(二)长饮类鸡尾酒(Long Drinks)

长饮类鸡尾酒容量大,常在 6 oz 以上,酒精度含量低,多用柯林杯、海波杯(高杯)、古典杯、飓风杯盛装。其中苏打水、奎宁水、汽水、果汁的含量较多,口感温和。这类鸡尾酒常在酒杯中加入碎冰或冰块,可慢慢饮用。

三、按鸡尾酒的基酒分类

(一)白兰地类鸡尾酒(Brandy Cocktails)

以白兰地酒为基酒调制的各种鸡尾酒,如亚历山大(Alexander)、B & B 等。

(二)威士忌类鸡尾酒(Whisky Cocktails)

以威士忌为基酒调制的各种鸡尾酒,如威士忌酸(Whisky Sour)、干曼哈顿(Dry Manhattan)等。

(三)金酒类鸡尾酒(Gin Cocktails)

以金酒为基酒调制的各种鸡尾酒,如干马天尼(Dry Martini)、粉红佳人(Pink Lady)等。

(四)朗姆类鸡尾酒(Rum Cocktails)

以朗姆酒为基酒调制的各种鸡尾酒,如自由古巴(Cuba Libre)、百加地(Bacardi)等。

(五)伏特加类鸡尾酒(Vodka Cocktails)

以伏特加酒为基酒调制的各种鸡尾酒,如咸狗(Salty Dog)、血红玛丽(Bloody Mary)等。

（六）特基拉类鸡尾酒（Tequila Cocktails）

以特基拉为基酒调制的各种鸡尾酒，如玛格丽特（Margarita）、斗牛士（Matador）等。

（七）其他类鸡尾酒（Other Cocktail）

除以上六大基酒以外的其他酒类为基酒的鸡尾酒。例如，以香槟酒为基酒调制的香槟鸡尾酒（Champagne Cocktail）；以利口酒为基酒调制的各种鸡尾酒，如多色酒（Pousse Cafe）、阿美利加诺（Americano）等；以葡萄酒为基酒调制的各种鸡尾酒，如红葡萄宾治（Claret Punch）、莎白丽杯（Chablis Cup）等。

四、按鸡尾酒的温度分类

（一）热鸡尾酒（Hot Cocktails）

以烈性酒为主要原料，使用沸水、热咖啡或热牛奶调制的鸡尾酒。如热威士忌托第（Hot Whisky Toddy）、爱尔兰咖啡（Irish Coffee）、皇室咖啡（Cafe Royal）、嘉卢华咖啡（Kahlua Coffee）等。

（二）冷鸡尾酒（Cold Cocktails）

一般指在配制时加入冰块的鸡尾酒，不论这些冰块是否被调酒师过滤掉，目的都是保持鸡尾酒的凉爽。大部分鸡尾酒均属此类，如自由古巴（Cuba Libre）等。

五、按鸡尾酒的配制特点分类

（一）亚历山大类（Alexander）

以鲜奶油、咖啡利口酒或可可利口酒加烈性酒配制的短饮类鸡尾酒并用摇酒器混合而成，装在三角形鸡尾酒杯内。如以白兰地为基酒的亚历山大（Alexander）。

（二）霸克类（Buck）

以烈性酒为主要原料，加苏打水或姜汁汽水及冰块，直接倒入海波杯内，在杯中用调酒棒搅拌而成，然后加入适量的冰块。如伦敦霸克（London Buck）。

（三）考布勒类（Cobbler）

以烈性酒或葡萄酒为主要原料，加糖粉、碳酸饮料、柠檬汁，盛装在有碎冰块的海波杯中。考布勒常用水果片作装饰。此外，带有香槟酒的考布勒以香槟酒杯盛装，杯中加60%的碎冰块。如白兰地考布勒（Brandy Cobbler）。

（四）哥连士类（Collins）

鸡尾酒哥连士也译作可林斯类鸡尾酒，以烈性酒为主要原料，加柠檬汁、苏打水和糖粉制成。用高平底可林斯杯盛装。如约翰考林斯(John Collins)。

(五)库勒类(Cooler)

库勒又名清凉饮料,由蒸馏酒加上柠檬汁或青柠汁再加入姜汁汽水或苏打水制成,以海波杯或高平底杯盛装。如朗姆库勒(Rum Cooler)。

(六)考地亚类(Cordial)

以利口酒与碎冰块调制的鸡尾酒,具有提神功能,用葡萄酒杯或三角形鸡尾酒杯盛装。通常考地亚类鸡尾酒的酒精度高。如薄荷考地亚(Mint Cordial)。

(七)科拉丝泰类(Crusta)

以白兰地酒、威士忌酒或金酒等为主要原料,以橙子利口酒为调味酒,配柠檬汁,用摇酒器混合而成。该酒常以红葡萄酒杯或较大容量的三角形鸡尾酒杯盛装,并将糖粉沾在杯边上制成白色环形作装饰。如白兰地科拉丝泰(Brandy Crusta)。

(八)杯类(Cup)

传统上以葡萄酒为主要原料,加入少量的调味酒和冰块而成。杯类鸡尾酒常是较大数量配制的,而不是单杯配制。杯类鸡尾酒是夏季受欢迎的鸡尾酒,常以葡萄酒杯盛装。如可莱瑞特杯(Claret Cup)。

(九)戴可丽类(Daiquiri)

由朗姆酒、柠檬汁或酸橙汁、糖粉配制而成,以三角形鸡尾酒杯或香槟酒杯盛装。当戴可丽前面加上水果名称时,它常以朗姆酒、调味酒、新鲜水果、糖粉和碎冰块组成,用电动搅拌机搅拌成泥状。然后,用较大的鸡尾杯或香槟杯盛装。目前,已有企业成批生产戴可丽鸡尾酒。如香蕉戴可丽(Banana Daiquiri)、草莓戴可丽(Strawberry Daiquiri)等。

(十)戴兹类(Daisy)

烈性酒配柠檬汁、糖粉,经摇酒器摇匀、过滤,倒在盛有碎冰块的古典杯或海波杯中,用水果或薄荷叶作装饰。然后,加入适量的苏打水。如金戴兹(Gin Daisy)。

(十一)蛋诺类(Egg Nog)

由烈性酒加鸡蛋、牛奶、糖粉和豆蔻粉调配而成,可用葡萄酒杯或海波杯盛装。如朗姆蛋诺(Rum Egg Nog)。

(十二)费克斯类(Fix)

以烈性酒为主要原料,加入柠檬汁、糖粉和碎冰块调制而成的长饮鸡尾酒,用海波杯或高杯盛装,放入适量的苏打水和汽水。如白兰地费克斯(Brandy Fix)。

(十三)费斯类(Fizz)

费斯类鸡尾酒与考林斯类鸡尾酒相近。以金酒或利口酒加柠檬汁和苏打水混合而成,用海波杯或高杯盛装。这种鸡尾酒属于长饮鸡尾酒。有时费斯中加入生蛋清或生蛋黄后,再与烈性酒或利口酒、柠檬汁一起放入摇酒器混合,使酒液起泡,再加入苏打水而成。如金色费斯(Golden Fizz)。

(十四)菲丽波类(Flip)

以鲜生鸡蛋、蛋黄或蛋清,调以烈性酒或葡萄酒,加糖粉混合而成。然后,盛装在三角形鸡尾酒杯或葡萄酒杯内。如白兰地菲丽波(Brandy Flip)。

(十五)飘飘类(Float)

飘飘类鸡尾酒也称作多色鸡尾酒。通常在配制鸡尾酒中,根据酒的密度,以密度较大的酒放在杯中的下面,密度较小的酒放在密度大的酒上面。这样,可制成颜色分明的鸡尾酒。如彩虹酒(Pousse Cafe)。

(十六)弗莱佩类(Frappe)

这是利口酒、开胃酒或葡萄酒与碎冰块混合制成的鸡尾酒。这种酒常用三角形鸡尾酒杯或香槟杯盛装。如金万利弗莱佩(Grand Marnier Frappe)。

(十七)螺丝锥类(Gimlet)

螺丝锥也称占列。这种酒以金酒或伏特加酒为主要原料,加入青柠檬汁。然后,在调酒杯中,用调酒棒搅拌而成,用鸡尾酒杯盛装,也可装在有冰块的古典杯中。如金酒螺丝锥(Jin Gimlet)。

(十八)海波类(Highball)

海波类鸡尾酒也称作高球类鸡尾酒,前者是英语的音译,后者是英语的意译。这种酒是以白兰地酒、威士忌酒或葡萄酒为基本原料,加入苏打水或姜汁汽水,在杯中直接用调酒棒搅拌而成,装在加冰块的海波杯中。如威士忌海波(Whisky Highball)、金汤尼克(Gin Tonic)。

(十九)朱丽波类(Julep)

以威士忌酒或白兰地酒为基本原料,加糖粉和捣碎的薄荷叶,然后在调酒杯中用调酒棒搅拌,倒入放有冰块的古典杯或海波杯中,用一片薄荷叶作装饰。如香槟朱丽波(Champagne Julep)。

(二十)马天尼类(Martini)

以金酒为基本原料,加入少许味美思酒或苦酒及冰块制成。然后,直接在酒杯或调酒杯中搅拌，用鸡尾酒杯盛装。最后，在酒杯内放一个橄榄或柠檬皮作装饰。如甜马天尼(Sweet Martini)。

(二十一)提神类(Pick Me Up)

以烈性酒为基本原料，加入橙味利口酒或茴香酒、苦味酒、味美思酒、薄荷酒等提神和开胃酒，再加入果汁或香槟酒、苏打水等。最后，用三角形鸡尾酒杯或海波杯盛装。如橙子醒酒(Orange Wake Up)。

(二十二)帕弗类(Puff)

在装有少量冰块的海波杯中，加相等的烈性酒和牛奶，加冷藏的苏打水至八分满，用调酒棒搅拌而成。如白兰地帕弗(Brandy Puff)。

(二十三)宾治类(Punch)

宾治类鸡尾酒以烈性酒或葡萄酒为基本原料，加入柠檬汁、糖粉和苏打水或汽水混合而成。宾治类鸡尾酒常以数杯、数十杯或数百杯一起配制，用于酒会、宴会和聚会等。配制后的宾治酒用新鲜的水果片漂在酒液上作装饰以增加美观和味道并以海波杯盛装。目前，一些宾治常由果汁、汽水和水果片制成，不含酒精。这种宾治称为无酒精宾治或无酒精鸡尾酒。如开拓者宾治(Planter's Punch)、节日宾治(Fiesta Punch)。

(二十四)利奇类(Rickey)

利奇也常常称为瑞奎。这类鸡尾酒以金酒、白兰地酒或威士忌酒为主要原料，加入青柠檬汁和苏打水混合而成。利奇属于长饮类鸡尾酒。其配制方法是直接将烈性酒和青柠檬汁倒在装有冰块的海波杯或古典杯中，再倒入苏打水，用调酒棒搅拌均匀。如金利奇(Gin Rickey)。

(二十五)珊格瑞类(Sangaree)

传统上珊格瑞类鸡尾酒以葡萄酒加入少量糖粉和豆蔻粉调制而成。然后，放在有冰块的古典杯或平底海波杯中。如白兰地珊格瑞(Brandy Sangaree)。

(二十六)席拉布类(Shrub)

以白兰地酒或朗姆酒为主要原料，加入糖粉、水果汁混合而成。通常这种鸡尾酒的一次配制量大，将以上原料按配方的比例配制，放入陶器中，冷藏储存三天后饮用。最后，用加冰块的古典杯盛装。如白兰地席拉布(Brandy Shrub)。

(二十七)司令类(Sling)

以烈性酒加柠檬汁、糖粉和矿泉水或苏打水制成，有时加入一些调味的利口酒。先用摇酒器将烈性酒、柠檬汁、糖粉摇匀后，再倒入加有冰块的海波杯中，然后加苏打水或矿泉水并以高平底杯或海波杯盛装。当然，也可以在饮用杯内直接调配。如新加坡司令(Singapore Sling)。

（二十八）酸酒类（Sour）

以烈性酒为基本原料，加入冷藏的柠檬汁或橙子汁，经摇酒器混合制成。酸类鸡尾酒属于短饮类鸡尾酒，用酸酒杯或海波杯盛装。如威士忌酸酒（Whisky Sour）。

（二十九）四维索类（Swizzle）

以烈性酒为主要原料，加入柠檬汁、糖粉和碎冰块。然后，放在平底高杯或海波杯中，加上适量的苏打水，放一个调酒棒。如金四维索（Gin Swizzle）。

（三十）托第类（Toddy）

以烈性酒为基本原料，加入糖和水（冷水或热水）混合而成的鸡尾酒。托第有冷和热两个种类。有些托第类鸡尾酒用果汁代替冷水。热托第常以豆蔻粉或丁香、柠檬片作装饰，冷托第以柠檬片作装饰。冷托第以古典杯盛装，热托第以带柄的热饮杯盛装。如冷朗姆托第（Rum Toddy Cold）。

（三十一）攒明类（Zoom）

以烈性酒为主要原料，加入鲜奶油和蜂蜜混合而成，用摇酒器摇匀。然后，用三角形鸡尾酒杯盛装。如威士忌攒明（Whisky Zoom）。

第三节　鸡尾酒的调制

一、鸡尾酒调制的常用器具

（一）调酒用具

1.调酒壶（Shaker）

调酒壶也称摇酒器、雪克壶，是专门为调制和混合材料时使用的器皿，有三段式（英式）和两段式（美式）两种类型。一般由不锈钢、铬合金、镀银等金属材料制成，其中以不锈钢制品最为普遍。在型号上分为大、中、小三种，容量从 250～550 mL 不等。常用的是英式调酒壶，通常由三部分组成：壶身（Body）、滤冰器（Strainer）和壶盖（Top）。美式调酒壶也称波士顿摇酒壶，为二段式酒壶，只有壶身和壶盖两部分。调酒壶采用摇荡的方法，即手握调酒壶，做来回的“摇晃”动作。摇晃的目的有两个：一是让酒液迅速冷却；二是让较难混合的材料快速充分地混合。

2.调酒匙（Bar Spoon）

调酒匙也称吧匙、混合匙（Mixing Spoon）、搅拌匙（Stir Spoon），在调制鸡尾酒时用于搅拌混合材料。调酒匙比普通长匙长，匙柄的中央部位呈螺旋状，特别适合旋转时使用。通常调酒匙多为不锈钢质地，一端为叉状，一端为匙状。调酒匙除起混合、搅拌等作用外，还可以用作计量单位，在有的调酒配方中，常见“1吧匙”这样的表述。

3.量酒器(Jigger)

量酒器也称盎司器、计量杯(Measuring Cup)，是在调制鸡尾酒的过程中用来计量酒水分量的用具。有金属、树脂、玻璃等不同材质，其中以不锈钢制品最为普遍。其容量上常见的有1 oz、1.5 oz或15 mL、30 mL、45 mL和60 mL等多个规格，在形式上有单个的独杯和组合杯两种，以双头量的组合杯为主。通常有大、中、小三种型号，且每一种量酒器两端容量都不同，大号量酒器多为30 mL、60 mL；中号量酒器为30 mL、45 mL；小号量酒器为15 mL、30 mL等。

4.调酒杯(Mixing Glass)

调酒杯是指在调制不需要摇晃只做搅拌的鸡尾酒时所必备的大型杯子，基本为平底玻璃制品。这种酒杯的杯壁较厚，杯身附有刻度，且多附有杯嘴，杯底部呈圆形，以利于调酒匙对酒液的搅拌和酒液测量与斟倒。

5.冰夹和冰铲(Ice Tongs & Ice Scoop)

冰夹和冰铲是指在调制鸡尾酒的过程中用来夹取物品或舀起冰块的工具，多为不锈钢制品，也有塑料、树脂等其他材质。

6.冰桶(Ice Bucker)

冰桶是装载冰块的容器，有金属、玻璃、木制、塑胶及陶瓷等多种质地，多呈圆桶状。有各种型号，因其功能的不同，可以分为大冰桶和小冰桶两种类型。大冰桶多为单层，无盖，通常多为3 L及以上。大冰桶主要用来冷却需要在冰爽状态下饮用的酒水，如白葡萄酒、香槟等。小冰桶多为双层，有盖，通常多为1 L左右，内底部加有网状底垫可以漏出融冰的水。小冰桶主要用来保存可饮用的冰块，故保温性能要求更高。

7.滤冰器(Strainer)

当需要将调酒杯内调制好的鸡尾酒倒入酒杯时，杯内的冰块往往会随酒液一起滑落杯中，滤冰器是防止冰块滑落的专用器皿。滤冰器由不锈钢制成，亦用于配合美式波士顿摇酒壶使用。

8.切刀和砧板(Knife & Cutting Board)

切刀和砧板用于切制各式水果，制作装饰品。酒杯常用的水果刀为小型或中型的不锈钢刀，刀口必须锋利以便于制作。

除以上提到的常用器具外，还有调酒棒、酒针、吸管、杯垫、长匙、开瓶器、酒嘴、酒篮、冰锥、滤网等多种酒吧用具。

(二)调酒常用设备

调酒设备一般可分制冷、清洁及调制三种类型。制冷设备包括冰箱、冷藏柜、制冰机、冰杯柜等。清洗设备包括洗杯机、洗涤槽等。调制设备包括搅拌机、榨汁机、碎冰机、果汁机、咖啡机等。

1.冰箱

冰箱(Refrigerator)是用于冷藏酒水饮料,保存调酒用料的设备。冰箱内温度要求保持在4~8 ℃,内部一定要分层、分隔,以便分类存放各种不同类型的酒水和调酒用料。冰箱通常用来存放啤酒、果汁、装饰物、奶油及其他用料。

2.葡萄酒冷藏柜

葡萄酒冷藏柜(Wine Cooler)或称展示柜,用于存放各类葡萄酒,尤其是香槟酒和白葡萄酒的设备。其内部分为若干个横竖成行的小格,可将酒横插入格子内存放。温度多保持在10 ℃左右,其温度可依据实际情况调节。

3.制冰机

冰块是调酒中不可缺少的用料,制冰机(Ice Maker)是专门用来制作冰块的机器。不同型号的制冰机,制出的冰块也存在着差异。购制冰机时应事先确定所需要冰块的种类,通常需要考虑:所用杯的大小,杯中所需要冰块的数量,预计每天饮料卖出的最多杯数,冰块的大小和质地等。

4.洗杯机

洗杯机(Washing Machine)有多种型号,装置中有自动喷射装置和高温蒸汽管。大型洗杯机具有消毒、清洁、烘干等功能,小型洗杯机主要有清洗功能。

5.搅拌机

电动搅拌机(Blender)主要由塑胶容器及内置马达构成,经常被用来调制"刨冰"型鸡尾酒(Frozen),或需添加牛奶、鸡蛋、蜂蜜、水果等材料的长饮鸡尾酒时使用。电动搅拌机可以分为单纯的"点动式"按钮搅拌机和具有榨汁、粉碎、切片、搅拌等多种功能的食品处理机。

6.榨汁机

榨汁机(Squeezer)是压榨柑橘类、橙类、柠檬等使用的机器。有塑胶及玻璃等多种样式,有电动、手动两种类型。手动榨汁时,方法是将要压榨的物品横切成两半,使切口贴着压榨器中央凸起部位轻轻挤压使其汁液流出。使用时注意力度,如果用力过猛则会使果皮里的果油渗透出来,使榨出的果汁带有苦味。电动榨汁机只需将水果的果皮、果核去除,放入机器容器内,按动开关即可榨汁。

二、鸡尾酒调制的材料和基本原则

(一)鸡尾酒调制的材料

鸡尾酒调制中的常用材料以鸡尾酒的基本结构为基础,分为主料、辅料和装饰物等。

主料通常即是基酒,除个别不含酒精的鸡尾酒外。基酒以烈性酒为主,包括伏特加、威士忌、白兰地、朗姆酒、金酒、特基拉等蒸馏酒,也有少量的鸡尾酒是以开胃酒、葡萄酒、利口酒等为基酒的。中式鸡尾酒以茅台、汾酒、五粮液、竹叶青等高度酒作为基酒。辅料一般有味美思以及各类利口酒等。常用的果汁有柠檬汁、青柠汁、橙汁、西柚汁、柳橙汁、菠萝汁、番茄汁、苹果汁、椰子汁等。常用的汽水有汤力水、苏打水、七喜汽水、干姜水、雪碧、可乐、运动饮料等。常用的甜味剂有红石榴等各类糖浆、白糖等。另外,一些用量较少但又能增添鸡尾酒特色的材料,如糖粉、盐粉、豆蔻粉、月桂粉等,既可以是调料也可以是装饰。装饰物常用的是各类水果,包括柠檬、橄榄、樱桃、草莓、橙子、菠萝、西瓜、苹果等,以果角、果片、果块或几种水果相互组合而成的各种形状,置于杯口或杯内。

(二)鸡尾酒调制的基本原则

(1)严格按照配方中原料的种类、商标、规格、年限和数量标准配制鸡尾酒,严禁使用代用品或劣质酒、果汁、汽水等。

(2)使用新鲜的果汁和新鲜的冰块,果汁、汽水及啤酒需经过冷藏,切配的水果作装饰物或配料时,应当时制作并使用

(3)酒杯必须干净、透明光亮。调酒时,手只能接触酒杯的下部。

(4)通常用量杯计量基酒、调味酒和果汁的需要量,不能随意将原料倒入杯中。

(5)使用摇酒器调制鸡尾酒时动作要快,要用力摇动,动作要大方,可用手腕左右摇动,也可用手臂上下晃动,摇至摇酒器表面起霜后,立刻过滤,倒入酒杯内。同时,手心不要接触摇酒器,以免冰块过量融化,冲淡鸡尾酒的味道。

(6)使用调酒杯配制时,吧匙搅拌的时间不要过长。通常用中等速度搅拌,在杯内旋转7~8周,以免使冰块过量融化,冲淡酒水。

(7)使用电动搅拌机时,一定要使用碎冰块,并控制合适的搅拌时间。

(8)使用后的量杯和吧匙一定要浸泡在水中后再冲洗,以免遗留的味道和气味影响下一个鸡尾酒的质量。浸泡用水应经常换,以保持干净、新鲜。

(9)不要用手接触酒水、冰块和杯口,以保持酒水的卫生和质量。

(10)按照标准的工作程序进行鸡尾酒调制。需用的酒水先放在工作台上,再准备好工具、酒杯、调味品和装饰品,并放在方便的地方,然后开始调制。将调制好的鸡尾酒倒在酒杯后,应立即清理台面,将酒水和工具放回原处,不可一边调制鸡尾酒,一边寻找酒水和工具。

三、鸡尾酒调制的基本方法

调制鸡尾酒的方法主要有四种:摇和法、调和法、兑和法、搅和法。

(一)摇和法

摇和法也称摇荡法,是将各种基酒和辅料放入调酒壶中,通过手的摇动达到充分混合的目的。摇和法主要用来调制配方中含有鸡蛋、糖、果汁、奶油等较难混合的原料,亦可用于调制任何酒水。此种方法操作方便并具有一定的展示性,故最为流行,为酒吧广泛使用。

1.主要用具

调酒壶。

2.放料顺序

通常,先在调酒壶中放入适量的冰块,然后按照鸡尾酒的配方要求,依次放入调酒辅料和配料,最后放入基酒。

3.操作技巧

摇和法在操作手法上分为单手摇和双手摇两种。对摇酒的方法和姿势没有严格的要求,关键在于将酒液充分摇匀、迅速冷却的基础上保持调酒姿势的优美,给宾客以赏心悦目的感受。一般小号的摇酒壶可以单手摇,大号的摇酒壶用双手摇则更为妥当。摇和法的特点是通过快速、剧烈的摇荡,使酒水能够达到最充分的混合,且不会使冰块过多地融化而冲淡酒液。值得注意的是,无论是单手摇还是双手摇,在摇酒的时候,一定要保持身体的稳定,剧烈摇动的是酒壶,而不是调酒师的身体,要尽量保持体态的美观、大方。摇妥之后,马上将酒滤入事先备好的酒杯内。

(1)单手摇

以右手食指按压调酒壶盖,中指在壶身右侧按压滤水器,拇指在壶身左侧,无名指和小拇指在右侧夹住壶身。手心不与壶身接触,以免手温加速壶内冰块融化的速度。摇和时,注意手臂尽量拉直,以手腕的力量使调酒壶左右摇晃,同时手臂自然上下摆动。

(2)双手摇

对于有鸡蛋和蜂蜜这些难以单手摇和均匀的鸡尾酒,通常采用双手摇这一操作技法。具体方法是:右手拇指按压调酒壶盖,其他手指夹住壶身;左手无名指、小拇指托住壶底,其余手指夹住壶身。壶头朝向调酒师,壶底朝外,并将壶底略向上抬。摇和时可将调酒壶斜对胸前,也可将调酒壶置于身体的左上或右上方肩上,作"活塞式"运动。注意用力均匀以使酒液充分混合。

4.斟倒酒液

(1)斟倒时机

在摇晃过程中,当调酒壶的金属表面出现霜状物时,则证明壶内酒水已经充分混合并且已经达到均匀冷却的状态。

(2)斟倒方式

右手持壶,左手将壶盖打开,同时右手食指下移按压住滤水器,将酒壶倾斜,使壶内摇晃均匀后的酒液通过滤水器滤入载杯之内。

(二)调和法

调和法是在最小稀释酒水的情况下,迅速将酒水冷却的一种调酒混合方法,其操作步骤是将各种原料和冰块加入调酒杯中,然后用吧匙进行搅拌混合。

1.主要用具

调酒杯、调酒匙、滤冰器。

2.放料顺序

先将适量的冰块放入调酒杯中,再将酒水依据鸡尾酒配方规定的量,依次倒入调酒杯中。

3.操作技法

以左手拇指、中指、食指轻轻握调酒杯的底部,将调酒匙的螺旋部分夹在右手拇指和食指、中指、无名指之间,快速转动调酒匙作顺时针方向运动,搅动10~15圈,待酒液均匀冷却后则停止。

4.斟倒酒液

将滤冰器加盖于调酒杯口上,右手的食指和中指分列于滤冰器把的左右,卡压滤冰器,拇指、无名指和小拇指握住调酒杯,倾斜调酒杯将酒液滤入准备好的载杯中。

有些鸡尾酒不需要滤冰,可直接使用调酒匙在载杯中进行搅和。

5.注意事项

(1)调和时,调酒匙的匙头部分应保持在调酒杯的底部搅动,并尽量避免与调酒杯的接触,应只有冰块转动的声音。

(2)调酒匙的匙背应向上从调酒杯中取出,以防跟带酒水。

(3)搅拌时间不宜太长,以防冰块过分融化影响酒的口味。

(4)操作时,动作不宜太大,以防酒液溅出。

(三)兑和法

兑和法调制的鸡尾酒主要指彩虹酒等飘飘类鸡尾酒。其方法是将各种调酒原料按比重的不同,沿着吧匙的匙背依次倒入酒杯中,使酒液在载杯中形成层次。

1.主要用具

调酒匙或长柄匙。

2.放料顺序

依据鸡尾酒配方的分量,将酒水按照密度的高低依次倒入。酒水的密度主要受含糖量和酒精度等因素影响,通常含糖量越高,比重就越大;酒精度越高,比重就越小。

3.操作技法

使用兑和法调酒的关键在于,熟练掌握各种酒水不同的密度,如含糖量、酒精度等。在进行调制时,必须做到心平气和,动作轻缓,尽量避免手的颤动,以防影响酒液的流速冲击下层酒液,使酒液色层融合,导致调制失败。

4.斟倒酒液

将吧匙的匙背倾斜放入杯中,以匙尖轻微接触酒杯内壁,将酒水轻轻倒在匙背或螺旋手柄上,使酒水沿匙背顺着酒杯内壁缓缓流入载杯中。

(四)搅和法

搅和法是使用电动搅拌机进行酒水混合的一种方法,主要在混合鸡尾酒配方中含有水果(如香蕉、苹果、西瓜)等成分时使用。这种调酒方法是通过电动搅拌机高速马达的快速搅拌,达到混合的目的,同时也能极大地提高调制工作的效率和调酒的出品量。

1.主要用具

电动搅拌机。

2.放料顺序

依据鸡尾酒配方要求将冰块、辅料及酒水依次放入搅拌杯中。

3.操作技法

在投料前应将水果去皮切成片、块等易于搅拌的形状，然后再将原料放入搅拌杯中。原料投放完毕后，将搅拌杯的杯盖盖好，以防止高速搅拌时酒液溅出。开动电源使其混合搅拌，注意使用电动搅拌机进行调酒时，搅拌的时间不宜过长，视情况而定，以防止电机损坏。

4.斟倒酒液

待搅拌机马达停止工作，整个搅拌过程结束后，将搅拌杯从搅拌机机座上取下，将搅拌混合好的酒液倒入准备好的载杯中，或作为主要原料再与其他酒水调和。

四、鸡尾酒调制的计量方法

（一）鸡尾酒常用的计量单位及其换算

1 Ounce（缩写 oz）= 28.4 mL（英液）≈30 mL

1 Ounce（缩写 oz）= 29.6 mL（美液）≈30 mL

1 Jigger（吉格）= 3/2 oz = 45 mL

1 Dash（少许）≈5~6 drops≈1 mL（5~6 滴）

1 Teaspoon（缩写 Tsp）（茶匙）≈1/8 oz≈4 mL

1 Tablespoon（缩写 Tbs）（汤匙）≈3 茶匙≈12 mL

（二）鸡尾酒配方容量的表示方法

鸡尾酒的配方容量通常以 oz 或 mL 计算。其中，以 mL 计算的表示方法最准确、方便。但在国际酒水经营中，酒的容量以 oz 为常见单位。故在习惯上，许多餐厅和酒吧常用 oz 来表示容量，酒吧的量酒器也多以 oz 为单位，个别以 mL 为单位。

此外，某些鸡尾酒的配方还以 1 份、1/2 份、1/3 份、1/4 份等为容量单位。这种表示方法有两种含义：第一种含义，1 份指酒杯的容量或 1 份鸡尾酒的总量，1/2、1/3 即是指酒杯的容量的 1/2、1/3，以此类推。例如，1 份鸡尾酒杯的容量为 60 mL，1/2 份表示短饮类鸡尾酒杯容量的 1/2 约 30 mL，1/3 份表示 20 mL，1/4 份表示 15 mL。同时，许多三角形鸡尾酒杯的容量为 75 mL，销售时，杯中的酒水八分满，约 60 mL。第二种含义，1 份常常指 1 oz 的容量，约 30 mL，而 1/2 份则表示 15 mL，1/3 份表示 10 mL，1/4 份表示 7 mL 等。因此，在配制鸡尾酒时，应先明确配方中各种原料的表示方法。

五、鸡尾酒的品鉴

从调酒师和管理者的角度，品鉴鸡尾酒是判断调制质量和出品质量的重要步骤，与其他酒水的品鉴步骤基本一致,即观、闻、品。从消费的角度,可从色、香、味、形和蕴含的意义等几个方面品尝、欣赏、享受鸡尾酒。

调好的鸡尾酒都有一定的颜色和表现形式,观赏鸡尾酒首先在于欣赏鸡尾酒整体的色彩和艺术表现,然后体会其中蕴含的意义和故事,获得美的享受。调酒师则通过观色可以断定配方分量是否准确,例如,红粉佳人调好后呈粉红色,青草蜢调好后呈奶绿色,干马天尼调好后清澈透明如清水一般。如果颜色不对,则整杯鸡尾酒就要重新做,不宜销售。如彩虹鸡尾酒,只从观色便可断定是否合格,任意一层混浊了都不能再出售。嗅觉是用鼻子去闻鸡尾酒的香味,感受其中的香气,但在酒吧中,调酒师不能直接拿起整杯酒来嗅味,可用酒吧匙。凡鸡尾酒都有一定的香味,首先是基酒的香味;其次是所加进的辅料酒或饮料、果汁的香味,以及香料、装饰等配料的各种不同的香味。变质的果汁不能用于鸡尾酒,需要重新调制。品尝鸡尾酒时,宜小口饮用,细细地品尝,分辨多种不同的味道和感受。

第四节　鸡尾酒的创作

一、鸡尾酒创作的艺术基础

创作鸡尾酒,需要有坚实的专业基础。熟练掌握调酒技术和各类酒水的特点是开展创作的基础。在此基础上,深入理解经典鸡尾酒的色、香、味等艺术,并运用于鸡尾酒创作。

(一)鸡尾酒色泽的调制

鸡尾酒不仅色彩丰富,而且给人以无穷的想象力。例如,特基拉日出(Tequila Sunrise)鸡尾酒,通过酒液的颜色层次,给人展现出一轮红日即将喷薄而出的日出景观;蓝色夏威夷(Blue Hawaii)鸡尾酒,通过蓝色的酒液、雪白纯洁的冰块、浅黄色的菠萝角、红色的樱桃,以及粉红色的小纸伞等,多种色彩的和谐组合,构成了一幅夏威夷热带风光图。采用兑和法调制而成的彩虹酒(Rainbow)更显出层次分明与色彩的瑰丽。

1.鸡尾酒的色泽与人的情感

不同的色彩给人们的感觉不同,产生不同的心理效应。和谐的色彩使人积极、明朗、轻松、愉快;不和谐的色彩使人感到消极、抑郁、沉重、疲劳。正确地理解和使用不同的颜色,是鸡尾酒创作的一大要素。

红、橙、黄等暖色给人以温暖的感觉。具体而言,红色给人以大胆、强烈的感觉,使人产生热烈、活泼的情绪;黄色、橙色最能引起食欲,并象征温情、华贵、欢乐;粉红色使人有浪漫和沉迷的感觉;青、蓝等颜色冷色给人以安宁、清爽的感觉。同时,绿色给人以生机勃勃向上的感觉,是一种令人感到安静和舒适的色彩;蓝色容易使人想到蔚蓝的大海、晴朗的蓝天,是一种令人产生遐想的色彩;淡紫色让人觉得充满雅致、神秘、优美的情调。此外,白色给人带来神圣、纯洁、平静或伤感;奶油色使人觉得可爱、天真、朴实;深咖啡色能产生浓郁香醇的感觉等。

2.鸡尾酒原料的基本色彩

常用的原料及其基本色彩有以下几种：

(1)糖浆。糖浆是由各种含糖比重不同的水果或植物花卉等为主要原料制成,是鸡尾酒的常用调色辅料。颜色有很多,包括红色、橙色、黄色、绿色、白色等。经常使用的糖浆有红石榴糖浆(红色)、蓝柑糖浆(蓝色)、香蕉糖浆(黄色)、薄荷糖浆(深绿色)、蜜瓜糖浆(绿色)。此外,还有各色各风味的柠檬、百香果、水蜜桃、香草、玫瑰、薰衣草等糖浆。

(2)果汁。果汁是通过水果经挤榨而制取的,具有水果的自然颜色,其含糖量要比糖浆少。常见的有橙汁(橙色)、香蕉汁(黄色)、椰汁(白色)、西瓜汁(红色)、草莓汁(浅红色)、西红柿汁(粉红色)等。

(3)利口酒。利口酒颜色十分丰富,有赤、橙、黄、绿、青、蓝、紫等全色系。利口酒的同一品牌有多种不同颜色,如可可酒有白色、褐色;薄荷酒有绿色、白色;橙皮酒有蓝色、白色等。

(4)基酒。基酒除伏特加、金酒等少数几种无色烈酒外,大多数基酒都有自身的颜色。如白兰地呈琥珀色,威士忌的色泽棕黄带红,葡萄酒有深红、桃红和浅金黄色等。

3.鸡尾酒颜色的调配

鸡尾酒颜色的调配需按色彩比的规律进行调制。

(1)注意密度与对比。例如,调制彩虹酒需注意每层酒的密度,以保持酒体完美展现。注意色彩的对比,如红与绿,黄与蓝,白与黑。通常,可将暗色、深色的酒置于酒杯下部,如红石榴汁;浅色的酒放在上部,如白兰地、浓乳等。

(2)注意颜色的比例配备。例如,调制彩虹酒时,每层酒的厚度应为相同距离,以保持酒体形态最稳定的平衡;通常暖色或纯色应占面积小一些,冷色或浊色面积可大一些。如特基拉日出,其红石榴汁的用量较小,下沉杯底,上面大部分为淡橙色。

(3)把握鸡尾酒的色彩混合调配。例如,不同(两种或两种以上)颜色混合后产生的新颜色。如黄和蓝混合成紫色,红与黄混合成橘色,绿和蓝混合成青绿色等。调制鸡尾酒时,应把握好不同颜色原料的用量。颜色原料用量过多色深,量少则色浅。

(4)注意不同原料对颜色的作用。例如,冰块是调制鸡尾酒不可缺少的原料,不仅对饮品起冰镇作用,对饮品的颜色、味道也起淡化的作用。

(二)鸡尾酒的香气

“冰凉是鸡尾酒的生命”,绝大部分鸡尾酒在加冰时饮用,这使闻香时的香气不甚明显,但事实上,每一种鸡尾酒都有其特有的香气特征。

1.香的来源

鸡尾酒的香主要来源于基酒及其辅助料。鸡尾酒的基酒品种很多,大多为蒸馏酒或酿造酒,其制造原料为水果、谷粮或糖蜜等,经酿造或蒸馏及其他工艺而形成了酒,其中所含有机化学物质基本相似,有醇、醛、酮、酸、酯及芳香族化合物等。但各香气成分之间的含量或量比关系不同,因而呈现彼此不同的香韵和香型。从而形成了相互区别,具有一定风味特色的酒品。例如,五粮液等浓香型白酒的主体香气成分为乙酸乙酯,啤酒中的酒花香气来源于酒花油中的萜烯等成分，而白兰地的香气来自果香、发酵香和贮存香等。

辅料的香主要来自不同风格和香型的配制酒、糖浆、果蔬汁、汽水等，以及调制鸡尾酒时施加的调料香，如丁香、肉桂等。

2.香的调配

虽然鸡尾酒大多为冷饮酒品，其香气成分的挥发速率较低，但其香气特征依然存在且独特。因此，在调制每款鸡尾酒时，应注意保持所用基酒的基本香气特征，在此基础上，选择添加香气一致的配制酒、果蔬汁及汽水等，使之达到和谐统一的风格。

在使用蛋、乳类等辅料制作的鸡尾酒中，通常使用柠檬皮，拧压后使皮中的香味、油汁喷洒在鸡尾酒中或添加肉桂粉、丁香粒等，起到调香的作用。

（三）鸡尾酒口味的调制

据统计，目前世界上鸡尾酒的配方有 3 000 多种，且大有不断发展的趋势，每一款鸡尾酒的口味，都有它独特的风格。

1.味的来源

鸡尾酒的口味成分，除来自各种基酒外，酸味常来自柠檬汁、青柠汁、西红柿汁等；甜味来自糖、糖浆、蜂蜜、利口酒等；苦味来自苦味酒、苦精等；辣味来自辛辣的酒以及辣椒、胡椒、辣酱油等辣味调料；咸味来自盐、辣酱油等。各种呈味物质相互之间经过中和、抑制、加成、增效等作用，形成了口味不同的鸡尾酒。

2.味的调配

在鸡尾酒味的调配时应适应大多数消费者的口味。首先，口味要求适中，不宜过甜、过酸等。在实际操作中，根据不同人群进行调制，西方欧美人喜饮不含糖或含糖量低的酒品，东方人则相反，在使用甜味辅料时应区别对待。其次，调配鸡尾酒也要做到相近、相似的原则，即口味相同或接近的基酒或软饮料，可以调配成鸡尾酒，反之则不宜。另外，还要熟悉目前世界上各种流行口味的鸡尾酒，并加以灵活应用。例如，调制清凉爽口的鸡尾酒，宜加碳酸饮料，调配成“长饮”（Long Drinks），使人有清凉解渴感；调制酸甜滋味的鸡尾酒，常用烈酒、利口酒、柠檬汁、青柠汁、各色糖浆调配，使人回味甘美；调制酒香浓郁的鸡尾酒，宜少用辅料，以突出其本味；调制香甜而微苦的鸡尾酒，宜滴入少许苦酒或苦精，使耐人寻味。调制果香型鸡尾酒，宜用各种新鲜果汁，使人充满活力；调制香甜柔绵的鸡尾酒，宜选用特定风味的利口酒、奶品、鸡蛋等。

（四）鸡尾酒杯具与装饰的选择

1.鸡尾酒杯具的选择

（1）一般情况下，鸡尾酒杯的杯身应不带任何色彩和花纹，以减少花纹和色彩对酒品观赏的影响。

（2）大部分冷的短饮鸡尾酒尽量选择高脚杯，以减少手温加速酒液变暖。这样既可便于手握，又可以保持鸡尾酒的冰冷度。

(3)酒杯质地通常以玻璃为主,以防金属或塑料影响酒的口味,同时玻璃还有利于观赏酒品。

(4)保持经典与传统的规范。例如,马天尼鸡尾酒用经典鸡尾酒杯;玛格丽特用玛格丽特杯;椰林飘香用飓风杯等。

(5)特殊情况特殊处理。以上陈述均为一般情况,但可以有特例出现。例如,经典的莫斯科骡子鸡尾酒则采用金属而非玻璃杯。同时,有地方特色的鸡尾酒也可以有地方特色。

2.装饰的设计与选择

装饰物主要对鸡尾酒起点缀、增色的作用,常用的装饰物可分为点缀型装饰物、调味型装饰物、实用型装饰物三大类。点缀型装饰物有红绿樱桃、橙皮、橄榄、柠檬、菠萝、西芹、鲜薄荷等;调味型装饰物是指用有特殊风味的调料和水果来装饰饮品,如豆蔻粉、盐、糖、草莓、薄荷叶等;实用型装饰物是指吸管、酒签、调酒棒等。

二、鸡尾酒创作的步骤与技巧

(一)鸡尾酒创作步骤

1.确定目的和主题

创作鸡尾酒是通过某一特定的主题,对其创作背景及意义、配方、调制方法等进行设计和描述。创作之前首先应明确鸡尾酒创作的目的和主题,在此基础上开展创意与创作联想,确定鸡尾酒创作个性与特点。

2.开展创意与创作联想

设计鸡尾酒时,可以从时、空、人、事等题材入手,根据需要或者命题多方位、多层次、多侧面开展设计,反映创作的意念,渲染创作的个性,扩散创作的联想。

3.确定风味和颜色

鸡尾酒的风味的设定是很重要的一环。在鸡尾酒中有酸、甜、苦、咸等各味及麻、辣等一定的触感。创作时应预先设定其风味层次及出现的先后顺序。

鸡尾酒的颜色设定与风味结合起来思考,一般在不影响风味的情况进行颜色的设定,但也可以在设定颜色后对风味调制与取舍。例如,用到深色的基酒之后,设定颜色的难度系数相对较大,比如威士忌、黑朗姆、白兰地等;而选择原味伏特加、白朗姆作为基酒,则对其他物质的风味及颜色的影响相对小很多。

4.选定酒水

选定酒材,依照风味和颜色的设定进行基酒、辅料等的选择,并设定各酒水组合的占比。除去酒水自带的风味以外,酸的部分可以用到青柠檬汁或是黄柠檬汁,或两种混合使用。甜的部分除去白糖浆,还有许多的风味糖浆,可只用一种,也可以用到两种或是更多风味的组合而成新奇的风味糖浆。

5.确定调酒方法

选择适合的调酒方法,对摇、调、兑、搅等各种方法适当地运用。例如,需要起丰富泡沫或用到鸡蛋等原料的选择摇酒壶。想要体现酒本身的特点,可以选择调的方式。调的方法起到冰镇和融合作用,但对酒本身风味影响较小。

6.选定酒杯

鸡尾酒调制好之后,需要一个合适的酒杯来盛装,以使一杯鸡尾酒更好地呈现设计主题。适合的酒杯在美观的同时又能对鸡尾酒的风味有帮助。同时,盛装鸡尾酒的杯子需不需要冰镇处理亦需要考虑。比如水果风味特点的鸡尾酒,酒的温度相对高一点点,这样或更有助于水果芳香的散发。

7.选定装饰物

装饰物的作用:一是可以体现设计主题,使鸡尾酒更美观,有时起到画龙点睛的作用。二是可以增进鸡尾酒的口感。例如,将柠檬片直接放入到鸡尾酒中装饰,这样柠檬片的新鲜果汁会直接融入酒中,增添酒新鲜清爽的酸味。柠檬皮扭转的拧皮装饰可以直接让整杯酒闻起来很芳香迷人,盖过刺激的酒气。柠檬拧皮让整个酒杯被笼罩在清新的柠檬芳香当中,提神又醒脑,即便是一杯烈性鸡尾酒,亦不觉得抵触。这就是装饰的妙处,所以,为鸡尾酒选择一个合适的装饰物显得很重要,从风味、香味、美观等方面进行择选。

8.成型与调整

根据设计的主题,在以上步骤基础上,检查成品在色、香、味、形等方面是否与设计思路一致,如果有一些不足,可以调整到合适为止。可以通过将作品分享给身边的人,获得反馈信息,如很好喝、很不错、酒太烈、太甜、过酸等,然后进行调整,调整到最好的状态。同时,充分考虑酒吧所在的地域风味习惯,比如美国人喜欢可乐,所以许多的烈酒都加可乐喝。但是这可能并不适用于其他地域的饮酒习惯,所以创作鸡尾酒要充分考虑客人的需要。调酒师创作鸡尾酒的最终结果是要经得起客人检验,能成为创收的鸡尾酒款,实现一定的经济价值。

(二)鸡尾酒技巧创作

创作新的鸡尾酒品种要具备一定的调酒经验和酒水知识,并且对酒水有比较深刻的研究。同时,鸡尾酒创作涉及多种技巧的运用。

1.从多侧面入手,开展联想与创作

(1)时间和空间侧面。时间伴着人生,充实季节,与人类生存息息相关。透过时间要素,可为新款鸡尾酒的设计带来取之不尽的素材与灵感。空间给人无限的遐想,结构、材料构成空间,色彩体现空间。创作时,用心体会空间中的意境,包括天、地、日、月、朝、暮、风、云、雨、露等要素,从而设计出具有空间美的鸡尾酒。

(2)博物和典故侧面。世界万物都有其美丽、神奇的方面,无论是日、月、水、土,还是风、霜、雨、雪;无论是绿草,还是鲜花。对万千事物的各种理解,都可以赋予鸡尾酒设计者以美丽、神奇的联想,从而创造出独具魅力的新款鸡尾酒。同时,精彩的典故,常凭片言只语,就能形象地点明历史事件,揭示出耐人寻味的人生哲理。故巧妙运用典故,促进鸡尾酒丰富的内涵与意念。

(3)人物事件和影视作品侧面。人物事件,包括历史和现代的人物事件,都可以成为鸡尾酒创作的要素,特别是一些著名人物和事件,通过设计创意表达,容易引发共鸣与思考。在设计鸡尾酒时,可以从诸如人物、文字、历史、军事、伦理等一系列展开联想。同时,可从各种影视作品中寻找鸡尾酒创造的要素,特别是一些经典影视和经典场景,都可以成为设计创意的来源。例如,经典鸡尾酒大都会鸡尾酒、马天尼、红粉佳人等均与影视作品有关。

2.立足原有基础,善于利用新技术和手段

进行鸡尾酒创作,可以立足原有基础的技巧,如以制作经典配方的变种、以一款材料为出发点、从地域特色出发等。同时,要善于利用新的技术和有趣手段开展设计。例如,加入了大豆软磷脂高耸的泡沫、烟熏枪带来的烟雾、打孔冰球里的酒液,以及各种光电技术的运用等。

3.以市场为出发点,注意配方合理与成本控制

创作出的鸡尾酒,应以客人能否接受为第一标准。鸡尾酒配方和制作不宜过于复杂,如果太复杂,会难以记忆与调制,妨碍鸡尾酒的推广与流行。创作时要遵守调制原理,特别是使用中国酒时,要注意味道搭配。同时,创作时还应要注意成本的控制,以利于营销。

在酒吧创作出的鸡尾酒,通常可以“酒吧特饮”的形式推销给客人的,要注意客人的反应,注意记录客人经常消费的类型和不喜欢的类型。通过不断筛选,从中挑选出最受欢迎的品种,形成真正流行的特色鸡尾酒。

三、鸡尾酒命名的常见方法

鸡尾酒有多种命名方法。常用的命名方法有:以原料名称命名,以基酒名称和鸡尾酒种类名命名,以鸡尾酒配制特点和颜色、口味命名,以著名的人物或职务名称命名,以著名的地点或单位名称命名,以美丽的风景或景象命名,以动作名称命名,以物品名称命名,以酒的象形命名及含有寓意的名称命名,以文学作品命名等。在进行鸡尾酒创作时可以此为参考并创意命名。

(一)以原料组成的名称命名

这类酒配方中的原料品种通常很少,一般就是两到三种,代表如金汤力、波本可乐等。其中,金汤力(Gin Tonic)鸡尾酒,金表示金酒,汤力表示汤力水(即奎宁水)。

(二)以基酒名称和配制特点类别命名

此类命名方法通常是在原有类别的基础上进行,例如,金菲士、白兰地帕弗等。金菲士(Gin Fizz)是以金酒为基酒,加入鲜榨柠檬汁,最后加入苏打水的鸡尾酒。因为加入苏打水时,其中碳酸气会逸出而发出“吱吱”声而得名。金菲士酒既有柠檬汁的酸味又兼有苏打水的清爽,是非常著名的菲士鸡尾酒之一。其变种相当之多。加入蛋清后,这种饮料就变成了银菲士;加入蛋黄,则变成了另一款金菲士。

白兰地帕弗(Brandy Puff)以白兰地为基酒,帕弗表示帕弗类鸡尾酒。还有其他如白兰

地马天尼、伏特加马天尼、白兰地亚历山大等。

(三)以口味和配制特点类别命名

此类命名方法突出口味和配制特点,典型代表如甜马天尼、干马天尼等。甜马天尼(Sweet Martini)用“甜”表示甜味,使用金酒为基酒,甜味美思为辅料酒,而马丁尼是鸡尾酒配制特点的类别。干马天尼(Dry Martini)使用干味美思为辅料酒。

(四)以人物名称或职业名称命名

此类命名方法也很多,多为典型人物事件,例如血腥玛丽、玛格丽特、亚历山大等。或来自历史典故、人物特点等而创作,如斗牛士、巴黎人等。“斗牛士”在西班牙被认为是勇敢的象征。不过,斗牛士(Matador)鸡尾酒并非来自西班牙,而是墨西哥。这跟历史有关,其采用特基拉为基酒,鲜菠萝汁、柠檬汁为辅料。“巴黎人”将法国产的代表性利口酒——黑醋栗酒与干味美思完美地结合在一起,显得口味独特而高雅。

(五)以著名地点或单位名称命名

以著名地点或单位名称命名,如曼哈顿、长岛冰茶、爱尔兰咖啡、新加坡司令等。曼哈顿(Manhattan)是美国纽约市的金融、文化与行政中心,是纽约人口最密集的区域,而且遍布酒吧等高端场所,很多电影和美剧都在这里取景。“曼哈顿”鸡尾酒,因为该地区而变得家喻户晓,是最经典的味美思鸡尾酒之一。曼哈顿分为干曼哈顿、中性曼哈顿、甜曼哈顿等不同口味。

(六)以美丽风景或景象命名

此类命名方法如特基拉日出、蓝色夏威夷、雪国等。特基拉日出(Tequila Sunrise)又称龙舌兰日出,以少量墨西哥产的龙舌兰酒加较多的鲜橙汁佐以石榴糖浆调制而成,辅以橙角或者红车厘子装饰,以高身香槟杯装酒,色彩艳丽鲜明,由黄逐步到红,像日出时天空时的颜色,故而得名。

除以上几种主要的命名方式外,还有很多其他的命名方法。例如,有以鸡尾酒造型命名的马颈;以时间命名的“六月新娘”“忧虑的星期一”等;以军事命名的“深水炸弹”“边车”等;以动植物命名的“黑色玫瑰”“樱花”“竹子”“熊猫”等;以基酒和口味命名的“威士忌酸”;以颜色命名的红粉佳人、青草蜢等。还有以影视、文学作品、事件命名,以及采用多种方法综合命名,命名方法多种多样。

第五节　鸡尾酒调制实验

一、实验目的

通过实验讲授和实验操作，在学生掌握前述章节的酒水知识后，强化学生对鸡尾酒等酒水知识的掌握与运用，主要包括验证性实验和设计性实验两个部分。验证性实验是按照老师选定的经典鸡尾酒类型模仿操作，熟悉调制的一般方法。在此基础上，学会运用所学知识和技能进行鸡尾酒创作，要求按一定的主题，选定合适的酒水，在色、香、味、器、饰、文化内涵等方面开展鸡尾酒创意设计，并调制与展示。通过实验，培养学生的创新和综合思维能力。

二、实验内容

本实验内容可根据实际情况安排 3~6 学时，其中前 2~4 学时的实验用于调制经典鸡尾酒的验证性实验，5~6 学时开展鸡尾酒创意设计。

（一）实验项目

（1）经典白兰地鸡尾酒调制：边车或白兰地帕弗等。
（2）经典威士忌鸡尾酒调制：曼哈顿和威士忌酸等。
（3）经典金酒鸡尾酒调制：马天尼或红粉佳人等。
（4）经典朗姆酒鸡尾酒调制：自由古巴和得其利或莫吉托等。
（5）经典伏特加鸡尾酒调制：B-52、黑俄罗斯或螺丝刀等。
（6）经典特基拉鸡尾酒调制：玛格丽特、特基拉日出或电蕉等。
（7）中国白酒与其他酒类鸡尾酒调制：彩红酒等。
（8）创新鸡尾酒设计与调制。

（二）重点和难点

重点：各类经典鸡尾酒的调制技巧；鸡尾酒创作。
难点：鸡尾酒创作。

（三）实验仪器

1.实验器具

各类酒杯、摇酒壶、吧匙、量杯、滤网、冰夹、小冰桶、砧板、刀等。

2.实验设备（主要为电器）

制冰机、冰箱、搅拌机、煮水器等。

(四)实验耗材

1.发酵酒

按需要准备啤酒、葡萄酒、清酒等适量。

2.蒸馏酒

按需要准备白兰地、威士忌、金酒、朗姆酒、伏特加、特基拉、中国白酒等适量。

3.各式利口酒

按需要准备蓝橙、薄荷、香蕉利口酒等适量。

4.各类果汁、饮料

按需要准备柠檬汁、橙汁、可乐、苏打水、牛奶等适量。

5.其他

按需要准备吸管、搅拌棒、红石榴糖浆、水果、盐、白糖、冰块、开水等。

(五)实验步骤

(1)按照班级人数和要求分组,一般 3 人一组,个别 2~4 人。

(2)实验耗材准备,按照每种鸡尾酒调制的需求购置。

(3)实验仪器准备,备齐以下物品和器具,每组准备一个托盘,托盘上置放如下物品:

①酒杯选择,根据调制种类选择鸡尾酒杯、海波杯、子弹杯。

②调制器具选择,包括摇酒壶、吧匙、量杯、滤网、冰夹、冰桶等。

③装饰品选择,根据需要准备吸管、搅棒、水果等。

④其他用具匹配,砧板、水果刀 1 副,白色圆盘 1~2 个。

⑤准备冰块、开水适量;课前按照制冰机使用手册制冰。

(4)按照以下实验步骤操作:

①清洁器具和准备材料。

②准备的材料和所有器具在实验前统一放置在操作台上。

③取用所需冰块(制冰一般提前完成)。

④使用规定的盎司杯量用酒水,注意用量,并及时盖好瓶盖,杜绝浪费(课前练习使用各种量杯,把握酒水用量)。

⑤使用摇酒器注意握紧,保持一定的操作空间,在摇均或调均过程中,注意防止脱手和碰到他人(课前练习摇酒器使用方法,注意力度与形式)。

⑥调制好倒入成型,注意容量及使用相应导入方式,然后装饰成型。

⑦调制结束,清洁各种用具。

⑧进行鸡尾酒品饮,并填写实验报告。

(六)注意事项

(1)必须按照要求课前预习。

(2)按照要求课前清洁实验室环境。
(3)按照要求准备实验物品。
(4)将用具清洁备用;每组准备一个大冰桶,用于放置废水。
(5)使用完毕的基酒需要及时盖好瓶盖,以备下次实验使用。
(6)每次调制的鸡尾酒,按照老师的要求适当品尝或者丢弃。
(7)使用实验室各种电器之前,需要向老师报告并按照操作手册使用。
(8)实验结束后清洗一切使用物品、仪器,并清洁实验环境。

(七)操作实例

以威士忌鸡尾酒(曼哈顿和威士忌酸等)调制的实验项目为例。

1.实验准备

3 人一组,每组准备 1 个托盘,托盘上置放如下物品:
(1)酒杯:1~2 个鸡尾酒杯,1 个海波杯,1 个古典杯。
(2)3~6 个白瓷杯或 ISO 杯(自用)。
(3)摇酒壶、吧匙、量杯、滤网、冰夹、冰桶等 1 套。
(4)砧板、水果刀 1 副,白色圆盘 1~2 个。
(5)吸管、搅棒、水果等装饰品备用。
(6)按照配方准备酒水。
(7)准备冰块、开水适量(据情况准备)。

2.操作步骤

(1)准备好所需物资。
(2)冰杯及装饰制作。
(3)放入冰块(摇酒壶 3~6 块,长饮杯放六至八分满)。
(4)倒入酒水(注意用量,并及时盖好瓶盖)。
(5)摇均或调均后滤入酒杯(长饮可直接调和)。
(6)装饰成型。

三、实验报告

要求完成酒水实验表格(表 5-1、表 5-2)的内容填写,记录并描述各类鸡尾酒的操作过程与品饮体验,并将分析与思考填入实验表。

表 5-1　鸡尾酒调制学习表

鸡尾酒名称	
鸡尾酒类别	
调制方法	
调制配方	
实验操作过程	
酒水品鉴(色香味形、器与意)、分析与思考	

表 5-2　鸡尾酒创作表

鸡尾酒名称:	
创作思路与过程:	
鸡尾酒类别	
鸡尾酒典型特征	
调制方法	
调制配方	
实验操作过程	
鸡尾酒特点(色香味形、器与意)、分析与思考	

四、实验评价

<table>
<tr><td>实验准备：

实验操作：

实验报告：

总评：

教师签名：</td></tr>
</table>

五、实验项目配方参考

(一)以白兰地酒为基酒配制的鸡尾酒

短饮类

1.亚历山大(Alexander)

用料：白兰地酒 40 mL
棕色可可甜酒 20 mL
鲜牛奶 5 mL
冰块 4~5 块
红樱桃 1 个

调制方法：将冰块、白兰地酒、可可酒、鲜牛奶放进摇酒器，摇动混合后过滤，倒入鸡尾酒杯中，杯边插上红樱桃作装饰。

2.边车(Side Car)

用料：白兰地酒 30 mL
君度甜酒 15 mL
无色柠檬汁 15 mL

冰块数块

红樱桃 1 个或柠檬(切片)

调制方法:将冰块、白兰地酒、君度酒和柠檬汁倒入摇酒器中摇匀,过滤后倒进鸡尾酒杯中,将红樱桃或柠檬片插在杯边上作装饰。

3.B 和 B(Brandy & Benedictine)

用料:白兰地酒 30 mL

香草利口酒(Benedictine)30 mL

调制方法:先将香草利口酒倒入雪利杯或利口酒杯中,然后用茶匙将白兰地酒漂洒在香草利口酒上。

4.白兰地科拉丝泰(Brandy Crusta)

用料:白兰地酒 45 mL

无色古拉索利口酒(Curacao)15 mL

柠檬汁 15 mL

无色樱桃酒(Maraschino)2 滴

安哥斯特拉苦酒(Angostura)1 滴

柠檬(涂擦酒杯边用)1 块

冰块 4~5 块

长形柠檬皮(作装饰用)1 块

调制方法:将鲜柠檬块涂擦红葡萄酒杯的边缘,将杯口放在白糖上转动,使经过涂擦的杯边沾上糖霜,形成一个白色的环形。把冰块、白兰地酒、利口酒、柠檬汁、樱桃酒和苦酒放入摇酒器,摇匀后过滤,倒入鸡尾酒杯中,再用一长条形柠檬皮,一半插在杯边,一半沉在杯内作装饰。

5.白兰地费克斯(Brandy Fix)

用料:白兰地酒 45 mL

樱桃白兰地酒 15 mL

鲜柠檬汁 15 mL

糖粉 5 g

碎冰块适量

串联的柠檬片和红樱桃 1 个

调制方法:在古典杯或高脚杯中装入八分满的碎冰,将白兰地酒、樱桃白兰地酒、鲜柠檬汁、糖粉放在装碎冰块的杯中,将酒签串联好的柠檬片和红樱桃摆在冰上作装饰。

6.白兰地菲丽波(Brandy Flip)

用料:白兰地酒 45 mL

生鸡蛋黄 1 个

无色古拉索利口酒(Curacao)2 滴

糖粉 5 g

冰块 4~5 块

调制方法:将冰块、白兰地酒、生鸡蛋黄、古拉索利口酒、糖粉、放入摇酒器内,充分摇匀后过滤,倒进鸡尾酒杯中。

7.白兰地珊格瑞(Brandy Sangaree)

用料:白兰地酒 45 mL

马德拉酒 5 mL

糖粉 3 g

苏打水(冷藏)适量

豆蔻粉少许

青柠檬皮 1 条

冰块 4 块

调制方法:在古典杯中放入冰块,倒入白兰地酒、马德拉酒,放糖粉搅拌后,加入适量的苏打水至八分满。将柠檬条拧成螺旋状,使它的汁滴入鸡尾酒中,然后将柠檬皮放入该杯酒中,撒上少量的豆蔻粉,放 1 根吸管和 1 个调酒棒。

8.白兰地席拉布(Brandy Shrub)

用料:白兰地酒 1 000 mL

干雪利酒 1 000 mL

糖粉 500 g

冰块适量

柠檬皮(整只)1 个

调制方法:将柠檬皮、柠檬汁和白兰地酒放在一个陶器内,加盖,放在冷藏箱内,3 天后加干雪利酒和糖粉搅拌,待糖完全溶化后装瓶,存入冷藏箱内。饮用时,用古典杯盛装,加冰块(随意)。

9.樱桃花(Cherry Blossom)

用料:白兰地酒 15 mL

樱桃白兰地酒 15 mL

无色古拉索利口酒(Curacao)15 mL

柠檬汁 10 mL

石榴汁 5 mL

冰块 4~5 块

红樱桃 1 个

调制方法:将冰块、白兰地酒、樱桃白兰地酒、古拉索利口酒、柠檬汁、石榴汁装入摇酒器内摇匀,过滤后倒入鸡尾酒杯中。将红樱桃切个小口,插在杯边上作装饰物。

10.圣诞曲(Carol)

用料:白兰地酒 40 mL

甜味美思酒 20 mL

冰块 4~5 块

小洋葱 1 个

调制方法:将冰块、白兰地酒、甜味美思酒放入调酒杯,用吧匙搅拌均匀,过滤后倒进鸡尾酒杯中。将酒签插在小洋葱上,然后将小洋葱放进鸡尾酒中作装饰。

长饮类

1.白兰地帕弗(Brandy Puff)

用料:白兰地酒 30 mL

鲜牛奶 40 mL

冰块 4 块

苏打水(冷藏)适量

调制方法:将冰块放入海波杯中,加白兰地酒和鲜奶,加苏打水至八分满,用吧匙搅拌。

2.夹层(Between The Sheets)

用料:白兰地酒 30 mL

深色朗姆酒 30 mL

柑橘利口酒(Grand Marnier)15 mL

柠檬汁 15 mL

雪碧汽水(冷藏)适量

红樱桃 1 个

冰块 4~5 块

调制方法:将冰块放入摇酒器中,倒入白兰地酒、朗姆酒、柑橘利口酒、柠檬汁,摇匀后过滤,倒入高杯(高身平底杯)中。冲入雪碧至八分满,把红樱桃插在杯边上作装饰。

3.白兰地考布勒(Brandy Cobbler)

用料:白兰地酒 30 mL

橙味利口酒 15 mL

樱桃白兰地酒 5 mL

鲜柠檬汁 15 mL

糖粉 5 g

碎冰块适量

菠萝 1 条

调制方法:在海波杯中放入适量的碎冰块,再放入白兰地酒、橙味利口酒、樱桃白兰地酒、鲜柠檬汁、糖粉,用吧匙搅拌。把菠萝条切个小口插在杯边上作装饰,杯中放 1 根调酒棒。

4.白兰地柯林斯(Brandy Collins)

用料:白兰地酒 45 mL

柠檬汁 20 mL

糖粉 15 g

苏打水(冷藏)适量

冰块 4 块

酒签串联的半片橙子和红樱桃 1 个

调制方法:将冰块、白兰地酒、糖粉、柠檬汁放入高脚杯中,用吧匙搅拌,待糖溶解后加苏打水至八分满,用酒签串联好的橙子片和红樱桃作装饰。

5.白兰地蛋诺(Brandy Egg Nog)

用料:白兰地酒 30 mL

鲜牛奶约 90 mL

生鸡蛋黄 1 个

糖粉 5 g

冰块 4~5 块

豆蔻粉少许

调制方法:将冰块、白兰地酒、鲜牛奶、生鸡蛋黄、糖粉放入摇酒器内充分摇匀,过滤后放进海波杯中,然后在鸡尾酒上撒上豆蔻粉。

6.白兰地漂漂(Brandy Float)

用料:白兰地酒 30 mL

冰块 4~5 块

苏打水(冷藏)适量

调制方法:在古典杯中放入冰块,加苏打水至杯容量的七分满,将白兰地酒漂洒在苏打水上,不要搅拌。

7.马颈(Horse's Neck)

用料:白兰地酒 45 mL

冰块适量

姜汁啤酒或姜汁汽水(冷藏)适量

柠檬皮(切成螺旋状)1 个

调制方法:将螺旋状的柠檬皮一端挂在海波杯的杯边上,其余部分垂入杯内(挂在杯边上的柠檬皮当马头,杯中的柠檬皮当马身),放冰块,倒入白兰地酒,再将姜汁啤酒倒入杯中至八分满。

8.橙子醒酒(Orange Wake Up)

用料:干邑白兰地酒 15 mL

红味美思酒 15 mL

白朗姆酒 15 mL

鲜橙汁 90 mL

冰块适量

鲜橙片 1 片

调制方法:将冰块、干邑白兰地酒、红味美思酒、白朗姆酒、鲜橙汁放进摇酒器中摇匀,过滤后倒入带有冰块的海波杯中,将鲜橙片切个小口插在杯边上,杯中放一根调酒棒。

(二)以威士忌酒为基酒配制的鸡尾酒

短饮类

1.曼哈顿(Manhattan)

用料:威士忌酒 30 mL
红味美思酒 20 mL
安哥斯特拉苦味酒(Angostura)5 滴
冰块 4~5 块
红樱桃 1~2 个

调制方法:将冰块、威士忌酒、味美思酒、安哥斯特拉苦味酒放在调酒杯中,用吧匙搅拌,过滤后倒入鸡尾酒杯中。把红樱桃插在杯边上或插在酒签上,放在酒杯内作装饰。

2.干曼哈顿(Dry Manhattan)

用料:波旁威士忌酒 40 mL
干味美思酒 20 mL
冰块 4~5 块
酒签穿插的橄榄 1 个

调制方法:将冰块、波旁威士忌酒、干味美思酒放进调酒杯中,用吧匙搅拌均匀,过滤后倒入鸡尾酒杯中,将橄榄放进鸡尾酒中作装饰。

3.波士顿菲丽波(Boston Flip)

用料:黑麦威士忌酒 30 mL
马德拉葡萄酒 30 mL
生鸡蛋黄 1 个
糖粉 5 克
冰块 4~5 块
红樱桃 1 个

调制方法:将冰块、黑麦威士忌酒、马德拉葡萄酒、生鸡蛋黄、糖粉放入摇酒器内充分摇匀,过滤后倒入鸡尾酒杯中,将红樱桃插在杯边上作装饰。

4.船长(Commodore)

用料:威士忌酒 20 mL
可可利口酒 20 mL
柠檬汁 20 mL
石榴糖浆 1 滴
冰块 4~5 块

调制方法:将冰块、威士忌酒、可可利口酒、柠檬汁、石榴糖浆放入摇酒器中,摇匀后过滤,倒入鸡尾酒杯中。该酒带有巧克力的香味和甜味。

5.地震(Earthquake)

用料:威士忌酒 20 mL

干金酒 20 mL

味美思酒 20 mL

冰块 4~5 块

调制方法:将冰块、威士忌酒、干金酒、味美思酒分别倒入摇酒器中,摇匀后过滤,倒入鸡尾酒杯中。

6.快车(Express)

用料:苏格兰威士忌酒 30 mL

甜味美思酒 30 mL

无色古拉索利口酒(Curacao)1 滴

冰块 4~5 块

调制方法:将冰块、威士忌酒、甜味美思酒、古拉索利口酒倒入摇酒器中摇匀,过滤后倒入鸡尾酒杯中。

7.狩猎者(Hunter)

用料:威士忌酒 40 mL

樱桃白兰地酒 20 mL

冰块 4~5 块

调制方法:将冰块、威士忌酒、樱桃白兰地酒倒入摇酒器中摇匀后过滤,倒入鸡尾酒杯内。

8.薄荷朱丽波(Mint Julep)

用料:波旁威士忌酒 45 mL

糖粉 5 g

苏打水适量

冰块 4~5 块

薄荷叶 4 片

调制方法:将糖粉放入调酒杯中,放少量苏打水使其溶化,放入薄荷叶 3 片,捣烂后倒入威士忌酒,用吧匙搅拌,过滤后倒入盛有冰块的古典杯中,将 1 片薄荷放入酒中作装饰,放入吸管 1 根。

9.拉伯罗依(Rob Roy)

用料:苏格兰威士忌酒 45 mL

甜味美思酒 15 mL

安哥斯特拉苦味酒(Angostura)1 滴

冰块 4~5 块

柠檬皮 1 块

调制方法:将冰块、威士忌酒、味美思酒和苦味酒放入摇酒器内摇匀,过滤后倒入鸡尾酒杯内。将柠檬皮拧成螺旋状放入鸡尾酒内。

10.生锈钉(Rusty Nail)

用料:苏格兰威士忌酒 300 mL

杜林标利口酒(Drambuie)30 mL

冰块 4~5 块

调制方法:将冰块放入古典杯中,放威士忌酒和杜林标利口酒,轻轻搅拌即可。

11.稞麦古典(Rye Old Fashioned)

用料:稞麦威士忌酒 45 mL

安哥斯特拉苦味酒(Angostura)10 滴

糖粉 5 g

苏打水适量

冰块适量

柠檬皮 1 条

酒签串联的橙片和红樱桃 1 个

调制方法:在古典杯中,用少许苏打水将糖粉溶化,放安哥斯特拉苦味酒,放冰块至七分满,倒入稞麦威士忌酒,将柠檬皮用手拧成螺旋状,将其汁滴入鸡尾酒中,柠檬皮放进酒杯中,将串联好的橙片和红樱桃放进酒杯中作装饰。

12.威士忌戴兹(Whisky Daisy)

用料:威士忌酒 45 mL

柠檬汁 15 mL

石榴汁 5 mL

糖粉 5 g

冰块适量

酒签串联的柠檬皮和红樱桃 1 个

调制方法:将冰块、柠檬汁和糖粉先放入古典杯中,用吧匙将糖粉搅拌溶化后,再放威士忌酒和石榴汁,用吧匙轻轻搅拌,将串联的柠檬皮和红樱桃放在鸡尾酒中或插在杯边上作装饰。

13.威士忌酸(Whisky Sour)

用料:威士忌酒 30 mL

柠檬汁 45 mL

糖粉 5 g

冰块 4~5 块

柠檬片 1 片

红樱桃 1 个

调制方法:将冰块、威士忌酒、柠檬汁、糖粉放进摇酒器中摇匀,过滤后倒入装有冰块的古典杯或酸酒杯中,红樱桃放酒杯内,将柠檬切个小口插在杯边上。

14.威士忌攒明(Whisky Zoom)

用料:威士忌酒 50 mL
蜂蜜 5 mL
浓奶油 5 mL
冰块 4~5 块

调制方法:将冰块、威士忌酒、蜂蜜、浓奶油放进摇酒器内充分摇匀,过滤后倒入鸡尾酒杯内。

长饮类

1.海底电报(Cablegram)

用料:威士忌酒 45 mL
柠檬汁 15 mL
姜汁汽水 90 mL
糖粉 5 g
冰块适量

调制方法:将 4~5 块冰放进摇酒器内,倒入威士忌酒、柠檬汁、糖粉,摇匀后过滤,倒在装有适量块冰的海波杯中,加入姜汁汽水。

2.加州柠檬水(California Lemonade)

用料:混合威士忌酒 45 mL
石榴糖浆 2 滴
糖粉 10 g mL
柠檬汁 20 mL
橙汁 10 mL
雪碧汽水适量
冰块适量
鲜橙片 1 片
柠檬皮 1 片
红樱桃 1 个

调制方法:将冰块放入摇酒器内,倒入威士忌酒、石榴糖浆、糖粉、柠檬汁、橙汁,摇匀后过滤,倒入海波杯内,冲入雪碧汽水至八分满。将鲜橙片和柠檬片放在酒中,把红樱桃插在杯边上作装饰,在酒中放 1 根吸管。

3.热威士忌托第(Hot Whisky Toddy)

用料:威士忌酒 45 mL
糖粉 3 g
热开水适量
柠檬皮 1 块
丁香 2 粒

调制方法：先将威士忌酒、糖粉放进带柄的金属杯或古典杯中，加热开水，放柠檬皮和丁香。

4.得比费斯(Derby Fizz)

用料：威士忌酒 45 mL
柠檬汁 5 滴
无色古拉索利口酒(Curacao)3 滴
生鸡蛋 1 个
糖粉 5 g
苏打水(冷藏)90 mL
冰块 4~5 块

调制方法：将冰块放入摇酒器中，倒入威士忌、柠檬汁、古拉索利口酒、生鸡蛋、糖粉，充分摇匀后过滤，倒入海波杯中，冲入苏打水至八分满。

5.约翰柯林斯(John Collins)

用料：威士忌酒 45 mL
柠檬汁 20 mL
糖粉 10 g
苏打水(冷藏)90 mL
冰块适量

调制方法：将 4~5 块冰块放进摇酒器中，倒入威士忌酒、柠檬汁和糖粉，摇匀后倒入加入 2~3 块冰块的高杯中，冲入苏打水。

6.牛奶宾治(Milk Punch)

用料：威士忌酒 30 mL
糖粉 10 g
牛奶(冷藏)90 mL
豆蔻粉少许
冰块 4~5 块

调制方法：将冰块放入摇酒器中，倒入威士忌酒、糖粉、牛奶，摇匀后倒入海波杯中至八分满，撒上少许豆蔻粉。

7.威士忌海波(Whisky Highball)

用料：威士忌酒 30 mL
苏打水(冷藏)90 mL
冰块 4 块

调制方法：将冰块、威士忌酒和苏打水放在海波杯中至八分满。不要搅拌，以免气泡上升。

8.威士忌水(Whisky Water)

用料：威士忌酒 30 mL

冷藏的汽水(任何种类)适量

柠檬片 1 片

冰块 2~3 块

调制方法:将冰块放入海波杯,倒入威士忌酒,再倒入汽水至八分满,将柠檬片放进酒杯中作装饰。

(三)以金酒为基酒配制的鸡尾酒

短饮类

1.阿拉斯加(Alaska)

用料:干金酒 40 mL

修道院利口酒(Chartreuse)20 mL

无色古拉索利口酒(Curacao)2 滴

冰块 4~5 块

调制方法:将冰块、干金酒、古拉索利口酒、修道院利口酒放入调酒杯中,用吧匙搅匀,过滤后倒入鸡尾酒杯中。

2.布朗克斯(Bronx)

用料:干金酒 15 mL

干味美思酒 15 mL

甜味美思酒 15 mL

无色古拉索利口酒(Curacao)15 mL

冰块 4~5 块

调制方法:将冰块、干金酒、干味美思酒、甜味美思酒、古拉索利口酒放入摇酒器中摇匀,过滤后倒入鸡尾酒杯中。

3.三叶草俱乐部(富豪俱乐部,Clover Club)

用料:干金酒 30 mL

干味美思酒 15 mL

石榴汁 10 mL

生鸡蛋白 1/2 个

冰块 4~5 块

调制方法:将冰块、干金酒、干味美思酒、石榴汁、生鸡蛋白倒入摇酒器内充分摇匀,过滤后倒入鸡尾酒杯内。

4.甜马天尼(Sweet Martini)

用料:干金酒 20 mL

甜味美思酒 40 mL

古拉索利口酒 1 滴

冰块 4~5 块

调制方法:将冰块、干金酒、甜味美思酒、古拉索利口酒放入摇酒器内充分摇匀,过滤后倒入鸡尾酒杯内。

5.干马天尼(Dry Martini)

用料:干金酒 45 mL

干味美思酒 15 mL

冰块 4~5 块

酒签穿插的橄榄 1 个

调制方法:将冰块、干金酒、干味美思酒放入调酒杯中,用吧匙搅拌,过滤后倒入鸡尾酒杯中,将穿插好的橄榄放在杯中作装饰。

6.吉布森(Gibson)

用料:金酒 45 mL

干味美思酒 15 mL

小洋葱 1 个

冰块 4~5 块

调制方法:将冰块、金酒和干味美思酒放进调酒杯中,用吧匙搅拌,过滤后倒入鸡尾酒杯中,将小洋葱插上酒签放入鸡尾酒杯中作装饰。

7.螺丝锥(Gimlet)

用料:金酒 45 mL

青柠汁 20 mL

冰块 4~5 块

柠檬片 1 片

调制方法:将冰块、金酒和青柠汁放进调酒杯中,用吧匙搅拌,过滤后倒入鸡尾酒杯中。也可在古典杯中放入六分满的冰块,然后将调制好的酒水倒入古典杯中,用柠檬片插在杯边上作装饰。“Gimlet”有时也被人们称作“战列”。

8.金戴兹(Gin Daisy)

用料:金酒 45 mL

鲜柠檬汁 15 mL

糖粉 5 g

苏打水(冷藏)适量

冰块 4~5 块

碎冰块适量

柠檬片 1 片

薄荷叶 1 片

调制方法:将冰块、金酒、鲜柠檬汁、糖粉放入摇酒器摇匀,过滤后倒入装有碎冰块的古典杯或海波杯中,加苏打水至八分满。将柠檬片切个小口插在杯边上,薄荷叶放在杯内作装饰。

9.金薄荷费克斯(Gin Mint Fix)

用料:金酒 30 mL
白薄荷甜酒 5 mL
鲜柠檬汁 5 mL
糖粉 5 g
碎冰块适量
薄荷叶 1 片

调制方法:在古典杯内加八分满的碎冰块,将金酒、白薄荷甜酒、柠檬汁、糖粉倒入加碎冰块的杯中,用吧匙搅拌均匀,薄荷叶放在冰上作装饰。

10.夏威夷人(Hawaiian)

用料:干金酒 45 mL
橘子汁 15 mL
无色古拉索利口酒(Curacao)1 滴
冰块 4~5 块

调制方法:将冰块、干金酒、橘子汁和古拉索利口酒放入摇酒器摇匀,过滤后倒入鸡尾酒杯中。

11.天堂(Paradise)

用料:干金酒 20 mL
杏仁白兰地酒 20 mL
橙子汁 20 mL
冰块 4~5 块

调制方法:将冰块、干金酒、杏仁白兰地酒、橙子汁放入摇酒器摇匀,过滤后倒入鸡尾酒杯中。

12.红粉佳人(Pink Lady)

用料:干金酒 30 mL
石榴汁 20 mL
柠檬汁 1 滴
生鸡蛋白 1 个
冰块 4~5 块
红樱桃 1 个

调制方法:将冰块、干金酒、石榴汁、柠檬汁、生鸡蛋白放入摇酒器中充分摇匀,过滤后倒入鸡尾酒杯内,将红樱桃插在杯边上作装饰。

13.皇家俱乐部(Royal Clover Club)

用料:干金酒 30 mL
干味美思酒 15 mL
石榴汁 10 mL

柠檬汁 1 滴

生鸡蛋黄 1/2 个

冰块 4~5 块

调制方法:将冰块、干金酒、干味美思酒、石榴汁、柠檬汁、生鸡蛋黄放入摇酒器内充分摇匀,过滤后倒入鸡尾酒杯内。

14.雪利螺丝锥(Sherry Gimlet)

用料:金酒 30 mL

干雪利酒 15 mL

青柠汁 15 mL

冰块 4~5 块

青柠檬片 1 片

调制方法:将冰块、金酒、干雪利酒和青柠汁放入摇酒器中摇匀,过滤后倒入鸡尾酒杯内,用青柠檬片插在杯边上作装饰。

15.探戈(Tango)

用料:干金酒 20 mL

甜味美思酒 20 mL

无色古拉索利口酒 10 mL

橘子汁 10 mL

冰块 4~5 块

调制方法:将冰块、干金酒、甜味美思酒、古拉索利口酒、橘子汁放入摇酒器内摇匀,过滤后倒入鸡尾酒杯内。

16.哈得孙湾(Hudson Bay)

哈得孙湾在纽约州的东部,它的周围风景秀丽。

用料:金酒 30 mL、樱桃白兰地酒 15 mL、朗姆酒 10 mL、鲜柠檬汁 6 mL、鲜橙汁 15 mL、冰块 4 块。

制法:将冰块、金酒、樱桃白兰地酒、朗姆酒、鲜柠檬汁、鲜橙汁放入摇酒器,摇匀,过滤,倒入三角形鸡尾酒杯中。

长饮类

1.百慕达海波(Bermuda Highball)

用料:干金酒 15 mL

白兰地酒 15 mL

干味美思酒 15 mL

冰块 2 块

苏打水(冷藏)90 mL

柠檬片 1 片

调制方法:将干冰、干金酒、白兰地酒、干味美思酒放入海波杯中,用吧匙轻轻地搅拌,加苏打水至八分满,将柠檬片放在鸡尾酒内作装饰。

2.金霸克(伦敦霸克)Gin Buck(London Buck)

用料:干金酒 50 mL
青柠汁 15 mL
冰块 2 块
姜汁汽水(冷藏)90 mL

调制方法:将干冰、干金酒、青柠汁放入海波杯中,用吧匙轻轻搅拌,加姜汁汽水至八分满。

3.金考布勒(Gin Cobbler)

用料:干金酒 45 mL
糖粉 5 g
冰块 2 块
苏打水(冷藏)适量

调制方法:在海波杯中放入糖粉和少量的苏打水,糖溶化后倒入干金酒和冰块,用吧匙搅拌,再加入苏打水至八分满。也可以将碎冰块先放在海波杯内至六分满,再放糖粉、干金酒和苏打水。

4.金利奇(Gin Rickey)

用料:干金酒 45 mL
青柠汁 10 mL
冰块 2 块
苏打水(冷藏)适量
青柠檬片 1 片

调制方法:将干冰、干金酒和青柠汁放入海波杯中,用吧匙轻轻搅拌,加苏打水(随意),加青柠檬片,在酒杯内放 1 根调酒棒。

5.金四维素(Gin Swizzle)

用料:金酒 30 mL
鲜橙汁 15 mL
糖粉 5 g
苦味酒(Angostura)2 滴
碎冰块适量

调制方法:将碎冰块装入高杯中至八分满,再倒入金酒、鲜橙汁、糖粉和苦味酒,在酒杯中放 1 根调酒棒。

6.金汤尼克(Gin Tonic)

用料:干金酒 50 mL
冰块 2 块
冷藏汤尼克水(奎宁水)90 mL

柠檬片 1 片

调制方法:将干冰、干金酒放入海波杯中,用吧匙轻轻搅拌,再加入奎宁水,将柠檬片放入鸡尾酒中。

7.金色费斯(Golden Fizz)

用料:干金酒 45 mL

柠檬汁 20 mL

生鸡蛋黄 1 个

苏打水(冷藏)适量

冰块 4~5 块

调制方法:将冰块放进摇酒器中,再倒入干金酒、柠檬汁、生鸡蛋黄,充分摇匀后滤入海波杯内,轻轻地加入苏打水至八分满。

8.银色费斯(Silver Fizz)

用料:干金酒 45 mL

柠檬汁 30 mL

生鸡蛋白 1 个

冷藏汽水(七喜)90 mL

冰块 数块

柠檬片和红樱桃串联的装饰物 1 个

调制方法:把冰块、干金酒、柠檬汁、生鸡蛋白放进摇酒器内充分摇匀,过滤后倒入海波杯中,加汽水和冰块。将装饰品放在杯的边缘上。

注意:将该配方的生鸡蛋白改为生鸡蛋黄,用同样的方法可配制成 Golden Fizz(金色费斯)。如果同时使用生鸡蛋白和生鸡蛋黄,可配制成 Royal Fizz(皇家费斯)。

9.新加坡司令(Singapore Sling)

用料:干金酒 45 mL

柠檬汁 20 mL

樱桃白兰地酒 15 mL

冷藏汽水(七喜)90 mL

冰块 2 块

酒签串联的柠檬片和红樱桃 1 个

调制方法:将冰块、干金酒、柠檬汁、樱桃白兰地酒放入海波杯中,加冷藏汽水,用调酒棒搅拌并把调酒棒放在杯中,再将酒签串联的柠檬片和红樱桃作装饰。

10.汤姆柯林斯(Tom Collins)

用料:干金酒 45 mL

柠檬汁 20 mL

糖粉 15 g

冰块适量

苏打水(冷藏)适量

酒签串联的柠檬片和红樱桃 1 个

调制方法:先将柠檬汁和糖粉放进高杯中,用吧匙搅拌,待糖粉溶化后再放入干金酒和冰块,如苏打水至八分满,把串联好的柠檬片和红樱桃放入杯中作装饰。

11.热带费斯(Tropical Fizz)

用料:干金酒 45 mL

柠檬汁 10 mL

菠萝汁 10 mL

生鸡蛋白 1 个

薄荷酒 10 mL

苏打水适量

冰块 4~5 块

调制方法:将冰块放入摇酒器内,再倒入干金酒、柠檬汁、菠萝汁、生鸡蛋白,充分摇匀后过滤,倒入海波杯内,如苏打水至八分满,再加薄荷酒,不要搅拌。

(四)以朗姆酒为基酒配制的鸡尾酒

短饮类

1.百加地(Bacardi)

用料:百加地朗姆酒(Bacardi)45 mL

青柠汁 15 mL

石榴汁 5 mL

冰块 4~5 块

调制方法:将冰块、百加地朗姆酒、青柠汁、石榴汁放入摇酒器,摇匀后过滤,倒入鸡尾酒杯中。

2.乡村俱乐部(Country Club)

用料:无色朗姆酒 30 mL

干味美思酒 30 mL

无色橙味利口酒 1 滴

冰块 4~5 块

调制方法:将冰块、无色朗姆酒、干味美思酒、无色橙味利口酒倒入调酒杯,用吧匙搅拌,过滤后倒入鸡尾酒杯中。

3.香蕉戴可丽(Banana Daiquiri)

用料:百加地朗姆酒(Bacardi)40 mL

香蕉甜酒 20 mL

柠檬汁 20 mL

香蕉(去皮)半个

碎冰块适量

调制方法:将碎冰块、朗姆酒、香蕉甜酒、柠檬汁、香蕉放入电动搅拌机中搅拌成泥状,倒入香槟酒杯中。

4.救火员酸(Fireman's Sour)

用料:朗姆酒 60 mL

红石榴汁 15 mL

糖粉 5 g

冰块 4~5 块

冷藏汽水(雪碧)适量

红樱桃 1 个

柠檬片 1 片

调制方法:将适量的冰块、朗姆酒、红石榴汁、糖粉放入摇酒器摇匀,过滤后倒入海波杯或酸酒杯中,加入冷藏的雪碧汽水至八分满,把红樱桃、柠檬片和吸管装饰在一起,吸管放在杯内,红樱桃和柠檬片恰好在杯边的高度。

5.菠萝戴可丽(Pineapple Daiquiri)

用料:无色朗姆酒 20 mL

君度利口酒(Cointreau)15 mL

菠萝汁 40 mL

青柠檬汁 5 mL

碎冰块适量

酒签串联的菠萝块和红樱桃 1 个

调制方法:将半杯碎冰块和无色朗姆酒、君度利口酒、菠萝汁、青柠檬汁放入电动搅拌机中搅拌,搅匀后倒入碟形香槟杯中,把串联好的菠萝块和红樱桃放在酒杯中作装饰。

6.朗姆莱特(Rumlet)

用料:无色朗姆酒 40 mL

青柠檬汁 20 mL

冰块 4~5 块

调制方法:将冰块、无色朗姆酒、青柠檬汁倒入摇酒器内摇匀,过滤后倒入鸡尾酒杯中。

7.仑巴(Rumba)

用料:无色朗姆酒 15 mL

茴香开胃酒 15 mL

柠檬汁 30 mL

冰块 4~5 块

调制方法:将冰块、无色朗姆酒、茴香开胃酒、柠檬汁倒入摇酒器内摇匀,过滤后倒入鸡尾酒杯内。

8.朗姆托第(Rum Toddy)

用料:金色朗姆酒 45 mL
　　糖粉 5 g
　　矿泉水(冷藏)适量
　　柠檬片 1 片
　　冰块 2~3 块

调制方法:将冰块放入古典杯中,倒入朗姆酒、糖粉,加入适量的矿泉水,将柠檬片放在酒中。

9.圣地亚哥(Santiago)

用料:无色朗姆酒 30 mL
　　甜瓜利口酒 20 mL
　　柠檬汁 10 mL
　　冰块 4~5 块

调制方法:将冰块放入摇酒器内,倒入朗姆酒、甜瓜利口酒和柠檬汁,摇动过滤后倒入鸡尾酒杯内。

10.微笑(Smile)

用料:无色朗姆酒 30 mL
　　甜味美思酒 30 mL
　　糖粉 2 g
　　柠檬汁 1 滴
　　冰块 4~5 块

调制方法:将冰块、无色朗姆酒、甜味美思酒、糖粉、柠檬汁放入摇酒器摇匀,过滤后倒入鸡尾酒杯内。

11.圣地亚哥(Santiago)

圣地亚哥是智利的首都,景色非常漂亮。

用料:无色的朗姆酒 30 mL
　　甜瓜利口酒 20 mL
　　鲜柠檬汁 10 mL
　　冰块 4 块

调制方法:将冰块放入摇酒器内,倒入朗姆酒、甜瓜利口酒和柠檬汁,摇动,过滤,倒入三角形鸡尾酒杯内。

长饮类

1.自由古巴(Cuba Libre)

用料:深色朗姆酒 45 mL
　　柠檬汁 15 mL
　　冷藏汽水(可乐)适量

冰块 2 块

柠檬片 1 片

调制方法:将冰块、深色朗姆酒、柠檬汁、冷藏的汽水依次加入杯中,放调酒棒和吸管,将柠檬片插在杯边上做装饰。

2.开拓者宾治(Planter's Punch)

用料:金黄色朗姆酒 30 mL

青柠檬汁 30 mL

糖粉 5 g

橘子汁适量

橘子 1 个

红樱桃 1 个

冰块 4~5 块

调制方法:将冰块放入摇酒器内,再倒入朗姆酒、青柠汁、糖粉,摇匀后过滤,倒入高杯中,加橘子汁至八分满,杯内放 1 片橘子片,将红樱桃插在杯边上作装饰。

3.朗姆库勒(Rum Cooler)

用料:朗姆酒 45 mL

柠檬汁 15 mL

姜汁汽水(冷藏)适量

冰块 2 块

调制方法:将冰块放入海波杯中,倒入朗姆酒和柠檬汁,然后再加姜汁汽水至八分满,用吧匙搅拌。

4.朗姆蛋诺(Rum Nog)

用料:深色朗姆酒 45 mL

鲜鸡蛋 1 个

糖粉 5 g

牛奶 90 mL

豆蔻粉少许

冰块数块

调制方法:将冰块、深色朗姆酒、鲜鸡蛋、糖粉、牛奶放入摇酒器内充分摇匀,过滤后倒入海波杯中,撒上豆蔻粉。

(五)以伏特加酒为基酒配制的鸡尾酒

短饮类

1.巴巴拉(Barbara)

用料:伏特加酒 30 mL

可可利口酒 15 mL

鲜奶油 15 mL

冰块 数块

调制方法:将冰块、伏特加酒、可可利口酒、鲜奶油倒入摇酒器充分摇匀,摇到鲜奶油起细泡,浮到鸡尾酒上面时,过滤后倒入鸡尾酒杯内。

2.黑俄罗斯(Black Russian)

用料:伏特加酒 45 mL

咖啡利口酒(Kahlua)15 mL

冰块 2~3 块

调制方法:将冰块放入古典杯中,放伏特加酒和咖啡利口酒,轻轻搅拌即可。

3.蒙地卡罗(Monte Carlo)

用料:伏特加酒 20 mL

杏仁甜酒 20 mL

香蕉甜酒 20 mL

红樱桃 1 个

冰块 4~5 块

调制方法:将冰块放进摇酒器内,放伏特加酒、香蕉甜酒、杏仁甜酒,摇动过滤后倒入鸡尾酒杯内,用 1 个红樱桃插在杯边上作装饰。

4.月明之夜(Moonlit Night)

用料:伏特加酒 30 mL

无色古拉索利口酒(Curacao)15 mL

干味美思酒 15 mL

冰块 4~5 块

酒签串联的柠檬皮和樱桃装饰物 1 个

调制方法:将冰块放入调酒杯中,倒入伏特加酒、古拉索利口酒和味美思酒,用吧匙搅拌均匀,滤入鸡尾酒杯中,将装饰物插在杯边上或放在酒杯内作装饰。

5.北极(North Pole)

用料:伏特加酒 30 mL

白兰地酒 20 mL

金巴利苦酒(Campari)10 mL

冰块 4~5 块

调制方法:将冰块放调酒杯中,放伏特加酒、白兰地酒和金巴利苦酒,用吧匙搅拌,过滤后倒入鸡尾酒杯中。

6.俄国咖啡(Russian Coffee)

用料:伏特加酒 20 mL

咖啡利口酒 20 mL

鲜浓质牛奶 20 mL

冰块 4~5 块

调制方法:将冰块、伏特加酒、咖啡利口酒、牛奶放入摇酒器中,摇匀后过滤,倒入鸡尾酒杯内。

7.咸狗(Salty Dog)

用料:伏特加酒 30 mL

西柚汁 30 mL

菠萝汁 5 滴

冰块 4~5 块

柠檬 1 块

细盐少许

调制方法:用柠檬擦湿鸡尾酒杯边,将杯口在细盐上转动,沾上细盐,使酒杯边缘呈现白色环形。将冰块、伏特加酒、西柚汁、菠萝汁放入摇酒器中摇匀,过滤后倒入鸡尾酒杯中。

8.雪国(Snow Country)

用料:伏特加酒 30 mL

无色古拉索利口酒(Curacao)20 mL

青柠汁 10 mL

糖粉适量

绿樱桃 1 个

柠檬 1 块

冰块 4~5 块

调制方法:用柠檬擦湿鸡尾酒杯边,然后将杯口放在糖粉上转动,使杯边沾上糖粉呈白色的环形。把冰块放进摇酒器内,再放入伏特加酒、古拉索利口酒、青柠汁,摇动过滤后倒入鸡尾酒杯内,用绿樱桃插在杯边上作装饰。

9.伏特加吉布森(Vodka Gibson)

用料:伏特加酒 45 mL

干味美思酒 15 mL

冰块 4~5 块

小洋葱 1 个

调制方法:将冰块、伏特加酒、干味美思酒放入调酒杯中,用吧匙搅拌均匀,过滤后倒入鸡尾酒杯内,将小洋葱放入鸡尾酒中作装饰。

10.伏特加马天尼(Vodka Martini)

用料:伏特加酒 45 mL

甜味美思酒 15 mL

红樱桃 1 个

冰块 4~5 块

调制方法:将冰块放入摇酒器内,倒入伏特加酒、甜味美思酒,摇动过滤后倒入鸡尾酒杯内,用1个红樱桃插在杯边上作装饰。

长饮类

1.血红玛丽(Bloody Mary)

用料:伏特加酒30 mL

番茄汁(冷藏)90 mL

辣椒酱(Tobasco)1滴

冰块2块

带叶的芹菜茎1根

调制方法:将冰块、伏特加酒、番茄汁、辣椒酱放入海波杯中,用吧匙轻轻搅拌,放芹菜茎。此外,也可以用辣酱油(Worcestershire Sauce)代替辣椒酱。

2.莫斯科驴子(Moscow Mule)

用料:伏特加酒45 mL

青柠檬汁15 mL

姜汁啤酒或汽水(冷藏)适量

切好的青柠檬角1个

调制方法:将伏特加酒和青柠檬汁、姜汁啤酒或姜汁汽水依次倒入海波杯中,把青柠角插在杯边上作装饰。

3.伏特加汤尼克(Vodka Tonic)

用料:伏特加酒30 mL

奎宁水(冷藏)90 mL

柠檬片1片

冰块2~3块

调制方法:将冰块、伏特加酒倒入海波杯内,再倒入奎宁水,将柠檬片放入酒中。

4.螺丝起子(Screwdriver)

用料:伏特加酒45 mL

橘子汁(冷藏)适量

柠檬片1片

冰块2块

调制方法:将冰块、伏特加酒、橘子汁倒入平底海波杯中至八分满,用吧匙轻轻搅拌。放吸管,将柠檬片插在杯边上作装饰。

(六)以特基拉为基酒配制的鸡尾酒

短饮类

1.椰子特基拉(Coconut Tequila)

用料:特基拉45 mL

无色樱桃酒(Maraschino)5 mL

椰子汁 15 mL

柠檬汁 15 mL

冰块 4~5 块

调制方法:将冰块放入摇酒器中,放特基拉、樱桃酒、椰子汁、柠檬汁,摇匀后过滤,倒入大型香槟杯中。

2.玛格丽特(Margarita)

用料:特基拉 40 mL

无色橙味利口酒 15 mL

青柠汁 15 mL

柠檬 1 块

细盐适量

冰块 4~5 块

调制方法:用柠檬擦湿杯口,将杯口在细盐上转动,沾上细盐成为白色环形。注意不要擦湿杯子内侧,使细盐进入鸡尾酒杯中。将冰块、特基拉、无色橙味利口酒和青柠汁放入摇酒器内,摇匀后过滤,倒入玛格丽特杯或鸡尾酒杯内。

3.草帽(Straw Hat)

用料:特基拉 20 mL

柠檬汁 10 mL

番茄汁 30 mL

冰块 4~5 块

调制方法:将冰块、特基拉、柠檬汁、番茄汁放入调酒杯中,用吧匙搅拌均匀,过滤后倒入鸡尾酒杯中。

4.特基拉日出(Tequila Sunrise)

用料:特基拉 30 mL

鲜橙汁 30 mL

石榴汁 1 滴

红樱桃 1 个

冰块 4~5 块

调制方法:将冰块、特基拉、鲜橙汁放入摇酒器内,摇匀后过滤,倒入鸡尾酒杯内,将 1 滴石榴汁滴入鸡尾酒中。将红樱桃切个小口插在杯边上作装饰。

5.托匹顿(Topeton)

用料:特基拉 15 mL

橙味利口酒 15 mL

茴香利口酒 15 mL

修道院利口酒(Chartreuse)15 mL

冰块 4~5 块

调制方法:将冰块、特基拉、橙味利口酒、茴香利口酒、修道院利口酒放入摇酒器内,摇匀后过滤,倒入鸡尾酒杯内。

长饮类

1.斗牛士(Matador)

用料:特基拉 30 mL
　　菠萝汁 45 mL
　　柠檬汁 10 mL
　　冰块数块
　　柠檬片 1 片
　　切好的菠萝角 1 个

调制方法:将冰块、特基拉、菠萝汁和柠檬汁放入摇酒器内充分摇匀,过滤后倒在装有冰块的海波杯中。柠檬片放在杯中,菠萝角插在杯边上作装饰。

2.戴可尼克(Tequonic)

用料:特基拉 45 mL
　　冷藏奎宁水(Tonic Water)适量
　　柠檬片半片
　　冰块 4 块

调制方法:将特基拉放进装有冰块的高杯中,加奎宁水至八分满,将半片柠檬片插在杯边上作装饰。

(七)以葡萄酒、啤酒和利口酒为基酒配制的鸡尾酒

1.波特珊格瑞(Port Sangaree)

用料:糖粉 5 g
　　冰块 2 块
　　苏打水(冷藏)适量
　　波特酒 60 mL
　　豆蔻粉少许

调制方法:将糖粉、冰块放入海波杯中,用吧匙轻轻搅拌,待糖粉溶解后,加波特酒和苏打水,撒上少许豆蔻粉。

2.可可费斯(Cacao Fizz)

用料:可可利口酒 45 mL
　　柠檬汁 15 mL
　　糖粉 5 g
　　苏打水(冷藏)90 mL
　　冰块 4~5 块
　　柠檬角 1 块

调制方法:将冰块、可可酒、柠檬汁、糖粉放入摇酒器中摇匀,过滤后倒入海波杯中,加苏

打水至八分满,将柠檬角插在杯边上作装饰。

3.香槟朱丽波(Champagne Julep)

用料:糖粉 5 g
薄荷叶 2 片
香槟酒(冷藏)适量
酒签串联的橙子片和薄荷叶 1 个

调制方法:把糖粉和薄荷叶放入香槟杯中,待薄荷叶捣烂、糖溶化后,倒入冷藏的香槟酒。将串联好的橙子片和薄荷叶放入杯中或杯边上作装饰。

4.凯利高球(Kitty Highball)

用料:红葡萄酒 60 mL
姜汁汽水 90 mL
冰块 3 块

调制方法:将冰块放入海波杯内,倒入红葡萄酒和姜汁汽水。

(八)以利口酒、加强葡萄酒为基酒配制的鸡尾酒

1.阿美利加诺(Americano)

用料:金巴利苦味酒(Campari)30 mL
甜味美思酒 30 mL
苏打水随意
柠檬皮 1 块
冰块 4~5 块

调制方法:将冰块、苦味酒、甜味美思酒放入调酒杯中,用吧匙搅拌均匀,过滤后倒入鸡尾酒杯中,将柠檬皮放入鸡尾酒中作装饰。此外,可将该鸡尾酒放入古典杯或海波杯中,加入适量的苏打水。

2.天使之梦(Angle's Dream)

用料:棕色可可甜酒 45 mL
浓鲜奶油 15 mL

调制方法:将棕色可可甜酒倒入较大的利口酒杯中,再将吧匙放进杯中,把鲜奶油轻轻地沿匙柄倒入杯中,使它漂在可可酒上。

3.竹子(Bamboo)

用料:干雪利酒 30 mL
干味美思酒 30 mL
苦味酒 1 滴
冰块 4~5 块
小洋葱 1 个

调制方法:将冰块、苦味酒、干雪利酒、干味美思酒倒入调酒杯中,搅拌均匀,过滤后倒入

鸡尾酒杯中,将小洋葱放入鸡尾酒中作装饰。

4.莎白丽杯(6人用)(Chablis Cup)

用料:草药利口酒(Benedictine D.O.M)40 mL
莎白丽白葡萄酒(冷藏)1瓶
冰块适量
柠檬片3片
菠萝片3片

调制方法:将适量冰块放进玻璃水罐中,倒入草药利口酒(Benedictine D.O.M)和白葡萄酒,用吧匙搅拌,放入柠檬皮和菠萝片,用白葡萄酒杯盛装。

5.红葡萄酒杯(10人用)(Claret Cup)

用料:红葡萄酒1瓶
橙味利口酒100 mL
鲜橙汁300 mL
柠檬汁100 mL
菠萝汁50 mL
雪碧汽水(冷藏)1 000 mL
冰块适量
鲜橙片适量

调制方法:在饮用前半小时,将以上各种原料放入不锈钢或玻璃容器内,用吧匙轻轻搅拌,然后盛装在红葡萄酒杯或果汁杯中。

6.咖啡亚历山大(Coffee Alexander)

用料:咖啡利口酒30 mL
鲜奶油20 mL
金酒20 mL
冰块4~5块
糖粉3 g
柠檬1块

调制方法:将柠檬擦鸡尾酒杯的边缘,沾上糖粉使杯边呈白色环形。将冰块和咖啡利口酒、奶油、金酒放在摇酒器内充分摇匀,过滤后倒入鸡尾酒杯内。

7.金万利弗莱佩(Grand Marnier Frappe)

用料:柑橘利口酒(Grand Marnier)45 mL
李子白兰地酒 15 mL
鲜橙汁15 mL
碎冰块适量
柠檬片1片

调制方法:在香槟杯中装碎冰块至六分满,加入柑橘利口酒、李子白兰地酒、鲜橙汁,用吧匙搅动,将柠檬片插在杯边上作装饰。

8.蚱蜢(Grasshopper)

用料:薄荷酒 20 mL

可可酒 20 mL

鲜奶油 20 mL

冰块 4~5 块

调制方法:将冰块、薄荷酒、可可酒、鲜奶油放入摇酒器内充分摇匀,过滤后倒入鸡尾酒杯内。注意要将奶油摇至起泡时为止。

9.薄荷考地亚(Mint Cordial)

用料:薄荷利口酒 40 mL

碎冰块适量

薄荷叶 1 片

调制方法:将白葡萄酒杯装六分满的碎冰块,再将薄荷利口酒倒入杯中,薄荷叶放在冰上面作装饰。

10.波特菲丽波(Port Flip)

用料:波特酒 40 mL

生鸡蛋黄 1 个

橙味利口酒 1 滴

糖粉 5 g

冰块 4~5 块

调制方法:将冰块、波特酒、生鸡蛋黄、橙味利口酒、糖粉放入摇酒器内充分摇匀,过滤后倒入葡萄酒杯中。

11.彩虹酒(Pousse Cafe)

用料:石榴汁 1/5

可可利口酒 1/5

薄荷利口酒 1/5

无色橙味利口酒 1/5

白兰地酒 1/5

红樱桃 1 个

调制方法:按照酒水密度不同的原理,先将密度较大的酒水放在下面,这样轻轻依次倒入各种酒水,可将酒水分出不同的层次。首先,在利口酒杯或彩虹杯中倒入石榴汁,然后,将吧匙前段接触饮用杯内侧,将可可利口酒、薄荷利口酒、无色橙味利口酒、白兰地酒按顺序轻轻地沿着吧匙、杯内侧边缘流入杯内。将红樱桃插在杯边上作装饰。也可将杯内最上层的白兰地酒用火柴点着,使多色酒上面燃着蓝色的火焰。

12.雪利菲丽波(Sherry Flip)

用料:干雪利酒 45 mL

白兰地酒 5 滴
生鸡蛋黄 1 个
糖粉 5 g
冰块数块
豆蔻粉少许

调制方法：将冰块、干雪利酒、白兰地酒、生鸡蛋黄、糖粉放进摇酒器内，充分摇匀后过滤，倒入鸡尾酒杯中，将豆蔻粉撒在鸡尾酒的上面。

（九）以中国白酒为基酒配制的鸡尾酒

1.中国皇帝

用料：茅台酒 30 mL
糖浆 4 mL
鸡蛋蛋黄 1 个
冰块 2~3 块
红樱桃 1 颗

调制方法：在摇酒器中放入 2~3 块冰块再依次放入糖浆/蛋黄/茅台酒摇动，然后将酒滤到鸡尾酒杯中红樱桃点缀杯口。

特点：酒精度为 30 度，色泽金黄，茅香浓郁。

2.夜上海

用料：二锅头 30 mL
柠檬汁 10 mL
冰镇可乐 120 mL
柠檬 1 片

调制方法：在玻璃杯中加入 2 个冰块；倒入柠檬汁和二锅头；用调酒棒搅拌，然后加满可乐；浮上 1 片柠檬片装饰（该款鸡尾酒待杯壁起雾后再饮口感较好）。

3.十里桃花

用料：低度白酒 20 mL
蜜桃糖浆 5 mL
蜜桃利口酒 20 mL
红石榴糖浆 5 mL
柠檬汁 10 mL

调制说明：此款酒适合春天饮用，蜜桃糖浆融入冰镇雪碧与白酒中，犹如和风拂面，心清如水，仿佛置身十里桃花林，感受灼灼桃花带来的怡人清香。

4.夏日海南

用料：白酒 30 mL
椰汁 10 mL

调制方法：在摇酒器中放入 3 个冰块，将椰汁和白酒依次倒入；剧烈摇动 10 s，用摇和法调制;然后将酒液滤入鸡尾酒杯内。

调制说明:该款鸡尾酒椰香持久,入口香绵,给人以温馨爽适的感觉。

5.欢乐四季

用料:竹叶青酒 30 mL
桂花陈酒 15 mL
柠檬汁 7 mL
奎宁水(冷藏)适量
冰块 4 块
柠檬片 1 片
红樱桃 1 个

调制方法:将冰块放入海波杯内,放各种酒、柠檬汁,再加奎宁水,用吧匙轻轻搅拌,杯内放 1 片柠檬和 1 个红樱桃作装饰。

6.五福临门

用料:五加皮酒 30 mL
七喜汽水(冷藏)90 mL
冰块 4 块
柠檬片 1 片

调制方法:将冰块放入海波杯内,放五加皮酒,再倒入汽水,用吧匙轻轻搅拌,在酒上面放 1 片柠檬。

本章小结

本章系统地介绍了鸡尾酒的含义、鸡尾酒的起源与发展、鸡尾酒的构成与特点,鸡尾酒的分类,鸡尾酒调制的常用器具、调制的材料和基本原则、调制的基本方法,鸡尾酒的创作步骤与技巧,鸡尾酒命名的方法等内容。在实验方面,介绍了白兰地、威士忌、金酒、朗姆酒、伏特加、特基拉等为基酒的常见短饮、长饮鸡尾酒配方,以及鸡尾酒实验的原理和方法。

练习题

一、名词解释

鸡尾酒；基酒；摇和法；调和法；兑和法；搅和法

二、问答题

1.简述鸡尾酒的构成与特点。
2.鸡尾酒的分类方法有几种？各包括哪些类型？
3.调制鸡尾酒有哪些常用器具？
4.简述鸡尾酒调制的基本方法。
5.简述鸡尾酒的创作步骤。
6.简述鸡尾酒的命名方法。

第六章 咖啡

第一节 咖啡概述

一、咖啡的含义与功能

(一)咖啡的含义

咖啡(Coffee)是世界三大饮料之一,指以咖啡豆为原料,经烘焙、研磨或提炼,并经水煮或冲泡而成的饮品。同时,咖啡也是咖啡树和咖啡豆的简称。咖啡树是热带作物,是一种常绿的灌木或中小乔木,主要分布在南北纬 25°之间,这一区域被人们称为“咖啡种植带”或“咖啡种植区”。

咖啡树理想的生长环境对海拔、雨量等有一定要求。一般是年平均气温在 20 ℃,拥有适当的海拔高度,年降雨量 1 500~2 000 mm,雨量平均且收获期少雨。种植咖啡最适宜的土壤是被分解的火山土、腐殖土和透气渗透性土壤的混合。咖啡的产地广布于非洲、亚洲、南美、中美、西印度群岛、南太平洋及大洋洲地区。

一般而言,咖啡树从栽种到结果需要 3 年以上,每年结果 1~3 次。咖啡树的叶片对生、成长椭圆形、叶面光滑,末端的树枝很长,分枝少。花是白色的,开在叶柄连接树枝的基部。成熟的浆果多呈红色或橘红色,颜色及外形与樱桃相似,但因不同种类而大小、颜色有差异。咖啡果果肉薄,味酸甜,通常内含一对种子,也有个别是单粒圆形种子,其种子即是咖啡豆。咖啡树特点之一是一年之内可以结果好几次,另一个特点是花和果实在成熟期不同阶段同时并存。如果果实长得过熟,里边的种子容易烂掉。如果不够熟,采摘下来的果实不会自己变熟。咖啡豆自然的颜色一般呈浅绿色,人们在市场上常见的褐色咖啡豆都是去掉咖啡果实的果皮和果肉,并经过一系列的加工处理而得到的咖啡豆。

(二)咖啡的功能

咖啡豆的蛋白质含量约 12.6%,脂肪含量约 16%,糖类含量约 46.7%,并含有少量的钙、磷等矿物质、维生素以及粗纤维。此外，还含有咖啡因和单宁酸。适量的咖啡因对人体脑部、心脏、血管、胃肠、肌肉及肾脏等各部位具有刺激、兴奋作用，故饮用咖啡饮料，除能获得一定的营养物外，还有精神振奋、减轻肌肉疲劳、扩张支气管、改善血液循环及帮助消化等作用，可作为麻醉剂、利尿剂、兴奋剂和强心剂。有研究表明，适量饮用咖啡还有一定的抗抑郁的效果。然而，饮用过多的咖啡可导致失眠，易怒，且会出现心律不齐等现象。

二、咖啡的起源与发展

(一)咖啡的起源

咖啡的起源至今没有确切的考证，在民间广泛流传着一些传说，其中具有代表性的有两种。

第一种，埃塞俄比亚牧羊人发现咖啡的传说。据传6世纪时，在埃塞俄比亚有个牧羊人叫作卡尔迪(Kaldi)。有一天在牧羊的时候，他发现饲养的羊只活蹦乱跳，非常好奇。后来发现，这些羊群吃了一种灌木上生长的红色果子。他也便采摘了一些来吃，竟然也精神起来，觉得浑身充满了活力。后来，他把这个消息告知了当地的修道院僧侣。修道院的僧侣们经过实验后，将这种植物制成提神饮料。通过食用这些饮料让他们在晚上祈祷时保持清醒。同时，随着这些僧侣的四处流浪，咖啡的饮用逐渐传开。

第二种，根据伊斯兰民间传说，奥马尔酋长是第一位发现咖啡并将咖啡豆制成饮品的阿拉伯人。传说在1258年，阿拉伯酋长奥玛尔因犯罪而被驱逐出境，流浪到一个离故乡摩卡(今属也门)很远的地方。当时他因饥饿走不动而坐在树下休息时，听到一种他从未听过且极为悦耳的小鸟啼叫声。他仔细地观察那只鸟，发现鸟是吃了树上的果实之后才发出那样美妙的声音。于是，他便把树上的果子都摘下来，并放到锅中加水熬煮以便充饥。水煮之后的果子渐渐散发出浓郁的香味，喝过之后觉得很好喝而且感到精神百倍。这一发现挽救了他和随从的生命。从此，他只要遇到生病的人，就煮这种汤给他们喝。由于他四处行善，家乡人就原谅了他，让他回到摩卡，咖啡也随之得到更广泛的传播。

以上为民间传说。经考证，目前已公认的咖啡起源地是非洲的埃塞俄比亚，咖啡的种植及园艺推广则源于阿拉伯。大部分历史学家都认同埃塞俄比亚的卡法(Kaffa)地区是咖啡诞生地的说法。后来，咖啡传进也门，也门最早开始了咖啡的大面积人工种植，具体时间和传播方式很难考证。从8世纪开始，阿拉伯人大量饮用咖啡，当时已将咖啡当作酒和药品使用。阿拉伯联合酋长国出土的文物表明，在9世纪的中东地区，以阿拉伯为中心的伊斯兰教徒利用烘焙和研磨咖啡豆的方法开始饮用咖啡。故而，咖啡的流行和传播得益于阿拉伯世界。曾有宗教界人士也认为这种饮料刺激神经，违反教义，一度禁止并关闭咖啡店，但埃及苏丹认为咖啡不违反教义，因而解禁，咖啡饮料便更迅速地在阿拉伯地区开始流行。咖啡在不同地区有不同的名称，直到1601年，Coffee才出现在英文字典里，到18世纪正式以“Coffee”在植物学中命名。有学者认为Kaffa是后来的Coffee字源，也有认为其源自阿拉伯语“Qahwah”的土耳其发音，意即植物饮料或美酒。

(二)咖啡的发展

根据历史记载,最早非洲东部的埃塞俄比亚的盖拉族人将碾碎的咖啡豆与动物油搅拌在一起作为提神食物。当地土著部落常将这些食物做成球状丸子专供那些即将出征的战士食用。到了11世纪,人们才开始用水煮咖啡作为饮料。在15世纪以前,咖啡的种植和生产一直为阿拉伯人所垄断。当时主要被使用在医学和宗教上,医生和僧侣们认为咖啡具有提神、醒脑、健胃、强身、止血等功效。15世纪初开始有文献记载咖啡的使用方式,咖啡不仅在此时期融入宗教仪式中,同时也在民间作为日常饮品,咖啡成为当时重要的社交饮品。

1453年,土耳其商人将咖啡传入君士坦丁堡并开设了世界上第一家咖啡店。1538年,奥斯曼帝国占领了也门。此时,当地的咖啡种植已初具规模,土耳其人已利用当地丰富的咖啡豆资源,经当时的也门摩卡港出口至欧洲各地,垄断了咖啡的市场供应。后来,摩卡港由于淤塞无法再用,这条古老而繁荣的咖啡通道最终被苏伊士运河取代,但"摩卡咖啡"却作为咖啡馆菜单上的一个"固定节目"被保留了下来。16世纪末,咖啡通过威尼斯商人和荷兰人的买卖辗转传入欧洲,并成为贵族士绅阶级争相竞逐的高级饮品,因价格高昂而被称为"黑色金子",咖啡成为身份和地位的象征。随着意大利商人将咖啡带回自己的国家,1645年,欧洲首家咖啡屋在威尼斯开张,而最著名的要数1720年在圣马可广场开业的佛罗里昂咖啡馆。1652年,英国伦敦出现第一家咖啡店,至1700年伦敦已有近2 000家咖啡店,咖啡逐步进入平民饮品时代。1690年,随着咖啡不断地从也门港口城市摩卡贩运到各国,荷兰人首先在锡兰(今斯里兰卡)和爪哇岛种植和贩运咖啡。1721年,德国柏林市出现了第一家咖啡店。1727年,荷属圭亚那一位外交官的妻子将几粒咖啡种子送给一位在巴西的西班牙人,并在巴西试种取得成功,从此咖啡在南美洲得到迅速发展。自1668年开始,美国人将自己习惯的早餐饮料由啤酒转变为咖啡,并在1773年将咖啡正式列入人们日常的饮料。19世纪末,咖啡开始在我国台湾种植,随后传入云南省。

随着人们对咖啡蒸煮方法的研究,到19世纪出现了蒸汽加压法冲泡咖啡。1886年,美国食品批发商吉尔吉克将配制的混合咖啡(麦氏咖啡)在各地销售。1901年,由旅居芝加哥的美籍日本人加藤悟里发明了速溶咖啡,也被称为"即溶咖啡"。1938年,雀巢公司第一次将速溶咖啡推向市场。1966年,美国艾佛瑞·毕特创立毕兹咖啡与茶(Peet's Coffee & Tea),推广欧式重焙与现磨现泡,关注咖啡冲泡品质,咖啡进入精品化发展时期。21世纪以来,咖啡进入美学化发展时期,注重品质、产地和个性化成为消费趋势,而随着全球咖啡销售量的增加,中国咖啡消费量也进入了快速增长时期。

第二节 咖啡的种类

一、按咖啡的原生种分类

在植物分类系统中,按界、门、纲、目、科、属、种的分类位阶,咖啡为茜草科的一属。根据目前的研究成果,咖啡属下至少有103个咖啡种,其中阿拉比卡(Arabica)、坎尼佛拉

(Canephora)、利比里卡(Liberica)是最有商业价值的咖啡物种,目前世界上被人们广泛种植的咖啡树种类主要是前两种。

阿拉比卡原种有成百上千个品种和变种,坎尼佛拉原种的变种和品种相对较少,其中广为人知的是罗布斯塔(Robusta),为了方便,常将罗布斯塔视为原种。

(一)阿拉比卡

阿拉比卡咖啡豆生产量占全世界咖啡豆产量的70%左右,是商业价值最高的咖啡品种。这种咖啡原产地为埃塞俄比亚的阿比西尼亚高原(埃塞俄比亚高原)。阿拉比卡咖啡树为常绿灌木,抗寒力强,耐短期低温,不耐旱;枝条比较脆弱,不耐强风;抗病力比较弱;果成熟后易脱落。其果仁颗粒通常较小,故常称之为小粒咖啡。阿拉比卡咖啡树适合生长在日夜温差较大的高山上,适宜湿度低、排水性能良好的土壤,其理想的种植区海拔高度在600~2 000 m。目前主要种植在拉丁美洲、东非和亚洲的部分地区。一般而言,咖啡树种植海拔越高,其品质越好。因此,阿拉比卡咖啡豆也称为高山咖啡豆。

阿拉比卡咖啡也是精品咖啡的主要品种,其风味温和优雅,具有较明显的香味和酸味,且其属下不同品种各具特色。同时,咖啡因含量也较低,占咖啡豆重量的0.9%~1.5%。常见知名品种有铁皮卡(Typica)、帕卡斯(Pacas)、波旁(Bourbon)、卡杜拉(Caturra)、卡帝汶(Catimor)、卡杜阿伊(Catuai)、帕卡马拉(Pacamara)、艺伎(Geisha)等。

(二)罗布斯塔

罗布斯塔在坎尼佛拉下面的变种和品种中占据绝对优势。罗布斯塔咖啡树生产的咖啡豆产量目前约占全世界咖啡豆产量的30%。这种咖啡树原产地位于非洲的刚果。罗布斯塔咖啡树是一种介于灌木和高大乔木之间的树种,叶片较长,颜色亮绿,树高4~8 m,个别可达10 m。罗布斯塔咖啡果实圆,常见颗粒稍大,故也称为中粒咖啡。这种咖啡树常适宜种植在海拔200~600 m的较低海拔地区,理想的种植气温为24~29 ℃,对降雨量的要求不高,对生产环境的适应性较强,可抵抗一般的气候问题和病虫害,是一种较容易栽培的咖啡树,单株产量也很高。目前广泛种植于印度尼西亚、越南、老挝及我国的海南省和广东省等地。

罗布斯塔咖啡味道醇厚强烈,但较阿拉比卡咖啡品质逊色,杂苦味较强,缺乏酸味,且香味不足。同时,其咖啡因含量高,占咖啡豆重量的1.8%~4.2%。罗布斯塔咖啡常用于即溶、三合一或罐装咖啡的中低端市场。也常用于拼配豆中,以实现更好的口感,如用以制作意式浓缩咖啡(Espresso)的意式拼配豆中。

(三)利比里卡

利比利卡咖啡豆,原产于西非的利比里亚(Liberia)。目前占世界经济型种植咖啡总产量1%~2%。利比里卡咖啡树是一种抗虫害、适合高温潮湿气候种植的咖啡品种,但其经济价值不高,市场上很少见。目前主要在非洲利比里亚、科特迪瓦、马达加斯加及亚洲的马来西亚、菲律宾、印度尼西亚和越南等地种植。利比里卡咖啡浆果和种子都要比小果咖啡大2倍左右,故也被称为大粒咖啡。

利比里卡咖啡的香味奇特浓郁,但呛骚味和苦味重,而且外皮厚实不易去除果皮浆肉,处理过程较麻烦,商业经济用途因此被限制,大部分用于制造综合咖啡和制造咖啡精。在欧美大部分地区和日本等国不受欢迎,但在西非、马来西亚、菲律宾、印度尼西亚、越南等地及一些北欧部分地区有一定市场。

二、按咖啡产地分类

世界上有许多地方都种植咖啡树并生产咖啡豆,其中主要集中在非洲、美洲和亚洲等地区,而且不同的品种和种植环境使各地咖啡豆呈现出不同的特点。因此,咖啡豆的命名常以出产国、出产地和输出港等名称命名。

(一)巴西咖啡豆

巴西位于南美洲,该国大部分地区处热带,北部为热带雨林气候,中部为热带草原气候,南部部分为亚热带季风湿润气候。巴西咖啡树种植始于 1727 年,由一位名为弗朗西斯科·麦尔·派尔海特的人将咖啡种子带到巴西。巴西咖啡豆以优质和味浓而驰名全球,其咖啡豆产量约占世界总产量的 35%,是世界上最大的咖啡生产国和出口国,有“咖啡王国”的美誉。2015 年,巴西生产了 3 689 万袋咖啡,每袋咖啡重量为 60 kg,此后多年超过 5 000 万袋。在巴西有 17 个州生产咖啡豆,其中有四个州的产量最高,占全国产量的 98%,它们是巴拉那州、圣保罗州、米拉斯吉拉斯州和圣埃斯皮里图州。巴西咖啡豆的特点是口感顺滑,高酸度,中等醇度,略带坚果的味道。

(二)越南咖啡豆

越南国土南北狭长,所处地理位置非常有利于咖啡种植,南部属湿热的热带气候,适合种植罗布斯塔咖啡,北部合适种植阿拉比卡咖啡。越南咖啡种植面积约 50 万公顷,其中 10%~15%属国有企业和农场,85%~90%属农户和庄园主。庄园规模不大,通常为 2~5 公顷,大型庄园 30~50 公顷,但数量不多。2000 年后,越南咖啡的产量和出口量大增,成为世界第二大咖啡出口国,超过咖啡出口大国哥伦比亚。越南咖啡因品种和加工方式的不同而各具特色,一般而言,其香味较浓,酸味较淡,口感细滑湿润,香醇中微苦,代表性产品是摩氏咖啡(Moossy Coffee)、中原咖啡(G7 Coffee)、西贡咖啡(Sagicafe Coffee)、高地咖啡(HighConds Coffee)等。

(三)哥伦比亚咖啡豆

哥伦比亚位于南美洲西北部,其咖啡种植面积约 110 万公顷,咖啡豆产量是世界排名第三,约占全球总产量的 6%。该国咖啡收入占其出口总收入的 20%,约有 35 000 个家庭间接或直接从事咖啡种植、加工和销售。全国约有 30.2 万个咖啡种植园,有 30%~40%农村人口的生活来源直接依靠咖啡的生产和销售收入。哥伦比亚的咖啡豆有多种纯度和酸度且具有柔滑的口感,酸中带甘,低度苦味,并具有独特的香味。

（四）印度尼西亚咖啡豆

印度尼西亚是世界上最大的群岛国家，地处赤道附近，其咖啡树的主要种植地区在苏门答腊岛、苏拉威西岛和爪哇岛等地。这些区域的地理环境和海拔高度及气候都非常适合咖啡树的成长，尤其是岛屿内部的一些地区。印度尼西亚咖啡豆产量目前世界排名第四，占全球市场的7%。其中约25%为阿拉比卡咖啡豆，约75%为罗布斯塔咖啡豆。根据记载，该国从17世纪开始种植咖啡树。印度尼西亚咖啡豆的总体特点是颗粒适中、味香浓、醇度高。印度尼西亚咖啡豆非常适合与美洲和非洲一些地区生产的具有较高酸度的咖啡豆搭配使用。同时，印度尼西亚还生产一种由麝香猫取食而形成的猫屎咖啡（Kopi Luwak）。

（五）墨西哥咖啡豆

墨西哥位于北美洲，其北部与美国接壤，东南部与危地马拉相邻，目前是世界第五大咖啡豆生产国，产量约占全球市场的3%。该国种植的咖啡树种90%是阿拉比卡，种植海拔高度在400~900 m的区域。墨西哥从事咖啡豆生产劳动力约30万人，主要在小型农场从事生产，咖啡豆主要出口美国。墨西哥咖啡豆的特点是酸度较高、醇度明显、略带坚果味、余味香甜。

（六）埃塞俄比亚咖啡豆

埃塞俄比亚是一个多山地和高原的国家，该国平均海拔约3 000 m，有“非洲屋脊”之称，是阿拉比卡咖啡树的故乡，至今保持着采收野生咖啡的传统。该国咖啡豆产量位居非洲前列，年平均产量达39.6万吨。其咖啡豆出口创汇占该国家出口额的60%。根据记载，10世纪左右，埃塞俄比亚游牧民族就将咖啡果实（coffee cherries）、油脂与植物香料混合在一起，制成提神与补充体力的食品。13世纪中叶，埃塞俄比亚人已学会使用平底锅烘焙咖啡豆。在埃塞俄比亚，大部分咖啡树种植在小型庄园，而种植与采摘咖啡果实也以手工方式为主。目前该国约有1 500万人从事与咖啡豆有关的生产，是世界第六大咖啡生产国。埃塞俄比亚是全球拥有最多独特风味咖啡豆的国。在著名的耶加雪菲地区，咖啡树被种植在海拔1 400~2 200 m的山区，该地区生产的咖啡豆具有明显的柠檬味与鲜花味，口感清爽，甜度均匀；而在西达摩地区，咖啡树生长在海拔1 400~2 100 m的高原上，该地区生产的咖啡豆具有不同的味道，具有柑橘味、香草味及干果味等特点。

（七）牙买加蓝山咖啡豆

牙买加蓝山咖啡豆世界闻名，因产于牙买加西部的蓝山山脉，故名。牙买加属于热带雨林气候，温暖多雨，年平均气温27 ℃，四季如春，肥沃的土地适宜咖啡树等农作物生长。位于牙买加岛东部的蓝山山脉，海拔高度达2 100 m，天气凉爽、多雾，降水频繁，独特的地理环境造就了知名咖啡。当地人常使用混合种植咖啡树的方法，在梯田中将咖啡树与果树混合种植。牙买加咖啡的历史可以追溯到18世纪，英国人将咖啡树种引进到牙买加，在蓝山山脉上种植咖啡。蓝山地区生产的咖啡豆可以分为高海拔的牙买加蓝山咖啡、牙买加高山咖啡、牙买加咖啡三个等级,不同的等级也决定了不同的价格。

牙买加蓝山咖啡豆。按照牙买加咖啡工业委员会(CIB)的标准,只有种植在海拔 666 m 以上部分的咖啡才被称为牙买加蓝山咖啡,面积约 6 000 公顷,主要有四个庄园;咖啡极品中的极品,位于牙买加蓝山海拔高度 2 000~2 256 m 山区所生产的咖啡,由于地处险要山腰,产量少,颗粒大、品质佳、味道调和,同时兼具适当的酸、苦、香、醇、甜味,是全世界公认的极品。蓝山咖啡绝大部分为日本人所购买,世界其他地方只能获得蓝山咖啡不到 10%的配额,因此不管价格高低,蓝山咖啡总是供不应求。蓝山咖啡年产量仅有 700 吨。其咖啡豆形状饱满,比一般咖啡豆外形大,拥有芳香醇厚、苦中略带甘甜、柔润顺口的特性,而且稍微带有酸味,能让味觉感官更为灵敏,品尝出其独特的滋味,是为咖啡之极品,非常适合做单品咖啡。

牙买加高山咖啡。在牙买加蓝山地区 666 m 以下部分生产的咖啡称为高山咖啡,也是仅次于蓝山咖啡品质的咖啡,被业内人士称作蓝山咖啡的兄弟品种,种植区域面积约 12 000 公顷。蓝山山脉以外地区种植咖啡称为牙买加咖啡。

(八)肯尼亚咖啡豆

肯尼亚北邻埃塞俄比亚,但是咖啡种植历史比较晚。根据记载,该国在 19 世纪末开始种植阿拉比卡咖啡树。1922 年,肯尼亚建立史考特农业实验室从事咖啡种植研究工作,并从众多咖啡树种中选育出适合产区种植的 SL28 和 SL34。SL28 隶属于波旁基因群组,带有原始波旁明亮的调性和丰富的酸。SL34 血统更接近铁皮卡的基因,酸质较 SL28 更为温和。目前,SL28、SL34 两个品种产量占了肯尼亚咖啡豆产量的九成,此外还有的咖啡品种是 Ruiru11。该国优质和有特色的咖啡树多种植在海拔为 1 500~2 100 m 的山坡上,主要是位于首都内罗毕附近的尼耶力和基利尼亚加地区。肯尼亚的咖啡豆味道香醇,有葡萄酒和水果的甜香味道。

(九)秘鲁咖啡豆

秘鲁位于南美洲西部,海岸线长 2 254 km。秘鲁咖啡树主要种植在安第斯山脉脚下,安第斯山脉位于南美洲的西岸,从北到南全长约 8 900 km,是世界上最长的山脉。该地区属于热带沙漠区,气候干燥而温和。这里生产的咖啡豆都是传统的中美洲顶级的咖啡豆。秘鲁咖啡豆的生产量约占全球的 3%,其中约 90%为阿拉比卡咖啡豆。其特点是中等醇度,偏低酸度,有甘美的坚果味,余味有显著的可可味道。

(十)美国夏威夷咖啡豆

夏威夷是美国的第 50 个州,由夏威夷群岛组成,群岛四周为太平洋,距美国本土约 3 700 km,总面积为 16 633 km^2。夏威夷咖啡豆的优良品质得益于其生长的地理环境和气候。19 世纪末,咖啡树被引入夏威夷种植。咖啡树主要种植在火山的山坡上,保证了咖啡树所需要的海拔高度。同时,深色的火山灰形成的土壤为咖啡树生长提供了矿物质。白天充足阳光,空气湿润,下午山地潮湿多雾,空中浮云成为咖啡树的遮阳伞,晚上晴朗而凉爽。这些自然条件使得夏威夷岛科纳地区种植的阿拉比卡咖啡豆质量上乘,平均产量也非常高,每公顷可达到 2 240 kg。独特的气候环境还造就了夏威夷咖啡豆的浓郁口味和完美的外观。人们认为,夏威夷生产的咖啡豆是世界上最完美的咖啡豆。

三、按加工工艺和饮用习惯分类

(一)速溶咖啡(Instant Coffee)

速溶咖啡也称即溶咖啡,指将咖啡萃取、浓缩、干燥后获得的咖啡提取物。雀巢公司于1930 年开始提炼速溶咖啡工艺并向国际市场推出了自己的速溶咖啡。速溶咖啡利于运输、储存且冲饮方便,但其成品的风味、口感比现磨冲泡咖啡大为逊色。速溶咖啡为粉末状,比较常见多为二合一(含糖或植脂末)或三合一(含植脂末)咖啡。速溶咖啡是干燥粉末,仅需加水冲调,即可还原出咖啡的醇香口感。

(二)黑咖啡(Black Coffee)

黑咖啡(原味)是指不加任何调味修饰的咖啡。冲泡黑咖啡一般采用现磨咖啡粉,可使用不同的咖啡壶和不同的冲泡方法,最常见的是采用手冲和虹吸式咖啡壶萃取。

黑咖啡可以品味出咖啡的原始风味,强调咖啡本身的特点。咖啡豆风味受生产地的气候、咖啡品种、加工方式、烘焙技术等因素的影响。因此,传统黑咖啡多选用单品咖啡制作并品饮,尤其是高档咖啡,如蓝山(铁皮卡)咖啡、巴拿马(艺伎)咖啡等。

(三)意大利浓缩咖啡

"Espresso"意大利语的原意是立刻、快速的意思,指用意大利浓缩咖啡机制作出来的单杯 30 mL 的咖啡。Espresso 始于 20 世纪初期,并为人们所喜爱,首先在意大利、西班牙和葡萄牙等南欧各国流行。其制作方法是使用意大利浓缩咖啡机,将 7~9 g 新鲜咖啡豆精确研磨,以 92 ℃的热水,在 9 bar 高压下对咖啡进行萃取,萃取时间为 20~30 s。Espresso 浓度是普通咖啡的两倍,口味强烈浓郁。在英语系国家也有用"Expresso"一词表示意大利浓缩咖啡,随着语言的发展,"Expresso"又代指单杯 60 mL 的黑咖啡。由于 Espresso 拥有浓郁的香气和乳脂(Crema),常用来作为花式咖啡的基础。为达到更好的口感,Espresso 常采用拼配咖啡豆制作,这样可以让味道更加平衡丰富。

(四)花式咖啡(Fancy Coffee)

花式咖啡指加入了其他调味品或饮品的调味咖啡。常见添加物有牛奶、奶油、巧克力、冰淇淋、各种洋酒、果汁等。为增强花式咖啡的美感和表现力,通常会进行拉花或加入其他装饰,但并不是有拉花的咖啡才称为花式咖啡。花式咖啡也可根据基础不同而分为两种类型:一种是以意式浓缩为基本款制成的花式咖啡,如拿铁、卡布奇诺、康宝蓝、摩卡咖啡等;另一种以黑咖啡为基础调制的花式咖啡,如维也纳咖啡、皇家咖啡等。

第三节 咖啡豆的加工方式

一、咖啡豆的初加工

咖啡的风味受多种因素影响，除了品种、产地、种植方式之外，咖啡生豆的加工方法是重要影响因素之一。咖啡豆是咖啡果实内部的种子，通常每一颗咖啡果实内有两粒种子，由外而内的构造分别为外果皮、果肉、果胶层、内果皮(种子外壳)、银皮、种子。使用不同的加工处理法是为了去除咖啡种子层的外部，以取得内部的咖啡种子(咖啡豆)。常见的生豆加工方式有日晒、水洗以及半水洗等。

(一)日晒法(Dry Process/Natural Method)

日晒法也称自然干燥法或干法加工，利用阳光和通风等自然条件将咖啡果实干燥脱水，再将干燥的咖啡果实脱壳去果肉、果皮和银皮。这种处理方法干燥的咖啡(豆)也称为日晒咖啡(豆)。在所有的加工方式当中，日晒是咖啡豆最古老、最原始、最传统的处理方法。

在日晒加工过程中，人们首先将洗净的咖啡果实直接放在太阳底下晾晒 2~4 周的时间；干燥完成后，再将绿色的生豆从外壳中分离。其处理过程简单，不需要投入太多的工具与设备，且除了去除浮豆的步骤之外，都不需用水，需要的知识、技术水平及成本较低。在水资源不丰富且不富裕的地区，尤其有充足日照和较长时间干燥的地区被广泛使用，如印度尼西亚、埃塞俄比亚和巴西等。日晒加工方法也有明显缺点，如：基于必须将咖啡豆放置在室外足够大的空间暴晒，所以常有落叶、昆虫等其他杂质混入其中；每天太阳光的强度不一，不易控制咖啡豆的干燥程度；需要较多的人力定时翻动，以确保不会发生发霉、腐坏等；同时，外壳分离过程有一定难度又缺乏统一的标准。基于以上各种原因，质量常常难以保证。为了减少前述缺点，目前采用改良式高架棚晾晒，使用有脚架的织网避免地面上的水汽和泥土杂质，由于空气对流改善、通风性好，咖啡果实干燥比较均匀。

良好的日晒咖啡保留了咖啡豆自然醇厚的特点，风味层次丰富。日晒咖啡通常口感厚重，甜味更浓且丝滑，或明显带有某种热带水果的香气，有时还会带有酒香。

(二)水洗法(Wet Process/Washed Method)

水洗法也称湿法加工，采用浸泡方式筛选咖啡果实，再将筛选后的果实通过发酵、挤压等方法去除果皮、果肉和银皮等。相比日晒咖啡，水洗加工出现的时间较晚，于 18 世纪由荷兰人发明。

在一些雨水多、湿度高的地区，无法实行日晒方法，因而水洗法是目前最广泛使用的处理方式。其处理方法包括：采收、初步去除杂质与劣质豆、筛选浮豆、脱除果皮与果肉、发酵、水洗清除杂质、咖啡豆烘干、去除内果皮和银皮。其中与日晒法最大的不同是利用发酵法去除果胶层。水洗法咖啡豆的杂质较少、外观较完整,且由于咖啡果实中的果肉一开始就已去除,因此较少有发霉问题,整体品质较稳定。许多世界知名的高品质咖啡都是水洗加工的。但水洗法对工作人员知识和技术的要求比较高,用水量大,成本较日晒法相对高,在水资源丰富的地区适合使用。

水洗咖啡整体风格精致干净,不同于日晒咖啡的强烈奔放。通常,水洗处理的咖啡豆酸度会更明亮,口感清新,花香、柑橘等果香较明显。

(三)半水洗法(Semi-washed Method/ Pulp Natural)

半水洗法也称半日晒法、果肉日晒法、蜜法(Honey/Miel Process),简单而言,就是先水洗去皮,后日晒。半水洗融合了水洗和日晒两种方式,其初衷也是结合了两种加工方法的优势。在半水洗过程中,人们会首先去除果皮,接着并不利用发酵与后段的清洗来去除黏质果肉层,而是直接日晒或烘干处理;最后再去除黏质层及外壳。这种加工方法盛行于巴西等南美各国,称为"Pulp Natural"。而在哥斯达黎加,同样原理的果肉日晒法却叫作 Honey/Miel Process。因残留在豆壳上的果肉像蜜般黏稠,故中美洲的咖啡农因此取名。

半水洗咖啡同时具有日晒咖啡的醇厚口感和复杂口味,以及水洗咖啡的酸度和纯净感。

二、咖啡豆的烘焙

咖啡生豆中蕴涵着丰富的芳香成分,必须通过烘焙过程,才能唤醒其中的芳香成分,造就出咖啡独具一格的香气。烘焙度的深浅还主导了咖啡风味中的"苦"和"酸"。通常,咖啡烘焙越深,酸味就越低,苦味也越加明显。随着烘焙度的加深,咖啡豆原始特质也会因碳化影响而逐渐消失。专业标准的咖啡烘焙通常分为下列 8 个阶段:极浅焙、浅焙、中焙、中深焙、深焙、深城市烘焙、法式烘焙、意式烘焙。

(一)极浅焙(Light Roast)

极浅焙是最轻度的烘焙。采用极浅焙方法烘焙出来的咖啡豆,只留有很淡的青草味和花果酸香。咖啡豆的表面呈淡淡的黄小麦色,其口味和香味均不足,一般用在试验上,很少用来品尝。

(二)浅焙(Cinnamon Roast)

浅焙咖啡豆呈肉桂色,所以也称肉桂烘焙。浅焙能引出咖啡豆特有的清淡花香或是果香,香气自然,较好地保留了咖啡豆原始风味的完整,但通常具有较强烈的酸味。浅焙法一般在单品上使用,是美式咖啡常采用的一种烘焙程度。

(三)中焙(Medial/Medium Roast)

中焙咖啡豆呈现栗色,制作的咖啡口感香醇可口,酸味和苦味较为均衡,酸味稍显,醇度适中,此种烘焙度常用于混合咖啡。

(四)中深焙(High Roast)

中深焙也称浓烘焙,呈现浓茶色,是烘焙蓝山咖啡的常用方式。中深焙咖啡豆所制作出来的咖啡,在香味和色泽上都很浓郁,口感酸中带苦,风味甚佳,为日本、北欧人士所喜爱。

(五)深焙(City Roast)

深焙也称城市烘焙,是最标准的烘焙度。深焙咖啡具有浓郁的烘焙香气,苦味和酸味几乎达到平衡或苦味稍浓于酸味,常用于烘焙哥伦比亚咖啡豆和巴西咖啡豆。纽约人士最爱深焙咖啡,在日本等国也较流行。

(六)深城市烘焙(Full City Roast)

深城市烘焙也称市区烘焙。经过深城市烘焙制成的咖啡,有浓郁香气,口感以苦味为主,几乎无酸味。深城市烘焙咖啡流行于中南美洲一带,同时,极适用于调制各种冰咖啡。

(七)法式烘焙(French Roast)

法式烘焙诞生于法国,又称法式或欧式烘焙,其烘焙度更深,呈黑褐色,制成的咖啡苦味较为强劲,无酸味。法式烘焙在欧洲尤其以法国最为流行,因脂肪已渗透至表面,带有独特香味。很适合与牛奶调味制作咖啡欧蕾、维也纳咖啡等花式咖啡。

(八)意式烘焙(Italian Roast)

意式烘焙诞生于意大利,常用于制作意式浓缩咖啡。意式烘焙的烘焙度在碳化之前所得,咖啡豆呈黑色、表面泛有油脂,冲调出来的咖啡苦味非常强劲,香味独特而稍有焦糊味。主要流行于拉丁美洲国家,适合用意式咖啡机冲泡浓缩咖啡,制作卡布奇诺等花式咖啡。

三、咖啡豆的储存

咖啡豆的新鲜度是决定一杯咖啡质量的关键因素。如果咖啡豆保存不当,则会加速咖啡豆香气的流失,从而影响咖啡的整体风味。

(一)密闭的容器

接触空气是导致咖啡味道丧失的主要原因。完成烘焙的咖啡豆,容易与空气中的氧气发生氧化反应,使所含油质劣化,芳香味亦逐步挥发。密封的条件才能减缓咖啡的氧化速度,在真空包装状态下,咖啡豆的保存期限较长,如真空罐保存期可以达 24~28 个月。因此,应注意各类包装方法及其保质期。包装开封后的咖啡豆可以再次借助密封罐、密封条和密封夹等密封,并尽快饮用。

容器的密闭性也可以减少其他异味对咖啡豆的影响。咖啡对异味的吸附能力强,尤其是精品咖啡更为敏感。异味指臭味、腐败味等,也包括茶味、奶味等其他的异味,所以咖啡必须在单独的容器密闭保存,不能与其他物品放置在一起。即使是不同品种的咖啡豆,也不建议放置在同一个密封罐内。

(二)低温、低湿、避光的环境

除容器密闭外,咖啡应存放在低温、低湿、避光的环境。未开封的咖啡可存储在冰箱的冷冻层,以减缓咖啡的氧化速度。冰箱的保鲜层虽是低温,但湿度高,不利于咖啡的保存;冷冻区域有更低的温度和湿度,湿度比温度对咖啡质量的影响更大。

(三)咖啡拆封后的储存

包装咖啡(豆或者粉)拆封后,随着时间的延长,不论如何保管,其口感和香味都会受到影响。通常情况下,拆封后咖啡豆的最佳品尝期为四周,咖啡粉为一周。每次取用之后,注意密封保存。同时,购买新鲜的咖啡豆,最好在饮用之前再研磨冲泡。因为咖啡豆研磨成粉之后,由于表面积增加,氧化速度也随之加速,香气与风味在短时间内会大量流失。

第四节　咖啡的冲泡

一、咖啡冲泡的方式

咖啡的冲泡(或冲煮)方式方法多种多样,其冲泡的工具也因此不同。按冲泡工具的基本原理和特点,主要分为滴滤式、滤泡式、蒸压式等冲泡类型。

(一)滴滤式

滴滤式也称为滴漏式,是最简单的咖啡冲泡方法。其方式是让水(热水、冷水或冰水)缓慢地经过咖啡粉,让咖啡液体以自然落体的方式经过滤布或滤纸,流向承接的容器。这种方式冲泡的咖啡味道纯正干净且色泽明亮。主要包括手冲咖啡、美式滴滤机、冰滴咖啡机等。

1.手冲咖啡

手冲咖啡的过滤用具有两种,一种是滤纸滴漏(使用滤杯和滤纸),另一种是法兰绒滴漏。在滤纸滴漏普及之前,法兰绒滴漏是广为人知的冲泡方法。该方法使用法兰绒(单面绒材质)代替咖啡滤杯和滤纸,萃取原理与滤纸滴漏相同,但是过滤速度要快一些。在操作过程中,也可利用水珠滴落的方式以及调整法兰绒滤网的角度,延长滴漏时间进行湿粉闷蒸以及萃取,以达到口感厚实的效果。很多咖啡专家爱用法兰绒滴漏萃取咖啡,认为这种方式萃取的咖啡味道更加香醇滑,能萃取出咖啡所有特性,并把各种优秀特性完美结合表现出来。

滤杯和滤纸滴漏是目前最为广泛使用的手冲方式,其既能保持法兰绒滴漏萃取咖啡的优点,而且无须额外清洗绒布,使用更方便。1908 年,德国的梅丽塔发明该方法并申请了专利。据说,当时她在家中制作咖啡,突发奇想地用儿子的吸墨纸当滤纸,在滤纸中放入咖啡粉,并用水壶将水注入咖啡粉而萃取出干净无渣的咖啡。后来,经过改进的梅丽塔扇形滤杯和滤纸的手冲咖啡用具受到市场欢迎。据此原理,德国化学家舒隆波姆在移居美国后,从实验室的烧杯中得到灵感,于 1941 年设计出一体式手冲壶 Chemex,其形状优雅大方,操作过程呈现出一种高端的美感与精致,是美国手冲美学的代表。梅丽塔扇形滤杯和滤纸的手冲咖啡在 20 世纪初期和中期一直在欧美盛行。不过,随着美式滴滤咖啡机的发明,这种冲泡方式逐渐式微。直到 2000 年前后,随着精品咖啡掀起"第三波"咖啡浪潮,手冲咖啡再次进入人们的视野。各种手冲方式被广泛使用,尤其是日本精致手冲咖啡套装,受到各国手冲咖啡爱好者的喜爱。日式手冲咖啡套装包括细嘴手壶、滤杯、滤纸和底壶,有各种材质和设计,其中日式 V60 滤杯比较常见。

据此,手冲咖啡滤杯和滤纸主要可分为两大类:一为传统扇形,另一种为锥形,呈甜筒状。传统扇形有 1~4 孔不等,多为 3 孔,口径小,滞留性较佳,有助于延长萃取时间。锥形滤杯(如 V60),滤杯只有一孔且口径较大,流畅性较佳,有助于缩短萃取时间。两者设计各有不同,冲泡各有千秋,通常认为前者较闷香,而后者较明亮。

手冲咖啡的冲泡方式有多种,常见主要步骤如下:

①准备。煮水,温热用具,将滤纸折叠好放入滤杯,并温润以去除杂味。

②置粉。将咖啡粉倒入铺好滤纸的滤杯中,轻拍以铺平咖啡粉。

③闷蒸。用手冲壶往滤杯均匀注入少量水(水温 90 ℃左右),注意注水力度温柔、水量淹没咖啡粉即可。闷蒸步骤应视不同咖啡和粉量,持续 10~30 s。闷煮期间咖啡颗粒会释放二氧化碳,气泡间形成的空隙会使咖啡粉形成均匀的过滤层,供给热水透过时所需的空间。闷煮结果直接影响过滤层的形成和萃取质量。如闷蒸不当,咖啡味道不够纯净,酸涩味突显,导致咖啡本身特点难以体现,口感稀薄,带有刺激感,回香也不够凝重。

④注水。注水时最重要的是控制水流的速度和水量,注水过程一般为 2 次。第一次注水在闷蒸结束后,以滤杯中咖啡粉的中心点为圆心,用较大水流以画圆的方式注水,并让水高于咖啡粉。注意水流不要直接接触滤纸,圆圈保持在距咖啡粉边缘 1 cm 以内。水量高度保持在咖啡粉平面上 3 cm 左右。水高于咖啡粉的作用是为了补水的时候,水流能均匀地通过咖啡粉。水流越细,萃取越充分。第二次注水在第一次注水后稍作停顿,等咖啡粉中的水完全流下之前,开始第二次注水。注水方法同第一次注水,注水量应达到或刚超过咖啡粉层最高处(高于第一次注水)。

⑤成品。注水后注意萃取时间和成品咖啡量,滴滤基本完成后移除滤杯。根据粉量和烘焙度的不同,手冲全程时间一般为 2~4 min。

2.美式滴滤机

美式滴滤机(咖啡机)发明于 20 世纪 60 年代,取代了较麻烦的手冲萃取咖啡方式。1963 年,美国 BUNN 公司成功开发了第一台商用美式咖啡机,经过改进逐渐进入美国家庭中。其构成主要分为上下两部分,上部分是过滤器和水容器,下部分是咖啡壶。过滤器一般采用可重复使用的内置滤网,或需要自行购买一次性滤纸置于过滤器中。

滴滤咖啡机操作简便,一般是全自动制作。在过滤器中加入咖啡粉,在水容器中加水,启动机器后,会自动加热水,热水通过咖啡粉流入下方的咖啡壶中,完成滴滤过程。但美式滴滤咖啡机清洗不太方便,且模式固定。一般按照设定好的模式进行萃取,对萃取水温、萃取时间等变量亦不能自由调整。同时,大部分机型只在咖啡粉中心注水,底部只有一个出水孔,故容易过度萃取或者萃取不足,咖啡的整体口感比较清淡。

3.冰滴咖啡机

冰滴咖啡机起源于荷兰,故又称荷兰式冰咖啡滴滤器。冰滴咖啡机最初由木架子支撑的3层玻璃容器组成。上层为装水的容器,依容量常见有500~3 000 mL不等,中层放置咖啡粉,下层为承接容器。

据传17世纪初,荷兰船员从印度尼西亚运载咖啡回欧洲途中,因为船上没有热水萃取咖啡,于是便想出了用冷水替代萃取咖啡的方法,结果发现冷水萃取的咖啡柔和顺口,香气扑鼻。几经发展后,形成现在常见的3层玻璃容器架的冰滴咖啡机。

冰滴式咖啡使用冰水、冷水或冰块萃取咖啡,萃取过程十分缓慢,往往要进行数小时之久,因此冰滴式咖啡的价格较为昂贵。相比较而言,用热水冲煮法的咖啡,容易因温度高或萃取时间长而分解咖啡中某些化学物质,易释放涩味。冰滴式咖啡以冷水滴滤,其萃取时间长而不易萃取过度,咖啡经充分浸透湿润,萃取出的咖啡口感滑顺而不酸涩。

(二)滤泡式

滤泡式是将咖啡粉放入壶内,以热水浸泡若干分钟,再由滤布或滤网过滤咖啡渣而成。法式滤压壶、虹吸壶等都属于滤泡式冲煮工具,由于冲煮工具都有浸泡过程,从而形成了较复杂的口感。

1.法式滤压壶

法式滤压壶简称法压壶,是一种同时具备冲茶器功能的咖啡壶。在1850年左右的法国,出现了由耐热玻璃瓶身(或者是透明塑料)和带压杆的金属滤网组成的简单冲泡器具。起初多被用作冲泡红茶之用,因此也有人称之为冲茶器。

在众多咖啡器具中,法压壶是最便捷的咖啡萃取器,所以也成为懒人咖啡的代言。其原理简单,即使用浸泡的方式,通过水与咖啡粉全面接触而释放咖啡的精华。其缺点亦较明显,由于金属滤网对细粉无法彻底地过滤,咖啡豆需要加工成粗颗粒状粉末,但咖啡颗粒变粗,又容易导致大量内容物无法萃取。如果通过加长时间浸泡,又容易萃取过度,析出苦味、涩味、杂味,因此咖啡口感往往稍逊一筹。

法压壶冲泡方式简单,常见步骤如下:

①将滤压壶和咖啡杯用热水温热。

②拔出滤压壶的滤压组,倒掉滤压壶的水。

③在壶内放入适量的咖啡粉。

④将合适的热水缓慢冲入,用竹棒搅拌咖啡粉,后盖上法压壶的盖子而不下压滤压器,静置3~4 min。

⑤轻轻下压滤压器至杯底,再将咖啡倒入温过的咖啡杯即可。

2.虹吸壶(Syphon)

虹吸壶俗称“塞风壶”,也称“虹吸式咖啡壶”。虹吸壶虽有“塞风式”的别名,却与虹吸原理无关。其工作过程是利用水加热后产生水蒸气，造成压力，将下球体的热水推至上壶与咖啡粉接触，待下壶冷却后再倒吸回上壶的咖啡。通常认为，虹吸壶冲煮的咖啡既有意式咖啡的浓郁，又有手冲咖啡的层次分明。同时，虹吸式冲煮过程有一定的观赏性和实验室的精确感，是咖啡馆最普及的咖啡冲煮法之一。

据资料记载，约 1840 年前后，苏格兰工程师拿比亚以化学实验用的试管为蓝本，创造出第一支真空式咖啡壶(Syphon)。两年后，法国的瓦瑟夫人对虹吸壶进行了改良并取得专利。19 世纪 50 年代，英国与德国开始生产虹吸壶，以英国 Cona 公司生产的虹吸壶较为有名，因此有些国家也习惯将它称作 Cona 或 Vacuum pot(真空壶)。

虹吸壶主要由上壶、下壶、滤网、支架、热源等五部分组成。虹吸壶的壶身为玻璃材质，易让人联想到实验室。虹吸壶支架和下壶连在一起的，主要作用是固定下壶。热源一般有酒精灯、瓦斯炉和卤素灯三种。卤素灯加热均匀且方便控制，因此一般咖啡馆使用较多。滤网材质从最初的陶瓷、玻璃发展到现在的主流金属滤网。金属滤网孔径大，用滤布包裹。滤网底部的挂钩用于固定滤网，使其能紧密停留在上下壶交接处。滤网的一条珠子称为突沸珠，可以防止上壶插入下壶时产生突沸，还可以通过珠子周围的小气泡来判断水温情况。

虹吸式冲煮主要步骤如下：

①将下壶装入水(采用热水可缩短时间)，上壶钩好滤网。

②加热下壶，斜插上壶，等待水沸腾。

③水沸腾后扶正并插好上壶，让下壶的水上升至上壶。

④在上壶倒入咖啡粉，期间分两次搅拌咖啡粉；搅拌动作要轻柔，上下左右拨动，同时将浮在水面的咖啡粉压进水面以下。第一次搅拌后，计时 30 s，作第二次搅拌，再计时 20 s，作最后搅拌。

⑤熄火或将酒精灯移开，等待上壶的咖啡液回流至下壶。

⑥上下壶分离。一手握住上壶，一手握住下壶，左右轻摇上壶，即可将上壶与下壶分开，下壶的咖啡液即可饮用。

3.比利时咖啡壶(Balancing Syphon)

比利时咖啡壶又称维也纳皇家咖啡壶或平衡式塞风壶。比利时咖啡壶造型优雅，外观精美华丽，常成为高档工艺品。其工作原理奇特，同时结合了数种自然力量：火、蒸汽、压力、重力等，使冲煮过程充满跷跷板式趣味，犹如魔术表演，具较强的操作性和观赏性。

据传，比利时咖啡壶于 19 世纪由英国造船师傅 James Napier 发明。为了彰显皇家气派，比利时工匠费心打造了造型优雅的壶具，使用金、铜材料，制造了金灿耀眼、体面非凡，具有贵族气质的咖啡壶，一改人们对咖啡壶平淡无奇的认识，成为 19 世纪中期比利时及欧洲各国皇室的御用咖啡壶。

比利时咖啡壶从外表看像一台对称天平，右边是蓄水壶和酒精灯，左边是盛咖啡粉的玻璃咖啡壶，两端靠一根弯如拐杖的细管连接。其主要操作步骤如下：

①准备。放置好蓄水壶，绑好滤布，固定虹吸管，把适量的咖啡粉放入玻璃咖啡壶。

②加热。压下平衡杆，打开酒精灯盖，点燃酒精灯。

③萃取。蓄水壶内因酒精加热蒸汽压力增大，热水通过管道流入玻璃咖啡壶内。此时，

蓄水壶因重量减轻而上升，酒精灯盖自动关闭。而后，又因温度下降，压力减轻加上虹吸原理，萃取好的咖啡回流至蓄水壶。

④成品。当咖啡液全部回流至蓄水壶，稍微转开壶塞让空气对流，开启蓄水壶自带的水龙头，即可接盛已冲泡好的咖啡。

（三）蒸压式

蒸压式也称高压式、冲压式，其工作原理是利用加压的热水穿透填压密实的咖啡粉，产生浓稠的咖啡液，这种形态的工具有摩卡壶和浓缩咖啡机等。

1.摩卡壶（Moka Pot）

摩卡壶也称意式咖啡壶，一种操作便利、能萃取意式浓缩咖啡的工具，也是意大利的国民产品及世界各地咖啡爱好者的必备器材。20 世纪 30 年代，意大利的亚方索·比乐提发明了摩卡壶，据说当时他从观察妻子洗衣机洗衣的过程中得到灵感。当时的洗衣机中间有一根金属管子，将加热后的肥皂水从洗衣机底部吸上来再喷到衣服的上方，由此，他得到灵感创作出了世界第一支利用蒸汽压力萃取咖啡的家用摩卡壶。

摩卡壶分为上、中、下结构，下座是盛水的水槽，中间的粉槽盛放咖啡粉，上座盛放萃取后的咖啡液。其原理是通过加热下壶中的水变成蒸汽，利用蒸汽的压力将水推升至导管进入粉槽而萃取出咖啡液，再继续通过导管推升到上壶导管口流出，咖啡液由上壶承接。这种咖啡壶的设计简单，萃取时有一定压力，是一种浓缩式的萃取，风味较浓郁。

使用摩卡壶注意事项：

①注意水位高度。水位应在安全阀下 0.5 cm 左右位置。这样，安全阀在遇到下壶压力过高时会自动泄压，以防止出现安全事故，水位如果高过安全阀，安全阀的作用就不能正常发挥。

②放置适合的咖啡粉。咖啡粉应采用中细粒度，装满粉槽，装粉时适当振动粉槽让咖啡粉均匀分布，装满以后，可轻轻按压表面，以密实咖啡粉。

2.浓缩咖啡机

浓缩咖啡机也称意式蒸汽咖啡机，是一种通过高压高温让蒸汽快速通过咖啡粉萃取咖啡的机器。该机器一般是用 9 bar 压力，90～95 ℃的水温，20～30 s 萃取 1 oz（30 mL 左右）的单人份浓缩咖啡（Espresso）。

意式咖啡机常带有温热咖啡杯的功能，一般还配有一支打奶泡的蒸汽喷管，可用于制作奶泡，调制卡布奇诺等花式咖啡。按其自动化的程度，可分为半自动咖啡机和全自动咖啡机。全自动咖啡机，即放入咖啡豆之后由咖啡机自动完成制作过程，没有人为的影响。但一杯咖啡的品质不但与咖啡豆（粉）的品质有关，也与煮咖啡者的技术有关。半自动咖啡机需要操作者完成填粉和压粉工作，操作者可通过选择粉量的多少和压粉的力度制作口味各不相同的咖啡。因此，半自动咖啡机被称为真正专业的咖啡机。

（四）其他方式

除以上提到的咖啡冲泡方法以外，还有其他的萃取方式，例如煎煮式萃取。煎煮的萃取原理是将容器内的咖啡粉及水混合后进行煮沸的方法。典型的代表是土耳其咖啡壶。但煎煮咖啡的过程不易控制,加热过程中因水的沸腾而产生大量的气泡,容易导致咖啡溢出。

土耳其人主要以一种名为“Ibrik”的小型长柄金属壶煎煮咖啡。土耳其咖啡壶在当地称为 Cezve,先将咖啡粉磨到很细程度,直接放入壶中以小火慢煮,历经几次煮沸腾过程,然后再将火熄灭,咖啡倒入杯中。土耳其人喝咖啡,一般不滤掉残渣。在品尝时,大部分的咖啡粉渣沉淀在杯子的最下面。但在品尝咖啡时,还是能喝到一些细微的咖啡粉末,这也是土耳其咖啡的特色。

随着咖啡在世界的流行,出现了结合数种冲泡方式而携带方便的咖啡冲煮器,例如爱乐压(Aeroperss)。爱乐压在 2005 年由美国 Aerobie 公司的创始人艾伦·阿德勒发明,爱乐压兼具便宜、耐用、携带及清洗方便的特点,许多咖啡爱好者时常在旅行时携带。爱乐压结合了三种不同的冲煮方式,一开始是热水和咖啡粉一起浸泡,有如法压壶,但到了完成冲泡阶段,使用活塞方式将咖啡液通过滤纸推挤出来,结合了手冲咖啡的滤纸过滤以及意式咖啡加压萃取的原理。因此,爱乐压能满足咖啡爱好者对风味与便捷的双重要求,其冲泡的咖啡浓稠度中等,层次多样复杂,并且能在短时间内(约 1 min)完成冲泡。

二、咖啡冲泡的研磨度

完成烘焙的咖啡豆,需要进行研磨才能使用,否则香味和水溶滋味物难以释出。研磨咖啡破坏了其细胞壁,利于热水进入并萃取出咖啡的香气和味道。因此,研磨咖啡最理想的时间,是在冲泡之前。因为磨成粉的咖啡容易氧化散失香味,如果储存不当,咖啡容易变味而影响咖啡品质。同时,需要结合不同的烘焙度和冲泡方式等研磨咖啡。

在磨豆机发明之前,人类使用捣杵和石钵研磨咖啡豆。据说捣杵和石钵所磨出的咖啡粉,冲泡的咖啡风味最香醇。有人通过冲泡试验表明,捣碎的咖啡粉比研磨的咖啡粉更为令人着迷。在非洲和中东很多地区,人们还保留用捣碎方法,把咖啡豆敲成大小不一的颗粒后烹煮咖啡。但在大部分国家和地区,磨豆机已成为常用的工具。

(一)研磨度与冲煮方式的匹配

根据研磨后咖啡颗粒的大小,常见的研磨度可分为粗研磨、中研磨、细研磨与极细研磨。

1.粗研磨(Regular Grind)

大小如粗白糖颗粒,每颗咖啡豆研磨成 100~300 颗咖啡颗粒,颗粒直径约 0.7 mm。适用于滴滤或滤压式萃取咖啡,如法压壶、电动滴滤壶等。其中,电动滴滤壶研磨度较法压壶可稍细,每颗咖啡豆研磨成 500~800 颗咖啡微粒,约直径 0.5 mm 的中粗研磨。

2.中研磨(Medium Grind)

颗粒大小类似沙砾,类似粗白糖与白砂糖混合大小,每颗咖啡豆研磨成 1 000~3 000 颗咖啡微粒,颗粒直径约 0.35 mm。适用于滴滤式(滤纸式滴漏)和滤泡式冲煮法,如手冲壶、虹吸壶以及冰滴咖啡机等。

3.细研磨(Fine Grind)

颗粒大小如细砂糖,每颗咖啡豆研磨为约 3 500 颗咖啡微粒,颗粒直径约 0.05 mm。适合蒸压(高压)式咖啡壶,如摩卡壶、意式浓缩咖啡机。其中摩卡壶较意式浓缩咖啡机使用的研磨度稍粗,为中细研磨。

4.极细研磨(Very Fine Grind)

颗粒极细,每颗咖啡豆研磨成15 000~35 000颗咖啡微粒,接近粉状。适用于土耳其咖啡、爱乐压等萃取法。

(二)研磨度与萃取时间等因素的匹配

1.萃取时间

研磨粗细适当的咖啡粉末,对冲泡一杯好咖啡十分重要,因为咖啡粉中水溶性物质的萃取有理想的时间。如果粉末过细,烹煮时间过长,造成过度萃取,则咖啡可能因口感浓苦而失去芳香;反之,若是粉末过粗而烹煮时间过短,导致萃取不足,粉末中的水溶性物质未充分溶解析出,结果是咖啡淡而无味。

一般来说,研磨度越粗,咖啡冲煮的时间越长;反之则越细、越短。意式浓缩咖啡机制作咖啡所需的时间很短,只有几十秒,因此研磨度最细,咖啡粉犹如面粉;虹吸壶烹煮咖啡,大约需要一分多钟,需要中等粗细研磨度的咖啡粉;法压壶及美式滤滴咖啡制作时间较长,因此咖啡粉的研磨度要粗,一颗颗如沙粒、粗白糖。

2.烘焙度

烘焙度也是需要考虑的因素。咖啡的烘焙度越深,纤维质受创越深,越易萃取,研磨度宜稍粗,深焙咖啡研磨过细则苦味越浓。因此,深焙咖啡豆研磨度宜稍粗,浅焙咖啡豆研磨度宜稍细。

(三)咖啡研磨机的选择

咖啡研磨机不同,研磨出的颗粒大小、形状、均匀程度都不一样,也直接影响咖啡的萃取率,从而进一步影响整杯咖啡的品质。

1.按机械动力分类

(1)手摇磨豆机。一些手摇磨豆机造型美观,有一定装饰效果,且使用方便。但缺点是费时费力,调整刻度较困难。手摇磨豆机适合需求量小的用量,如在家庭使用。

(2)电动磨豆机。磨豆效率高,可根据需要研磨出不同颗粒大小的咖啡粉。按需求的不同有家庭和商用之分。

2.按研磨核心部件(磨盘)分类

(1)平刀磨盘。即平行刀盘,工作时将咖啡豆由内向外推磨。高速旋转时容易发热,但均匀度比锥形磨盘好。

(2)锥形磨盘。即锥形刀盘,工作时将咖啡豆由上向下推磨。研磨速度快,发热低,均匀度精确度不如平刀,但出品口感更丰富。

(3)鬼齿磨盘。避免了锥刀和平刀两种刀盘各自的缺点,结构呈臼齿状,能将咖啡豆研磨呈椭圆形,研磨的咖啡粉接近圆形,且粗细程度也比较均一,所以咖啡的味道比较干净,风味丰富饱满，但价格较高。

3.咖啡研磨机的选择

一般而言，优秀的研磨方法应包含以下两个因素：一是研磨时所产生的温度要低，因发热易使芳香成分消散；二是研磨后的粉粒要均匀，因颗粒研磨度不均会导致后续萃取不均匀，往往有些部分的咖啡粉还没有萃取充分，有些部分却已萃取过度了，最后影响了整杯咖啡的风味。因此，好的咖啡研磨机，主要体现在：研磨颗粒均匀、研磨时产生的热量少、研磨效率高。

三、咖啡冲泡的标准

20 世纪 50 年代，美国国家咖啡协会（NCA）聘请麻省理工学院化学博士洛克哈特对咖啡的研究发现，咖啡豆被水萃取出来的物质只占全部重量的 28%~30%，其余 70% 皆为无法溶解的纤维质，也就是说可萃取析出的咖啡滋味物最多只占咖啡熟豆重量的 30%。同时，在咖啡豆新鲜的前提下，萃取率（Extraction Yield）和浓度（Total Dissolved Solids，TDS，也称总固体溶解量）是决定咖啡美味的关键，这就是后来被称为滤泡咖啡“金杯准则”（Gold Cup Standard）的两大要素。只要遵循“金杯准则”的萃取率与浓度规范，一般人也可泡出如琼浆玉液般的美味咖啡。

（一）萃取率

萃取率（也称萃出率）是指从咖啡粉萃取出可溶物的重量与所耗用咖啡粉重量的百分比值，公式如下：

$$萃取率=\frac{萃出滋味物重(g)}{咖啡粉重量(g)}\times 100\%$$

萃取率代表咖啡酸甜苦咸滋味表现的“质”的优劣。萃取过度，即萃取率超出 22%，易有苦咸味与重涩感；萃取不足，即萃取率低于 18%，易有呆板的尖酸味与青涩感。

影响咖啡萃取率的原因很多，一般而言，冲泡的水温、萃取的时间、搅拌的力度和咖啡的烘焙度，均与萃取率成正比；咖啡粉量、研磨度却与萃取率成反比。换而言之，水温越高、冲泡越久、搅拌越用力，越易提高萃取率，也就更容易造成萃取过度。越浅焙的咖啡，越不容易溶出滋味，因此需要较高水温、较长时间冲泡或较细的研磨度，以免萃取不足；反之，越深焙的咖啡，越容易溶出滋味，因此需要较低水温、较短时间冲泡或较粗的研磨度，以免萃取过度。同时，咖啡粉越多，研磨度越粗，越不易萃取，易造成萃取不足。

（二）浓度

浓度也是以百分比呈现，指咖啡液可溶滋味物重量与咖啡液毫升量的百分比值，公式如下：

$$浓度=\frac{萃出滋味物重(g)}{咖啡液容量(mL)}\times 100\%$$

浓度代表咖啡酸甜苦咸滋味表现的“量”的强度。滤泡式咖啡的浓度低于 1.15%，滋味太稀,水味太重;浓度超出 1.55%,一般人会觉得滋味太重难入口。

(三)金杯准则

研究发现,消费者偏好萃取率在 17.5%~21.2%、浓度区间为 1.04%~1.39%的咖啡,这是最初的金杯准则。后经修正,咖啡最佳萃取率调整为 18%~21%,最佳浓度为 1.15%~1.35%,这也是美国精品咖啡协会(SCAA)采用的版本。后来,在不同国家又有不同的金杯萃取准则。比较著名的有:欧洲精品咖啡协会(SCAE)标准,萃取率为 18%~22%,浓度为 1.2%~1.45%;挪威咖啡协会(NCA)标准,其萃取率为 18%~22%,浓度为 1.3%~1.55%。可以看出,不同的国家对金杯准则的定义不尽相同,各国对咖啡浓度的需求也不一样的,但目前普遍都认为咖啡萃取率在 18%~22%,萃取的咖啡物质是比较美味的。由于成本和测量的原因,金杯准则自问世以来,并未能广泛推广。到了 2008 年,随着咖啡浓度检测仪器的问世以及精品咖啡的流行,金杯准则广被推崇,成为全球咖啡职人努力追求的咖啡萃取标准。

根据金杯萃取标准,洛克哈特博士等专家以美式滴滤咖啡机在相同研磨度、水量和水温条件下编制了滤泡咖啡品管表(Brewing Coffee Control Chart),以指导实际操作。结合各国情况,可以环球版滤泡咖啡品管表和金杯矩形方阵为指导进行咖啡的冲煮。根据该表,浓度在 1.15%~1.55%的水平线区间,与萃取率 18%~22%的垂直线区间交集出一个黄金矩阵,此区的冲煮比例为 50~65 g 咖啡粉比 1 000 mL 的水(指尚未加热的生水),即 1∶15 至 1∶20,其中,最佳比例为 1∶18.18,被称为“最佳蜜心”。此区百味平衡,也成为 SCAA 的“金杯方矩”,但在其他标准中,随浓度不同而有所变化。

(四)咖啡冲泡的其他影响因素

在选用合适的冲泡工具、运用合适的研磨度和粉水比的条件下,还需考虑咖啡冲泡的其他影响因素,如 3T 因素,即冲泡水温(Temperature)、冲泡时长(Time)、冲泡水流(Turbulence)以及其他因素。一般情况下,3T 因素均与烘焙度成反比。

1.冲泡水温

通常,冲泡咖啡的水温不宜太高(如达到 100 ℃)或太低(如低于 82 ℃,冰咖啡除外),合适水温一般介于 82~96 ℃。其中,美式电动滴滤壶的冲泡温度大都设定在 92~96 ℃的恒温区间;意式浓缩咖啡机根据咖啡烘焙度的不同设定在 88~93 ℃;而手冲、虹吸、法压等手工萃取比较不易达成恒温要求,温度为 82~96 ℃,因此,手工冲泡技术的难度较大。

以 90 ℃为边界,90 ℃以上为高温萃取,易拉升萃取率,增加醇厚度、香气与焦苦味,因此不适合深焙咖啡豆,比较适合浅中焙咖啡豆;90 ℃以下为低温萃取,易抑制萃取率,降低香气与焦苦味,较适合深焙咖啡豆。也就是说,烘焙度与冲泡水温成反比,浅焙豆宜采用稍高温冲泡,深焙豆宜采用稍低温冲泡。

2.冲泡时长

在固定水温、水量的条件下,冲泡时间越长(短),萃取率越高(低),浓度越高(低)。因此,冲泡时间的长短除冲泡工具的不同外,还应结合烘焙度适当调整。一般情况下,浅焙豆冲泡时间稍长,深焙豆冲泡时间稍短。

3.冲泡水流

冲泡咖啡时水流的强弱对萃取率产生一定影响。水流是指热水通过或冲击咖啡颗粒的力度,水流太强及持续时间太久,其颗粒摩擦力过大,易造成萃取过度;同时,如在手工萃取时进行搅拌(如法压壶),搅拌水流越强,越可促进咖啡成分的催出。原则上,萃取浅焙的水流力度应大于深焙豆。

4.其他因素

通常,一杯咖啡的构成中98%以上是水,因而水对咖啡的重要性不言而喻。水对咖啡风味的影响,不局限于水本身是否有异味,因为在冲煮过程中,水扮演着溶剂的角色,也萃取出咖啡粉内的风味成分,水中的钙、镁、钠、钾等矿物质成分,会影响咖啡在热动力学上的萃取效果,从而使咖啡的风味发生变化。

根据美国精品咖啡协会的研究,冲泡咖啡采用的水应色泽清澈,气味清新而无杂味,水质软硬适中。因此,一般冲泡咖啡不建议使用自来水直接加热冲煮,需根据情况过滤或软化处理。

第五节　咖啡的品饮

一、咖啡的风味特征

咖啡风味(Flavor)由挥发性气味、水溶性滋味以及无香无味的口感等组成,并通过嗅觉、味觉与触觉感官进行品鉴。

(一)气味

气味(Aroma)主要指咖啡冲泡完成后,所散发出来的气息与香味。由于咖啡生豆本身含有丰富的香味物质,如碳水化合物、蛋白质、脂类、有机酸等,这些成分在受热烘焙过程中形成了复杂的反应,其中,最重要的反应有两种:焦糖化反应(caramelization,糖的氧化与褐变)与梅纳反应(Maillard reaction,氨基酸与糖类的反应),香气由此产生。

经过烘烤的咖啡熟豆中包含的挥发性化合物超过1 000种,其中只有少量物质能够被感知到香气。一些研究人员认为,咖啡中有20~30种挥发性物质能产生实质作用。除去怡人的香气外,因生咖啡的瑕疵、不当的烘焙或不当冲泡,亦会产生不良的气味与口感。在所能感受到的正常香气中,无论是湿香气或干香气,咖啡香味可分为六类:①水果类:柠檬、柳橙、李、桃、芦笋、葡萄、梅子等香味。②花卉类:玫瑰、野姜、茉莉、紫罗兰、薄荷叶等香味。③糖类物质:蜂蜜、黑糖、焦糖、地瓜等香味。④香料类:肉桂、姜、豆蔻、可可等香味。⑤木头类:松树、桧木、杉木、檀香、森林底层等香味。⑥特殊香气:酒类发酵、麝香、奶油、皮革等香味。

(二)滋味

咖啡的滋味(Taste)依靠舌头味蕾感知,一般包括酸、苦、甜、咸四大滋味。

1.酸(Acidity)

酸味是浅中烘焙咖啡最大的特色。咖啡豆含有各种有机酸,以酚酸、脂肪族酸和氨基酸等对咖啡的滋味影响最大。另外,在烘焙过程中,从浅烘发展到中烘,蔗糖逐渐降解,醋酸和乳酸浓度上升,但到达某个界点,酸味瞬间剧降,所以一般来说,浅中烘焙的咖啡风味酸味会比较明显。但进入中焙及中深焙后,各类酸味物质逐渐瓦解,酸度降低。咖啡的酸味通常分为两种:一种是明亮、活泼,酸度适中的果酸;另一种是尖锐的酸味,过度发酵的酸。前者属于优质酸,后者为劣质酸。

2.苦(Bitter)

咖啡的苦味可归类为顺口与碍口两种,顺口苦味指咖啡因、胡芦巴碱、脂肪族酸和奎宁内酯等天然的微苦味;碍口苦味指绿原酸的降解物绿原酸内酯(Chlorogenic Acid Lactones)、瑕疵豆和碳化粒子的重苦味。此外,烘焙技术对苦味影响很大,甚至决定顺口苦味的轻重。烘焙度越深,通常苦味越重。优质的深焙展现甘醇顺口的苦味,劣质深焙凸显苦咸涩口的味道。

3.甜(Sweetness)

咖啡四大水溶滋味物中,以甜味最多,但甜味常被酸、苦、咸等成分干扰,不易品出。焦糖的挥发香气以鼻后嗅觉感知为主,故嗅觉远比味觉更容易享受到咖啡的甜感。甜味常与酸味、咸味相互作用。例如,浅中焙咖啡豆展现的酸甜味就是甜味与酸味的互动滋味,最常出现在 1 300 m 以上高海拔地区出产的水洗豆。如果咖啡的糖分含量高,则可中和部分果酸,使尖酸味变得柔顺、活泼有动感,展现水果风味,并出现有趣的“酸甜震”的滋味。

4.咸(Briny)

虽然咖啡的咸味无处不在,但往往在酸与甜的互动下而被遮掩。如黑咖啡喝出咸味,一般表示酸味与甜味的有机物已氧化殆尽,致使无机物的咸味被凸显,可视为咖啡走味或不新鲜的“警讯”。

(三)口感(Mouthfeel)

咖啡入口后,还可通过触觉来感知无香无味的顺滑感与涩感。顺滑感令人愉悦,涩感令人不快。在品尝黑咖啡时,还通常用醇度(Body)来表示饮用咖啡后在口腔内留有的口感。醇度的变化可表示为淡薄(清淡如水)、中等到浓稠(如糖浆般)等程度。

二、咖啡的品饮方式

(一)咖啡的品评

世界各地生产的咖啡豆为消费者提供了多种口味和风格迥异的咖啡饮品。其中,咖啡中含有的挥发性化合物在真正意义上决定着咖啡的品质。而咖啡豆品种和生长环境、咖啡豆处理方式、烘焙程度、咖啡豆的新鲜程度、冲泡方法等都对挥发性化合物产生影响,从而影响了咖啡的整体风味。从“体态轻巧”到“丰盈饱满”,从酸味浓烈到甘甜醇厚,丰富的种类对于咖啡初尝者而言,试图区别它们的特征相当困难。然而,正如品酒一样,品评咖啡也有一套类似的方法和步骤。

1.品香气

品评咖啡风味的第一层次,是从研磨咖啡开始的。此时挥发性芳香物大量释出,适合品评咖啡粉的干香,可以采用忽远忽近的方法进行。咖啡冲煮后,更多的挥发性芳香物气化,进入品评咖啡风味的第二层次,即品评咖啡的湿香。此时,咖啡的花果香、焦糖香,以及其他瑕疵的杂味,均可通过闻香的环节感受。

2.品滋味

品评咖啡风味的第三层次,需要靠舌头的味蕾捕捉。咖啡入口,味蕾的受体细胞立即感受到水溶性风味分子,其中,舌尖对甜味、舌体两侧对酸味、舌根对苦味较为敏感。此阶段,可体会酸、甜、苦、咸四味带来的咖啡滋味表现。

3.品口感

在味蕾感受酸甜苦咸同时,还需要用舌头来回滑过口腔与上颚,感受无香无味的顺滑或涩感,也就是咖啡风味的第四层次。

4.品余韵

在咖啡吞咽之前,可用闭口回气技巧或鼻后嗅觉,感受更丰富的香气和滋味,尤其是甜香,这就是咖啡风味的第五层次。吞咽之后,感受随时间变化的香气和滋味所展现的余韵,此为咖啡风味的第六层次。

此外,若进行咖啡杯测,还需关注更多的要素。以美国精品咖啡协会杯测表为例,还包括干香(Fragrance)、一致性(Uniformity)、干净度(Clean Cup)、整体印象(Overall)、污点(Taint)、缺陷(Fault)等评价项目。

(二)咖啡饮用注意事项

1.饮用的温度

冲泡好的咖啡温度在80~88 ℃的香气最为浓郁。随着温度的降低,咖啡中的单宁酸在冷却中发生变化,使口味变酸,香气也逐渐减弱。为了不使咖啡的味道降低,事先将咖啡杯预热,冲泡完成后趁热饮用,入口的温度在61~62 ℃最理想。

2.冰水的作用

在咖啡品饮之前,可先准备一杯冰水、凉开水或冰牛奶。在饮用咖啡之前先喝一口水,或与咖啡交替饮用,更能充分感受咖啡的美味。冰水能更好地调动味蕾,为充分地品尝咖啡做准备。

3.咖啡杯的用法

咖啡杯有不同的容量和形状,常见咖啡杯为120~140 mL容量的中型咖啡杯或容量更小的咖啡杯。这种杯子的杯耳通常较小,手指无法穿过,因此不要用手指穿过杯耳再端杯子。咖啡杯的正确拿法是拇指和食指捏住杯把,再将杯子端起饮用。

4.咖啡碟的用法

盛放咖啡的杯碟一般是配套使用的,放在饮用者的正面或者右侧,杯耳可按不同习惯放置,美式咖啡一般指向右方,欧式则相反。品饮咖啡时,可用右手拿咖啡杯耳,左手轻托咖啡碟,慢慢地移向嘴边轻啜。不宜满握把杯、大口吞咽,也不宜俯首去吸饮咖啡。喝咖啡时,不发出声响。添加咖啡时,不将咖啡杯从咖啡碟中移开。

5.咖啡匙的用法

咖啡匙一般与咖啡杯碟一起使用,放置于咖啡杯的侧方。其主要作用是搅拌咖啡,饮用咖啡时应当取出。不用咖啡匙舀咖啡慢喝,也不用咖啡匙捣碎杯中的方糖。

6.咖啡加糖的方法

在提供咖啡服务时,糖和奶的添加由客人根据自己需要添加。给咖啡加糖时,砂糖可用咖啡匙舀取,直接加入杯内;也可先用夹子把方糖夹在咖啡碟的近身一侧,再用咖啡匙把方糖加在杯子里。如果直接用糖夹子或手将方糖放入杯内,可能会使咖啡溅出。

7.热咖啡的处理

刚煮好的咖啡一般温度比较高,可用咖啡匙在杯中轻轻搅拌使之冷却,或者等待其自然冷却后再饮用。

8.其他注意事项

咖啡中含有咖啡因,因此饮用不宜过量。普通饮用咖啡一次以 60~120 mL 为宜,若要多喝应将浓度降低,或加入糖和牛奶。值得注意的是,各类病患者、年长者、儿童、孕妇等人群更应控制咖啡的饮用时间和饮用量。例如,高血压患者应避免在工作压力大的时候饮用含咖啡因的饮料。因为咖啡因可能导致血压上升,若再加上情绪紧张,容易叠加危险的可能。同时,切忌在空腹时饮用咖啡,因咖啡会刺激胃酸分泌,尤其是有胃溃疡的人更应谨慎。空腹时应搭配一些饼干或甜点饮用。

三、常见花式咖啡

有些人形容意式浓缩咖啡如酱油膏般又浓又苦,很难入口,而选择意式浓缩咖啡为基础,加奶泡或加糖浆等制成的花式咖啡则大为不同,充满无尽魅力。花式咖啡除了风味不同之外,还可欣赏美丽的花样图案。咖啡表面的花样图案形成有两种方式:用焦糖在奶泡上绘图以及用蒸汽奶泡拉花。

(一)以意大利浓缩咖啡为基础的花式咖啡

1.拿铁(Latte)

拿铁是指加入牛奶的花式咖啡。“Latte”在意大利语是牛奶的意思,后泛指加入热牛奶所调制的咖啡,通常直接翻译为“拿铁咖啡”。牛奶是拿铁咖啡的主角,制作时先倒入热牛奶后注入浓缩咖啡,热牛奶与浓缩咖啡的比例一般大于2。事实上,加入多少牛奶没有固定的比例,可根据个人口味自由调配。在热牛奶上层叠加一些打成泡沫的冷牛奶,就成了一杯美式拿铁咖啡,其比例大约是1/6浓缩咖啡、2/3热牛奶、1/6奶泡。此外,也可以另外添加肉桂、香草等形成不同的风味。由于拿铁咖啡的牛奶比例高,在口感上有甜香、柔顺细致的特点。

欧蕾咖啡(Cafe Au Lait)也称欧式拿铁咖啡,与美式拿铁和意式拿铁不同,在欧蕾咖啡制作过程中,是牛奶和浓缩咖啡(或滴滤的黑咖啡)一同注入杯中,牛奶和咖啡在第一时间混合;意式拿铁使用深度烘焙咖啡豆,欧蕾咖啡使用法式烘焙咖啡豆,两者的烘焙度不一,所以总体风味也略有不同。另外,法国人常用大号杯盛放欧蕾咖啡。不论是意式拿铁还是欧蕾咖啡,都因牛奶含量多而适合在早餐饮用。

2.卡布奇诺(Cappuccino)

卡布奇诺在意大利语中指泡沫咖啡。调制好的卡布奇诺咖啡外观像意大利圣芳济教会(Capuchin)修士的深褐色道袍和上覆头巾,咖啡因此得名。卡布奇诺与拿铁咖啡的差别在于调配比例,卡布奇诺是奶泡居多,拿铁是牛奶比例大。因此,卡布奇诺的咖啡味明显,奶沫充斥口腔,而拿铁牛奶味重、口感顺滑。卡布奇诺使用的浓缩咖啡、鲜奶与奶泡比例为1∶1∶1,先依次倒入浓缩咖啡、热牛奶,最后注入一层厚重的奶泡,还可撒上肉桂粉、可可粉或是柑橘及柠檬果皮,以增添风味。

3.康宝蓝(Con Panna)

在意大利浓缩咖啡中,加入适量的鲜奶油,即为康宝蓝。以透明琉璃杯盛放,清晰可见黑白分明的外形,因又被称为雪山咖啡。康宝蓝最大的特色是以冰冷的鲜奶油,搭配热浓缩咖啡,从而产生不一样的风味与口感。一般来说,饮用康宝蓝前不需搅拌,口感强劲浓郁的热浓缩咖啡混合着冰冷香甜的鲜奶油,冷热入口,别有一番风味。

4.焦糖玛奇朵(Caramel Macchiato)

Macchiato在意大利语中的意思是“印记、烙印”,中文音译“玛奇朵”。“Caramel”的意思是焦糖。焦糖玛奇朵,寓意“甜蜜的印记”。焦糖玛奇朵调制方法:先将牛奶和香草糖浆混合后再加入奶泡,倒入咖啡,最后在奶泡上淋制网格状焦糖而制成。其包含牛奶、奶泡、浓缩咖啡、香草糖浆以及焦糖,一次可品尝到多种香气。一般来说,饮用之前不需搅拌,饮用时唇上是香甜的奶泡以及覆盖在奶泡上的浓稠焦糖酱,接着是含香草气息的奶泡,最后阶段品尝到浓郁回甘的浓缩咖啡,整个过程具有多种层次的口感。

5.摩卡(Mocha)

摩卡咖啡属于意式花式咖啡的一种,是由意大利浓缩咖啡、巧克力酱、鲜奶油和牛奶等混合而成的花式咖啡。其制作过程:在浓缩咖啡中加入适量牛奶,挤上奶油,淋上巧克力酱即成。传统摩卡咖啡和卡布奇诺不一样,其上面不是奶泡,取而代之的是一些奶油、巧克力酱,有时也加入肉桂粉或者可可粉。

“摩卡”也指一种来自也门的“巧克力色”咖啡豆,得名与也门摩卡港、咖啡起源有关。在15世纪,中东非咖啡国家对外运输业不发达,也门的摩卡是红海附近的主要输出商港,生产的咖啡被集中到摩卡港再向外输出,故被统称为摩卡咖啡。后来,新兴港口代替了摩卡港的地位,但摩卡港时期摩卡咖啡的产地名称依然被保留了下来,这些产地所产的咖啡豆,仍被称为摩卡咖啡豆。摩卡咖啡引发了在咖啡中混入巧克力的联想,因而发展出巧克力加浓缩咖啡的花式摩卡。

(二)以一般黑咖啡为基础制成的花式咖啡

1.爱尔兰(Irish)

爱尔兰咖啡是一种含有酒精的咖啡,由热咖啡、爱尔兰威士忌、奶油和糖调制而成。爱尔兰咖啡既是一杯咖啡,也是一款鸡尾酒,因而也有人认为爱尔兰咖啡是鸡尾酒不是咖啡。

爱尔兰咖啡使用特定的爱尔兰咖啡专用杯,玻璃杯身有两条线,靠近底部的一线是爱尔兰威士忌的高度,在一线和二线之间是咖啡,超过二线部分是奶油。制作时,首先将咖啡砂糖和威士忌加满至第一条线,再用小火慢慢将酒加温、将糖融化,期间小心地不断转动杯身,使其均匀受热;当方糖完全融化,杯口看不见明显水雾时,引燃杯中的酒,手握杯底摇晃至火焰完全熄灭,此时会散发出浓郁酒香;然后将咖啡注入杯中至第二条线;最后,加入完全打发的鲜奶油,也可再加少些巧克力作装饰。爱尔兰咖啡酒香浓烈,咖啡口感醇厚,由奶香到爱尔兰咖啡香,层次分明,尤其适合冬日饮用。

2.维也纳(Viennese)

维也纳咖啡是奥地利最著名的咖啡,以浓鲜奶油和巧克力的甜美风味为人喜爱。其制作方法:首先在温热的咖啡杯底部撒上薄薄一层砂糖或细冰糖,其次倒入咖啡,并装饰新鲜奶油;通常在雪白的鲜奶油上洒落五彩缤纷的七彩米,形成美丽的外观。饮用时,透过甜巧克力糖浆、冰凉鲜奶油品尝热咖啡,口感仿佛音乐的三重奏,在细致的糖浆中感受浓缩咖啡的苦劲与浓郁香气,最后是融合在咖啡中的温润鲜奶油滋味。有人认为其品饮过程堪称咖啡中的经典,别有风味。

维也纳咖啡又称为马车夫咖啡(Einspnner),据说是由一位名叫爱因舒伯纳的奥地利马车夫发明。以前奥地利的马车很多,马车夫会边工作边来杯咖啡,但一手喝咖啡、一手驾驭马车很容易撒翻咖啡,因此,他们在黑咖啡上加一层厚厚的鲜奶油,这样咖啡就不容易泼出。

3.皇家(Royal)

皇家咖啡也称火焰咖啡,是一种特别的花式咖啡。据说是法国拿破仑一世最喜欢的咖啡,故以“Royal”为名。其制作方法是:将手冲热咖啡倒入咖啡杯,在皇家咖啡匙加入一块方糖,架放在咖啡杯上,在方糖上淋白兰地后点燃,让燃烧的白兰地溶解皇家咖啡匙中的方糖,待糖液慢慢滴落到咖啡中。此时的皇家咖啡拥有蓝色的火焰、酒的芳醇、方糖的焦香,叠加浓浓的咖啡香,苦涩中略带甘甜,表现出高贵而浪漫的情调。

除以上提到的花式咖啡以外,还有馥芮白(Flat White)、抹茶咖啡(Matcha coffee)、阿芙佳朵(Affogato)、红丝绒拿铁(Red Velvet Latte)、芒果冰美式咖啡(Iced Mango Americano)、玫瑰夫人咖啡(Rose Lady Coffee)等非常多的种类,并且有很多新的花式咖啡也在不断涌现。

第六节　咖啡调制实验

一、实验目的

通过实验,认识咖啡的不同种类,能正确使用磨豆机、奶泡器等用具,掌握手冲咖啡的技能,以及虹吸壶、法式滤压壶、摩卡壶或各式咖啡机冲泡咖啡的使用方法,学会调制常见的拿铁等花式咖啡,初步掌握花式咖啡创作技巧。

二、实验内容

讲解与实验内容共 4 学时,其中实验 2 学时,讲解和实验同步进行。

(一)实验项目

(1)各类咖啡豆的认知。
(2)磨豆机、奶泡器等用具的使用。
(3)手冲咖啡杯、虹吸壶、法式滤压壶、摩卡壶、各式咖啡机等咖啡用具的使用。
(4)使用不同的咖啡豆及不同用具冲泡咖啡,并品饮比较。
(5)拿铁、卡布奇诺、爱尔兰咖啡等花式咖啡的调制与品鉴。

(二)重点和难点

重点:不同的咖啡豆及不同用具冲泡咖啡的技巧;花式咖啡的调制。
难点: 花式咖啡的调制。

(三)实验仪器

1.实验器具

服务托盘 1 个、白色托盘 1 个、大冰桶 1 个、手摇磨豆机 1 部、白色小碟 2 个、白瓷杯每人 1 个、海波杯 1 个、咖啡杯 1 套、咖啡分享壶 1 个、法压壶、手冲滤杯、虹吸壶各 1 个(套)、咖啡勺、搅棒、吧匙各 1 把、起泡器或打奶器 1 个。

2.实验设备(主要为电器)

制冰机、冰箱、咖啡机、煮水器等。

(四)实验耗材

根据冲泡咖啡的不同,相应准备咖啡豆、牛奶、糖、奶油、巧克力酱、肉桂、香草等实验材料。

(五)实验步骤

(1)咖啡豆磨粉:根据调制不同花式咖啡的需要,调节磨豆机,磨制的咖啡粉颗粒大小符合要求。

(2)冲调用具及材料准备:

①选择并准备手冲咖啡滤杯、虹吸壶等不同冲调工具。

②准备合适温度的热水及牛奶、奶泡等材料。

③起泡器或打奶器等用具及其他材料。

(3)根据正确方法冲泡咖啡,并开展色、香、味等要素的品鉴。

(4)冲制浓缩咖啡,并调制花式咖啡。

拿铁调制要点:

①热牛奶与浓缩咖啡的比例一般大于 2∶1。

②可在热牛奶上层叠加一层冷牛奶打制的奶泡,比例参考为 1/6 浓缩咖啡、2/3 热牛奶、1/6 奶泡。

③其他风味添加,如少量巧克力、肉桂、香草等,并同时进行装饰。

卡布奇诺调制要点:

①浓缩咖啡、鲜奶与奶泡比例为 1∶1∶1。

②入杯顺序依次为浓缩咖啡、热牛奶,最后是奶泡,奶泡以热牛奶打制。

③添加风味,如肉桂粉、可可粉、柑橘及柠檬果皮等,并同时进行装饰。

摩卡咖啡调制要点:

①原料准备,意大利浓缩咖啡、巧克力酱、鲜奶油和牛奶。

②入杯顺序依次为浓缩咖啡、牛奶、奶油、巧克力酱。

③添加其他风味,如肉桂粉、可可粉,并同时进行装饰。

(5)根据色、香、味等要素品饮和鉴赏花式咖啡。

(六)注意事项

(1)按照要求课前清洁器具和实验室环境。

(2)准备的物资和所有器具在实验前统一放置在操作台上。

(3)正确研磨咖啡粉,按步骤冲泡咖啡。

(4)开展色、香、味等要素的品鉴。

(5)杜绝浪费,按配方调制花式咖啡。

(6)使用实验室各种电器之前,需要向老师报告并按照操作手册使用。

(7)实验结束后,注意清洗一切使用物品,整理和清洁实验环境。

三、实验报告

要求完成咖啡实验表格(表 6-1、表 6-2)的内容填写,记录并描述操作过程与品饮体验,并将分析与思考填入实验表。

表 6-1　咖啡冲泡学习表

咖啡豆名称	
咖啡豆产地	
咖啡豆特点	
冲泡用具	
实验操作过程	
咖啡品鉴(色香味等)、分析与思考	

表 6-2　花式咖啡调制学习表

咖啡豆名称	
咖啡豆产地	
咖啡豆特点	
冲泡用具	
调制饮品名称	
调制饮品配方	
实验操作过程	
咖啡品鉴(色香味、器与意)、分析与思考	

四、实验评价

实验准备：
实验操作：
实验报告：
总评：
教师签名：

本章小结

本章介绍了咖啡的含义、分类、加工工艺、冲泡、品饮、冲泡和调制等内容。咖啡是以咖啡豆为原料，经过烘焙，研磨或提炼并经水煮或冲泡而成的饮料或饮品。咖啡豆有不同的品种和种植环境，初加工有日晒、水洗等不同的工艺，烘焙有浅、中、深等八种烘焙度，这些都影响着每一款咖啡的风味。同时，冲泡咖啡时，不同的研磨度、水温、时长，以及冲泡方法等对最终的咖啡饮品又有不同程度的影响。

练习题

一、名词解释

咖啡;日晒法 ;水洗法;蜜法

二、判断题

1.烘焙咖啡的主要目的是借各种不同的烘焙程序,让生咖啡豆中的成分发生变化,使咖啡豆呈现出独特的咖啡色,散发出诱人的香味,拥有特别的口感。 (　　)

2.按原生种分类,咖啡可分为阿拉比卡和罗布斯塔。 (　　)

3.研磨度越粗,咖啡冲煮的时间越长;反之则越细、越短。 (　　)

4.意式浓缩咖啡机使用的研磨度稍细,为中细研磨。 (　　)

5.深焙咖啡豆研磨度宜稍粗,浅焙咖啡豆研磨度宜稍细。 (　　)

三、问答题

1.简述咖啡豆的主要产地及其特点。

2.世界上有哪些著名的咖啡品种?

3.咖啡常用的冲泡方法有哪几种?

4.简述意式浓缩咖啡的特点。

第七章
茶

第一节　茶的概述

一、茶的含义与功能

(一)茶的含义

茶(Tea)为世界三大饮料之一,指以茶叶为原料,经水煮或冲泡而成的饮品。同时,茶也是茶树和茶叶的统称。

茶树是亚热带作物,喜温暖、湿润环境,适宜在土质疏松、土层深厚、排水透气良好的微酸性土壤中生长,广泛分布于热带和亚热带;其生长过程对气温有一定适应范围,最适宜的生长温度为18~25 ℃,在南纬45°与北纬38°之间的区域都可以种植。茶树属山茶科山茶属,双子叶植物,约有30属、500种。我国的茶树有14属、397种,主要分布在长江以南各地。茶树为多年生常绿木本植物,一般为灌木,也有乔木。灌木多经栽培修剪,树高在0.8~1.2 m,树龄一般在50~60年。乔木型茶树高可达15~30 m,基部树围可达1.5 m以上,树龄可达数百年至上千年。茶树的叶子呈椭圆形,边缘有锯齿,叶间开五瓣白花,果实扁圆,呈三角形,果实开裂后露出种子。茶树嫩叶多用于制茶,种子可以榨油,茶树材质细密,其木可用于雕刻。在中国、印度、肯尼亚、斯里兰卡、越南、印度尼西亚、土耳其、柬埔寨等国,茶树主要用于生产茶叶。

(二)茶的功能

茶叶中所含成分复杂,约有500种。主要有咖啡碱(咖啡因)、茶碱、可可碱、儿茶素等茶多酚类化合物,以及酚类、醇类、醛类、酸类、酯类、芳香油化合物、碳水化合物、多种维生素和矿物质、蛋白质和氨基酸等。其中,茶叶中的儿茶素俗称茶单宁,是茶叶特有成分,具有苦涩味及收敛性,对金黄色葡萄球菌、链球菌、伤寒杆菌等多种病菌有抑制,呈现较好的消炎杀菌和止痢作用。茶叶中含有较丰富的维生素C和维生素A原(胡萝卜素),具有明目作用;茶叶中的氟和茶多酚类化合物可杀死齿缝中的乳酸菌以及其他龋齿细菌，含有芳香物和棕榈酸可消除口腔中的腥臭味和吸收异味，防止龋齿和口臭。同时，茶叶中的咖啡碱和儿茶素等茶多酚类化合物具有降压、降血脂作用；能消除自由基，有抗氧化、抗癌、抗辐射作用；能刺激中枢神经系统和呼吸系统，放松肌肉、促进血液循环，具有利尿和抗疲劳作用。因此，适量饮茶有助于凝神定性，提升精神，强健体魄。但过量摄入易出现心跳加速、心慌、低血糖、焦虑、失眠等症状，影响正常的工作和生活。

二、茶的起源与发展

(一)茶的起源

中国是最早发现和利用茶的国家，也是茶树的原产地。中国西南地区(云南、贵州、四川等地)是茶树原产地的中心，现存有大面积野生茶树群落和栽培型古茶园。据史料记载，我们的祖先在数千年前已经栽培和利用茶树。据河姆渡文化田螺山遗址考古发现，6 000 多年前生活在浙江余姚田螺山一带的先民就开始植茶树，田螺山是迄今为止考古发现的、我国最早人工种植茶树的地方。东汉药学著作《神农本草经》有“神农尝百草，日遇七十二毒，得荼而解之”的记载，荼即为茶之古称。世界上第一部茶叶专著《茶经》由唐代陆羽所作，其中记录“茶者，南方之嘉木也，一尺、二尺乃至数十尺，其巴山、峡川有两人合抱者”，并称“茶之为饮，发乎神农氏，闻于鲁周公……傍时浸俗，盛于周朝。”同时，已有的实物证据和文史资料显示，世界上其他地方的茶叶种植和饮茶习惯大都是直接或间接地由中国传播而形成。

“茶”的古称很多，如荼、槚、苦荼、茗等，在古代有的指茶树，有的指不同的成品茶。至唐代开元年间(8 世纪)，始由“荼”字逐渐简化而成“茶”字，统一了茶的名称。现在世界各国“茶”字的读音大多由“茶”“槚”“诧”“荼”等的音韵转变而来。日语中茶的发音即受江浙等地发音的影响为“CHA”，法语中茶的发音受闽南语的发音影响为“TE”。

(二)茶的发展

茶叶最初主要作为药用，根据史料记载，约公元前 200 年的西汉，司马相如在《凡将篇》中将茶称为“荈诧”，这是我国将茶作为药物的最早文字记载。此后近 800 年间，不断有文字记载茶的保健治疗作用。除《神农本草经》有记载外，东汉《桐君录》中有记载：“南方有瓜芦木，亦似茗，至苦涩，取为屑茶饮，亦可通夜不眠，煮盐人但资此饮。”唐代，茶叶传入日本，日本的第一部茶著作《吃茶养生记》中也记载：“茶也，养生之仙药，延年之妙术也……”李时珍的《本草纲目》中亦明确记载：“茶苦而寒，最能降火，又兼解酒食之毒，使人神思矍爽，不昏不睡。”

茶叶药用主要以鲜食、煮饮为主，茶作为饮料从周武王时期以茶代酒开始。据东晋史学家常璩《华阳国志》记载，约公元前 1066 年，巴国以茶为珍品纳贡给周武王，同时，还记录了人工栽培茶树的茶园。到了汉代，茶已成为商品，主要流行于上层社会，而后逐渐发展并在民间流行。西汉王褒的《僮约》中：“烹茶尽具”“武阳买茶”等记载了我国最早的茶叶市场。到了 8 世纪的唐代，制茶技术及茶文化均得到较快发展，唐代已将鲜叶加工成蒸青团茶，从洛阳到长安随处可见销售茶水的店铺。唐代文献《封氏闻见记》有饮茶篇,记录有:"开元太山有僧大兴禅教,人人煮茶驱睡,致使人人相仿效,逐成风俗。"可见,唐代饮茶习俗已经普及到平民百姓。约780年,世界上最早的一部茶叶专著《茶经》问世,这是中国乃至世界现存最早、最完整、最全面介绍茶的专著,被誉为"茶叶百科全书",由中国茶道奠基人陆羽所著。《茶经》系统介绍了茶叶生产的历史、源流、现状、生产技术以及饮茶技艺、茶道原理等,是一部划时代的茶学专著。同时,我国与茶叶制度相关的税茶、榷茶、贡茶、茶纲及制度均始于唐代,并一直沿袭至清末。

"茶兴于唐,盛于宋"。宋代的茶叶生产空前发展,饮茶之风盛行,既形成了豪华极致的宫廷茶文化,又兴起趣味盎然的市民茶文化。宋代创制的"龙凤茶",把我国古代蒸青团茶的制作工艺推向一个历史高峰,为后代茶叶形制艺术发展,奠定了审美基础,如现今云南产的"圆茶""七子饼茶"等即沿袭宋代"龙凤茶"而遗留的一些痕迹。宋代还非常讲究烹茶技艺,创造了"点茶"技艺,形成"斗茶"的茶俗,充分体现了茶文化丰富的文化意蕴。丰富多彩的宋代茶俗对后代的影响极为深远。饮茶日益成为人们日常生活不可缺少的事物,宋代王安石在《议茶法》云:"夫茶之为民用,等于米盐,不可一日以无。"

茶叶最初作为饮料主要是摘鲜叶煮饮,到南北朝时开始把鲜叶加工成茶饼,唐代创制了蒸青团茶,宋代创制了蒸青散茶。明清时期,茶的形态由团茶转变为散茶,饮茶方式由煮茶转变为泡茶。茶叶的品种也不断丰富,明代创制了炒青绿茶、黄茶,黑茶、红茶、花茶等;清代创制了白茶、乌龙茶等。至此,茶叶的产区进一步扩大,制茶技术日臻完善与多样,茶叶成为中国对外贸易的主要商品。

(三)茶的传播

中国是茶的发祥地,在秦汉时期,饮茶习俗主要在四川一带,西汉对茶饮作过记录的司马相如、王褒、杨雄等均是四川人。当时,茶作为四川的特产,通过进贡渠道,首先传到长安,并逐渐向当时的政治、经济、文化中心陕西、河南等北方地区传播。到三国两晋时期,随荆楚茶业和茶叶文化在全国传播的日益发展,以及地理上的有利条件,长江中游在中国茶文化传播上的地位逐渐明显。至唐代,长江中下游地区成为中国茶叶生产和技术中心。从五代到宋朝初年,全国气候总体趋势由暖转寒,江南早春茶树因气温降低、发芽推迟,不能保证茶叶在清明前进贡京都,欧阳修有云:"建安三千里,京师三月尝新茶"。同时,叠加政治等原因使中国南方茶业得到迅速发展,逐渐取代长江中下游茶区成为宋朝茶业的重心。福建建安茶作为贡茶,成为中国团茶、饼茶制作的主要技术中心,从而带动了闽南和岭南茶区的崛起和发展。由此可见,到了宋代,茶已传播到全国各地。宋朝的茶区,基本上已与现代茶区范围相符。明清以后,主要是各类茶叶制法和兴衰演变。

中国茶传播到世界各地,主要通过三种形式:一是早期朝鲜半岛、日本的僧侣来到中国学佛,同时将茶叶、茶文化带回本国;二是朝廷、官府作为高级礼品赏赐或馈赠给来访的外国使节、嘉宾;三是通过贸易,输往世界各地。

中国茶叶和茶文化,最早通过陆路和海路东传朝鲜半岛和日本。约在6世纪和7世纪,朝鲜半岛的新罗僧人到中国学佛求法,在中国接触到饮茶,并在回国后将茶和茶籽带回新罗。韩国古籍《三国史记》载:“前于新罗第27代善德女王(632—647年在位)时,已有茶。”据此可认为,朝鲜饮茶不会晚于7世纪中叶。唐贞元二十年(804年)日僧最澄法师入华求法,在天台山学习,唐永贞元年(805年)带茶树种子回国,栽于本州岛近江(今日本滋贺县境内)的比睿山麓(今池上茶园为旧址)。此后,陆续有日本僧人将茶树和茶文化传回本国,并由寺庙传到民间。南宋时期,日本荣西禅师来我国学习佛经,并学习了宋代茶艺,归国时带走不少茶籽,并从九州到京都沿途传播。同时,荣西从中国传入的釜炒茶(炒青)制法和抹茶冲点法一直为以后的日本茶道所沿用。自此,日本茶叶生产及茶文化开始繁荣发展。

通过陆上“丝绸之路”,从西汉开始,茶叶也从甘肃、新疆经传播到中亚、西亚地区。同时,起源于唐宋时期“茶马互市”的茶马古道,使茶叶经中国西南入藏传到印度、尼泊尔等南亚地区。至明清,中国开始与欧、美各国进行海上茶叶贸易。16世纪后,茶叶作为商品输入欧洲,先是荷兰、葡萄牙,再到英国、俄国。美国威廉·乌克斯著《茶叶全书》中说:“饮茶代酒之习惯,东西方同样重视,唯东方饮茶之风盛行数世纪之后欧洲人才始习饮之。”

17世纪清初,从武夷山等中国东南茶区至俄罗斯恰克图的“万里茶路”形成。万里茶路是继丝绸之路衰落之后在欧亚大陆兴起的又一条重要的国际商道,南起中国福建崇安(现武夷山市),途经江西、湖南、湖北、河南、山西、河北、内蒙古、从伊林(现二连浩特)进入蒙古(今蒙古国)、沿阿尔泰军台,穿越沙漠戈壁,经库伦(现乌兰巴托)到达中俄边境的通商口岸恰克图,再从俄罗斯境内继续延伸,经伊尔库茨克、新西伯利亚、秋明、莫斯科、彼得堡等十几个城市,又传入中亚和欧洲其他国家,以输出茶叶为主,故称中俄茶叶之路。

17世纪中叶至18世纪中叶,茶叶已逐渐成为英、法等国的日常饮品。英国人喜欢将牛奶和白糖加入浓郁的红茶中饮用,并鼓励种植茶树。在此期间,中国茶籽传入印度、印度尼西亚、斯里兰卡、孟加拉国、马来西亚等国家,并在当地大规模发展茶叶种植与加工,以出口欧洲。至19世纪中叶,非洲的肯尼亚、坦桑尼亚、乌干达等国亦种植并发展茶叶生产。

综上可见,茶叶在中国经过了几千年的发展,逐渐传播到世界各地,茶的知识、文化也作为中国特有的文化成为中国与世界交流的桥梁。

(四)世界著名茶叶生产国

目前,全世界有50多个国家种植茶叶,120多个国家合计超过20多亿人口有饮茶的习惯。

1.中国

我国是世界上最大的茶叶生产国,茶叶产量2014年突破200万吨,2021年突破300万吨。同时,也是世界茶叶品种最多的国家,包括绿茶、乌龙茶、红茶、黑茶等基本茶类和各类再加工茶。

我国茶叶的主要产地可以分为西南、江南、华南、江北四大茶区,除了四大茶区外,还有一些散落分布区域。

(1)西南茶区。西南茶区位于中国西南部,包括云南、贵州、四川三省以及西藏东南部,是中国最古老的茶区。茶树品种资源丰富,生产红茶、绿茶、沱茶、紧压茶和普洱茶等,是我国发展大叶种红碎茶的一个主要基地。

(2)江南茶区。江南茶区位于我国长江中、下游南部,包括浙江、湖南、江西等省和皖南、苏南、鄂南等地,为中国茶叶主要产区,每年的产量差不多占据全国总产量的2/3。生产的主要茶类有绿茶、红茶、黑茶、花茶以及品质各异的特种名茶,主要名茶有西湖龙井、黄山毛峰、洞庭碧螺春、君山银针、庐山云雾等。

(3)华南茶区。华南茶区位于我国南部,包括广东、广西、福建、台湾、海南等省(区),为中国最适宜茶树生长的地区。有乔木、小乔木、灌木等各种类型的茶树品种,茶资源极为丰富,生产红茶、乌龙茶、花茶、白茶和六堡茶等,所产大叶种红碎茶,茶汤浓度大。

(4)江北茶区。江北茶区位于长江中、下游北岸,包括河南、陕西、甘肃、山东等省和皖北、苏北、鄂北等地。江北茶区主要生产绿茶。茶区土壤多属黄棕壤或棕壤,是我国南北土壤的过渡类型。但少数山区,有良好的微域气候,所以茶的质量也不比其他茶区差,比如六安瓜片、信阳毛尖等。

2.印度

印度位于南亚次大陆,是南亚最大的国家,热量雨量丰富,适宜茶树生长。印度的茶叶种植始于1780年,从中国引入茶籽种于加尔各答。印度的茶叶产区分布广,茶叶产量仅次于中国。年产茶叶120多万吨,其中70%供内销,30%左右供出口。现在全印度22个邦产茶,遍布北印度和南印度的广大地区。北印度的茶区主要有阿萨姆和西孟加拉两地。阿萨姆茶区是印度最大的茶区,面积和产量约占全印度的55%。印度主产红茶,印度的阿萨姆红茶和大吉岭红茶在世界上享有盛誉,大吉岭红茶以其独特的幽雅香气被称为“茶中香槟”;尼尔吉里(Nilgiri)茶味鲜爽甘甜,香气清新,是一种非常适合加奶或香料的进行调和的红茶,被誉为“拼配商之梦”。

3.肯尼亚

肯尼亚靠近赤道,地理位置优越,为植物生长提供了充足的阳光和条件。肯尼亚最早的茶树在1900年代初播种,目前肯尼亚是世界上最大的红茶出口国,茶叶产量超过40万吨,拥有超过50万名小规模种植茶的农民,茶产业已发展成为该国农业的支柱。

4.斯里兰卡

斯里兰卡是亚洲南部印度洋上的一个热带岛国。斯里兰卡茶叶种植已有一百多年的历史,生产的锡兰茶闻名世界。茶产业是斯里兰卡国民经济的重要支柱,茶叶是斯里兰卡重要外汇创收来源之一,也是主要的出口农作物,年产量超过30万吨。锡兰红茶与我国安徽祁门红茶、印度大吉岭红茶并称世界三大著名红茶。

5.土耳其

土耳其地处亚、欧两洲交汇处,1888年开始种植茶叶,年产茶叶10万吨,主产红茶。

6.印度尼西亚

印度尼西亚位于亚洲东南部,地跨赤道,由13 700个岛屿组成,是世界上最大的岛国。在1684年开始种茶,茶叶年产量超过10万吨,主产红茶。

7.越南

越南的北部以及中北部都适合种植茶叶,主要产茶区在越南首都河内附近,2019年茶叶产量约 20 万吨。越南国内最受欢迎的是绿茶,莲花茶也是越南特产。

8.日本

日本自唐代从中国引种茶籽开始迄今已有 1 000 多年的种茶历史。全国有 44 个府县产茶,主要分布在静冈、鹿儿岛、奈良、宫崎、京都等地,其中静冈茶叶种植面积约占全国的 40%,产量占全国总产量的 50%左右。日本生产的茶叶以绿茶(蒸青绿茶)为主,也少量生产乌龙茶、红茶和白茶。2019 年全国产茶约 9 万吨。

9.伊朗

12 世纪前,茶叶作为中国茶文化的主要载体,由著名的"丝绸之路"传至波斯(今伊朗)。伊朗既是世界主要茶叶生产国之一,也是世界主要茶叶进口、消费国之一。伊朗茶叶消费以红茶为主。

10.阿根廷

阿根廷茶叶生产区集中在阿根廷东北部靠近巴拉圭和巴西之间的地区。阿根廷茶叶生产始于第一次世界大战后,最早从中国引进茶籽种植。阿根廷主要生产马黛茶和红茶,另有少量绿茶。在当地语言中,"马黛茶"就是"仙草""天赐神茶"的意思,是南美洲最普遍的茶饮,被奉为"国宝""国茶"。

三、茶文化

茶文化是指饮茶活动过程中形成的文化特征,包括茶道、茶艺、茶德、茶联、茶书、茶具、茶谱、茶诗、茶画等。茶文化起源于中国,而今全世界一百多个国家和地区的人喜爱饮茶,各国茶文化各不相同,各有千秋。在我国,茶文化经历了秦汉的启蒙、魏晋南北朝的萌芽、唐代的确立、宋代的兴盛和明清的普及等各个阶段。其中,最有代表性的是各时期形成的茶道和茶艺。

(一)茶道

茶道是一种以茶为媒的生活礼仪,也是修身养性的一种方式。通过沏茶、赏茶、饮茶,在茶事活动中融入哲理、伦理、道德,通过品茗以求修身养性、品味人生、参禅悟道,从而达到精神上的享受。茶道是一种饮茶艺术又高于饮茶艺术,包含茶礼、礼法、环境、修行等四大要素。喝茶,是将茶当饮料解渴;品茶,注重茶的色、香、味,讲究水质、茶具,以及饮茶时的细细品味;茶艺,讲究环境、气氛、冲泡技巧等。茶道是喝茶、品茶、茶艺的最高境界,在此三者的基础上品味人生。

茶道精神是茶文化的核心,是茶文化的灵魂。中国茶道在历史长河中融贯了儒、道、释的思想精髓,其基本精神是"和、静、怡、真""廉、美、和、敬"。日本茶道的基本精神为"和、敬、清、寂",其受禅宗的影响很大,讲究"茶禅一味""一期一会"。

(二)茶艺

茶艺既是茶道的基础,也是茶道的必要条件,茶艺可以独立于茶道而存在。茶道以茶艺为载体,依存于茶艺。茶艺重点在“艺”,指制茶、烹茶、品茶过程中的礼仪及艺术展现,以获得审美享受;茶道的重点在“道”,指在此过程中所贯彻的精神,旨在通过茶艺修心养性、参悟大道。茶艺的内涵小于茶道,茶道的内涵包容茶艺。狭义的茶艺即是指冲泡的技艺和品饮的方法,而冲泡技艺和品饮的方法则来源于人们的日常生活习惯。

中国的茶叶品种繁多,地域特色明显,茶艺也不拘一格。茶艺以人、茶叶为主体、冲泡方式和茶具为标准,可以分为不同的种类。按历史可以分为传统和现代;按地域可区分为南、北派及港台;按用途可区分为表演型和实用型;按主体类型可分为高雅、流行以及皇室、贵族、宗教、文士、平民、民俗等。虽然标准有所不同,茶艺的类别也各异,但其内在神韵与艺术展示却具有高度的统一性。

在中国饮茶的历史过程中,形成的茶艺总体而言有煎茶(煮茶)法、点茶法、泡茶法;由于茶艺的不同,中国茶道先后产生了煎茶道、点茶道、泡茶道三种形式。煎茶(煮茶)法即直接将茶放在釜中熟煮,是中国唐代以前最普遍的饮茶法,而今在少数地区仍然存在;唐宋时期发展了点茶法,并在宋代达到鼎盛,之后逐渐衰退,但对日本的茶道影响深远;明清及之后发展为泡茶法,并沿用至今。

第二节　茶的种类与工艺

茶叶按照制作工艺的不同分为绿茶、红茶、白茶、黄茶、青茶、黑茶等六大基本茶类和再加工茶类。六大基本茶类按照发酵程度又可分为不发酵茶(绿茶、普洱生茶)、轻发酵茶(白茶、黄茶)、半发酵茶(青茶)、全发酵茶(红茶、黑茶及普洱熟茶)。发酵茶是指在茶叶制作中有“发酵”这一工序的茶的统称。发酵茶具有暖胃、调节人体血脂、血糖、助消化等功效。不发酵茶没有经过发酵工序,较多地保留了鲜叶的天然物质,具有抗衰老、防癌、抗癌、杀菌、消炎等功效。发酵茶和不发酵茶各有各的特点和功效,并没有实质上的好坏之分。再加工茶类有花茶、配制茶等。

一、茶的基本种类

(一)绿茶(Green Tea)

绿茶属不发酵茶,以采摘鲜茶叶为原料,经杀青、揉捻、干燥等工艺过程制成的茶。绿茶的品质特征为“三绿”(外形绿、汤色绿、叶底绿)、香高、滋味鲜爽,并较多地保留了鲜叶内的天然物质,如茶多酚、氨基酸、叶绿素、维生素等,故绿茶具有消炎、杀菌、抗衰老等功效。但是由于绿茶茶多酚含量非常高,收敛性比较强,容易刺激胃部。

绿茶是历史上最早出现的茶类。古人采集野生茶树芽叶晒干收藏,可以看作是广义上的绿茶加工的开始,距今至少有 3 000 多年的历史。但真正意义上的绿茶加工,应从 8 世纪发明蒸青制法开始算起。到了 12 世纪,中国开创了炒青制法,并一直沿用至今,且不断完善。

绿茶的花色品种多样,按照制作方法不同,又可以分为蒸青绿茶、炒青绿茶、晒青绿茶以及烘青绿茶。蒸青绿茶是中国有了制茶技术后,最早发明的一种制法,在《茶经》中就有关于蒸青记载。蒸青代表茶有恩施玉露等。日本茶基本也是以蒸青绿茶为主。炒青绿茶是指用炒干方式制成的绿茶,代表茶有信阳毛尖、西湖龙井、碧螺春、蒙顶甘露、南京雨花茶等。烘青绿茶是指采用烘焙进行烘干的绿茶,代表茶有太平猴魁、六安瓜片、黄山毛峰等。晒青绿茶指采摘茶树鲜叶,锅炒杀青,捻揉后放置在太阳下,通过阳光照射干燥的茶叶。主要有普洱生茶以及砖茶、紧压茶、沱茶的原料茶。

按品质的不同又可以分为名优绿茶和大宗绿茶。名优绿茶的代表有西湖龙井、洞庭碧螺春、黄山毛峰、六安瓜片、信阳毛尖等。

1.西湖龙井

西湖龙井属于炒青绿茶,产于浙江杭州西湖的狮峰、翁家山、虎跑、梅家坞、云栖、灵隐一带的群山之中。杭州产茶历史悠久,早在唐代陆羽《茶经》中就有记载,龙井茶则始产于宋代。龙井茶以"色翠、香郁、味甘、形美"四绝著称于世,素有"国茶"之称。成品茶形似碗钉,光扁平直,色翠略黄呈"糙米色",滋味甘鲜醇和,香气优雅高清,汤色碧绿清莹,叶底细嫩成朵。

2.洞庭碧螺春

洞庭碧螺春,产于江苏吴县太湖洞庭山。碧螺春创制于明代。清乾隆下江南时已有相当名气。其条索纤细,卷曲成螺,满身披毫,银白翠隐,香气浓郁,滋味鲜醇,甘厚,汤色碧绿清澈,叶底嫩绿明亮,有一嫩(嫩芽叶)三鲜(色、香、味)之称,是我国名茶中的珍品,以"形美、色艳、香浓、味醇"而闻名中外。

3.黄山毛峰

黄山毛峰,属烘青绿茶,产于安徽黄山。黄山产茶的历史可追溯至宋朝嘉祐年间。至明朝隆庆年间,黄山茶已相当名气。黄山毛峰始创于清代光绪年间。特级黄山毛峰堪称我国毛峰之极品,其形似雀舌,峰毫显露,匀齐壮实,"黄金片"和"象牙色"是黄山毛峰的两大特征。冲泡时,茶舞现象明显,香气清香高长,汤色清澈明亮,滋味鲜醇回甘,叶底嫩黄成朵。

4.六安瓜片

六安瓜片产于安徽省六安市一带。根据六安志记载和清代乾隆年间诗人袁枚所著《随园食单》所列名品以及民间传说,六安瓜片是清代中叶从六安茶中的"齐山云雾茶"演变而来。六安瓜片是唯一无芽无梗的茶叶,其由单片生叶制成,形似瓜子,平展匀整,茶色碧绿,清澈明亮,滋味鲜醇回甘。

5.信阳毛尖

信阳毛尖产于河南信阳西部海拔 600 m 左右的车云山一带,创制于清末。信阳毛尖茶叶条索细紧圆直,色泽翠绿,白毫显露;汤色清绿明亮,香气鲜高,滋味鲜醇;叶底芽壮,嫩绿匀整。信阳毛尖茶汤属浅绿型,茶叶香气属清香型,并不同程度表现出毫香、鲜嫩香、板栗香;茶叶滋味具浓烈型和浓醇型,内含有机物质丰富,素以"色翠、味鲜、香高"著称。

(二)白茶(White Tea)

白茶属轻发酵茶,以采摘鲜茶叶为原料,经过萎凋、干燥工艺制作而成。白茶的发酵度约10%,是我国的特色茶类,由宋代三色鲜芽、银丝水芽演变而来。其制法是既不破坏酶的活性,又不过分促进氧化。白茶最大的特点是"银叶白汤",其成茶白色银毫,素有"绿妆素裹"之美感;冲泡后的茶汤淡雅,色泽微黄亮,滋味鲜醇。白茶的清热润肺、明目护肝、消炎解毒等药理作用明显。白茶存放时间越长,其药用价值越高。

白茶按照茶树品种与鲜叶采摘的不同可以分为芽茶和叶茶,芽茶主要有白毫银针等;叶茶主要有白牡丹、寿眉、贡眉等。按照等级可分为白毫银针、白牡丹、贡眉及寿眉、新工艺白茶5种。

1.白毫银针

白毫银针简称银针,也称白毫,产地位于中国福建省的福鼎市和南平市政和县,因其白毫密披、色白如银、外形似针而得名,其香气清新,汤色淡黄,滋味鲜爽,是白茶中的极品,素有茶中"美女""茶王"之美称。

2.白牡丹

白牡丹产地主要分布于福建政和、建阳、松溪、福鼎等地,因其绿叶夹银白色毫心,形似花朵,冲泡后绿叶托着嫩芽,宛如蓓蕾初放,故得名。白牡丹采自大白茶树或水仙种的短小芽叶新梢的一芽一叶或一芽二叶制成,是白茶中的上乘佳品。茶汤毫香明显,滋味鲜醇,汤色橙黄清澈,叶底浅灰,叶脉微红。

3.贡眉及寿眉

贡眉主要产于福建建阳县,建瓯、浦城等县也有生产。贡眉采摘时,叶片已经全部舒展,成茶多为一芽三叶或一芽四叶,成茶由芽头、叶片、茶梗三部分构成。其中,按质量不同,常又分为贡眉和寿眉。高者为贡眉,次者为寿眉。优质的贡眉成品茶毫心明显,茸毫色白且多,干茶色泽翠绿,冲泡后汤色呈橙黄色或深黄色,叶底匀整,叶脉微红,滋味醇爽。寿眉是白茶中产量最高的一个品种,其产量占到了白茶产量的一半以上。

4.新工艺白茶

新工艺白茶简称新白茶,为福建的特产,主要产区在福鼎、政和、松溪、建阳等地。新白茶按白茶加工工艺,在萎凋后加入轻揉制成。是原中国茶业公司福州分公司(现福建茶叶进出口有限责任公司)和福鼎有关茶厂为适应港澳市场的需要,于1968年研制的新产品。新白茶茶叶外形略张,有缩摺呈半卷条形,色泽暗绿带褐,香清味浓,汤色味似绿茶但少清香,似红茶但无酵感,浓醇清甘是其特色。条形较贡眉紧卷,汤味较浓,汤色较浓。

(三)黄茶(Yellow Tea)

黄茶属轻发酵茶类,发酵度10%~20%。黄茶是我国特有的茶类,其加工工艺近似绿茶,主要是在干燥过程中增加了一道"闷黄"工艺,在冲泡后呈现出最主要特点是"黄汤黄叶"。

按照采摘鲜叶的嫩度以及芽叶的大小,黄茶可以分为三类,即黄芽茶、黄小茶、黄大茶。

黄芽茶的代表主要有君山银针、蒙顶黄芽、霍山黄芽等；黄小茶的代表有北港毛尖、鹿苑毛尖、平阳黄汤、蔚山白毛尖等；黄大茶的代表有霍山黄大茶、广东大叶青等。

1.君山银针

君山银针属黄茶类，是中国十大名茶之一。君山银针茶产于湖南省岳阳市洞庭湖中的君山，湖水四面环绕，竹木丛生，终年云雾缭绕，空气湿润。山上土质主要为细小砂质土，土层深厚肥沃，非常适宜茶树生长，自古就有"洞庭茶岛"之称。君山银针始于唐代，清朝时被列为"贡茶"。因形细如针，故得名银针；因冲泡形态而称白鹤茶；又因全由芽头制成，茶芽像一根根针，芽头茁壮、长短均匀，茶身满布毫毛，内呈橙黄色，外裹一层白毫，故得雅号"金镶玉"。

君山银针茶香气清高，味醇甘爽，汤黄澄高，芽壮多毫，条真匀齐，白毫如羽，芽身金黄发亮，叶底肥厚匀亮，滋味甘醇甜爽，久置不变其味。君山银针适宜以清澈山泉水冲泡，茶具宜用透明的玻璃杯。冲泡后，芽竖悬汤中，冲升水面后徐徐下沉，再升再沉，三起三落，蔚成趣观。

2.广东大叶青

广东大叶青虽属黄茶类，但与其他黄茶制法不同，其先萎凋后杀青，再揉捻闷堆。杀青前的萎凋和揉捻后闷黄的主要目的是消除青气涩味，促进香味醇和纯正。主要产地在广东省的韶关、肇庆、湛江等地市。外形条索肥壮、紧结重实、色泽绿翠光亮。香气较浓郁，汤色橙黄明亮，滋味鲜醇回甘口。

(四)乌龙茶(Oolong Tea)

乌龙茶也称青茶，属于半发酵茶，发酵度30%~60%。乌龙茶起源于福建省，最早可追溯到宋代的北苑茶，迄今已有1 000多年的历史了。乌龙茶是我国特色茶之一，综合了绿茶和红茶的特点，既有绿茶的清香，又有红茶的甘醇。乌龙茶的最大特点是沏泡后的叶底"绿叶红镶边"。根据产地、制作工艺以及品质风格的不同，乌龙茶可以分为闽北乌龙茶、闽南乌龙茶、广东乌龙茶以及台湾乌龙茶。代表性品类依次为武夷岩茶、安溪铁观音、凤凰单丛(或称单枞)、冻顶乌龙等。

1.闽北乌龙茶

主产区分布在福建北部的武夷山、建阳、建瓯等一带。主要品种有武夷岩茶和闽北水仙、闽北乌龙等。

武夷岩茶是历史名茶之一，产自福建省武夷山市。武夷岩茶的花色品种一般分为大红袍、武夷水仙、武夷肉桂、武夷名丛(铁罗汉、水金龟、白鸡冠、半天妖等)、武夷奇种等品种。大红袍在武夷岩茶中品质最优、名气最大。武夷岩茶外形肥壮匀整，条索紧结卷曲，色泽乌褐或带墨绿、沙绿等；汤色橙黄至金黄、清澈明亮；香气浓郁，常带花、果香，锐则浓长、清则幽远，或似水蜜桃香、兰花香、桂花香、乳香等；滋味醇厚，鲜滑回甘，具有特殊的"岩韵"。

闽北水仙和闽北乌龙都产自福建省闽北地区，产区分布在建瓯、建阳、顺昌、邵武等南平地市。闽北水仙外形条索紧细垂实，叶端扭曲，色泽乌润、枝梗、黄片少，无夹杂物。内质香气浓郁、具有兰花清香,滋味醇厚鲜爽回甘,汤色清澈呈橙黄色,叶底肥软黄亮,红边鲜艳。闽北乌龙外形条索细紧重实、叶端扭曲,色泽乌润,枝梗少,无夹杂物。内质香气清高细长,滋味醇厚鲜爽,汤色清澈呈金黄色,叶底绿叶红边,匀整柔软。

2.闽南乌龙茶

主产于福建省南部的安溪、永春、南安、同安等地。此类乌龙茶品种花色多,茶叶多冠县名,如安溪铁观音、永春佛手、平和白芽奇兰、诏安八仙等,闽南水仙和闽南色种是产区分布较广的类型。

安溪铁观音是乌龙茶类中的名品,原产于福建安溪县,"铁观音"既是茶名,也是茶树品种名。安溪铁观音外形条索肥壮、紧结、卷曲、多呈螺旋形;身骨沉重,色泽油润,俗有"青蒂、绿腹、蜻蜓头"之称。安溪铁观音香气浓郁清长,"音韵"(品质特征)明显,滋味醇厚甜鲜,入口微苦,瞬即转甜,稍带蜜味,汤色金黄清亮,叶底肥软且亮,红边均匀,耐冲泡。

3.广东乌龙茶

广东乌龙茶盛产于潮汕地区的潮安、饶平等地。花色品种主要有凤凰单丛、凤凰水仙、岭头单丛、饶平色种等。

凤凰单丛,由株系和品质特征结合,划分十种香型,即黄枝香、芝兰香、蜜兰香、桂花香、玉兰香、姜花香、夜来香、茉莉香、杏仁香、肉桂香等。凤凰水仙,主产于潮安凤凰山一带,外形条索肥壮匀整,色泽灰褐乌润;内质香气清香芬芳。汤色清红,滋味浓厚回甘,叶底厚实红边绿心。岭头单丛,产自饶平,又称白叶单丛茶,由饶平县坪溪镇岭头村茶农从凤凰水仙群体品种中选育而成,具有花香蜜韵特点。饶平色种,以饶平西岩采制的品质为最佳。外形条索卷曲较细,紧结,色油润带翠,内质香气清高持久,有特殊的花香味,滋味鲜醇爽滑,有独特山韵,叶底青绿微红边。

4.台湾乌龙茶

台湾乌龙茶产于台北、桃园、新竹、苗栗、宜兰、南投、云林、嘉义等县地,代表品种有文山包种、冻顶乌龙、白毫乌龙等。

文山包种茶,产于台北县的文山地区和台北市的南港、木栅等地。采摘精细,属轻发酵茶类,外形条索自然弯曲,色泽深绿油润。内质香气清新花香,内质香气清新持久有自然花香,滋味甘醇,滑活,鲜爽回味强,汤色蜜绿-蜜黄色,清澈明亮。

冻顶乌龙茶,产于南投、云林、嘉义等地。外形条索自然卷曲成半球形,整齐紧结,白毫显露,色泽翠绿鲜艳有光泽,干茶具强烈芳香,冲泡后清香明显,带自然花香-果香,汤色蜜黄-金黄,清澈而鲜亮,滋味醇厚甘润,富活性,回韵强,叶底嫩柔有芽。还有金萱、翠玉、四季春等也各有风格。

白毫乌龙茶(又名膨风茶、东方美人茶、香槟乌龙茶),是台湾地区独有的名茶,因其茶芽白毫显著,故名。是半发酵青茶中发酵程度最大的茶品,一般的发酵度为60%,有些则多达75%~85%,故不会产生任何生青臭味,且不苦不涩。白毫乌龙茶产于夏季,限用手采茶青,且唯有经小绿叶蝉取食后的原料能制成较佳品质之白毫乌龙茶,是台湾新竹、苗栗特产,近年台北坪林、石碇一带亦是新兴产区。

(五)红茶(Black Tea)

红茶属发酵茶,发酵度80%~90%,是中国及其他各国的主要茶类,其饮用方法多样、范围广,尤其在西方国家广受欢迎。红茶的制作流程主要包括萎凋、揉捻、发酵、干燥等,制作完成的红茶具有以下特点:外形条索紧细、匀齐,色泽乌黑油润,芽尖呈金黄色;香气甜香明显,其中小种红茶具特别松烟香,工夫红茶有糖香,川红有橘糖香;汤色红润亮丽,碗沿有明亮金圈,冷却后有“冷浑浊”现象;茶汤滋味醇厚、鲜甜;叶底的芽叶齐整均匀,柔软厚实,色泽红亮鲜活。

红茶在发酵过程中多酚类物质的化学反应使鲜叶中的化学成分变化较大,会产生茶黄素、茶红素等成分,在帮助胃肠消化、促进食欲等方面效果明显,具红茶特有的汤色红亮、滋味浓郁等特点。

按照加工工艺上的区别,红茶可以分为小种红茶、工夫红茶和红碎茶三种。按照叶片大小,红茶有大叶种、中叶种、小叶种之分。

1.小种红茶

小种红茶是福建省的特产。小种红茶主要以正山小种为代表,正山小种是世界红茶的起源,这里指的正山小种是传统烟熏小种,产于福建武夷山桐木村。小种红茶外形条索肥实,色泽乌润,冲泡后汤色红浓,香气高长带松烟香,滋味醇厚,带有桂圆汤味。主要品种有正山小种、烟小种、金骏眉等。

2.工夫红茶

工夫红茶是我国特有的红茶品种,内含物质十分丰富,由于鲜叶品种不同,可分为大叶功夫和小叶功夫。工夫红茶是红茶界的主流,除福建的小种红茶,几乎国内各红茶产区的红茶都属工夫红茶,地域分布很广。因制作加工费时,工艺复杂,“工夫”因此而来。工夫红茶通常原料细嫩,制作精细,成品条索紧直,香气浓郁,滋味醇和,汤色和叶底红艳明亮,无论是外形还是品质都十分优良。香气以果香,果蜜香和焦糖香和烤红薯香为主。主要品种有滇红、祁红、川红、闵红、政和功夫、坦洋功夫等。其中,祁门红茶的制作工艺特别考究,被誉为中国工夫红茶的代表。

3.红碎茶

红碎茶是国际茶叶市场上的大宗产品,我国的红碎茶主要是对外出口。因在制茶过程中,需要将条形茶切成短细的碎茶,所以称红碎茶。红碎茶并不是特指某个品种,而是一种工艺,依据加工后外形不同可分为叶茶、碎茶、片茶和末茶四类。红碎茶多被加工成袋泡茶,以云南、广东、广西等的红碎茶品质最好。红碎茶色泽乌润,汤色鲜红,香气鲜浓,滋味醇厚,富有收敛性,叶底红润匀亮,金毫特显,毫色有淡黄、菊黄、金黄之分。按不同产地,主要品种有滇红碎茶,南川红碎茶等。

(六)黑茶(Dark Tea)

黑茶属后发酵茶,也是全发酵茶,发酵度接近100%,是中国特有的茶类,主产区为四川、云南、湖北、湖南、陕西、安徽等地。

"黑茶"二字，最早见于明嘉靖三年（1524年）御史陈讲奏疏："以商茶低伪，征悉黑茶。地产有限，仍第为上中二品，印烙篾上，书商名而考之。每十斤蒸晒一篾，运至茶司，官商对分，官茶易马，商茶给卖"。黑茶的基本工艺流程是杀青、初揉、渥堆、复揉、烘焙。黑茶一般原料较粗老，制造过程中堆积发酵时间较长，因而成茶叶色油黑或黑褐，故称黑茶。由于特殊的工艺过程，黑茶具特有陈香，有助消化解油、降脂减肥等功效。

黑茶按照产区的不同和工艺上的差别，可以分为湖南黑茶（茯茶、千两茶、黑砖茶、三尖等）、四川藏茶（边茶）、云南黑茶（普洱熟茶）、湖北青砖茶、广西六堡茶及陕西黑茶（茯茶）、安徽黑茶（安茶）等。此外，按照品种的不同可分为紧压茶、散装茶、花卷三大类；紧压茶为砖茶，主要有茯砖、花砖、黑砖、青砖茶，俗称"四砖"，散装茶主要有天尖、贡尖、生尖，统称"三尖"，花卷茶有十两、百两、千两等。

1.湖南黑茶

原产于湖南安化县，最早产于资江边上的苞芷园，后转至资江沿岸的雅雀坪、黄沙坪、硒州、江南、小淹等地，以资江南岸为集中地，品质则以高家溪和马家溪为最著名。湖南黑茶成品有"三尖""四砖""花卷"系列与之称。"三尖"指天尖、贡尖、生尖。"四砖"即黑砖、花砖、青砖和茯砖。"花卷"系列包括千两茶、百两茶、十两茶。湖南黑茶香味醇厚，带松烟香，汤色橙黄，叶底黄褐。湖南黑茶以保健功效著称，具有降血压、降血糖、降血脂、调理肠胃消炎、防辐射等功效，在边疆地区流传着"喝酒要喝伊利特，喝茶要喝湖南黑茶"之风。

2.四川藏茶

四川藏茶生产历史悠久，自古以来与藏民族以及我国西北部蒙、维、回、羌等民族同胞日常生活紧密相关。清代规定雅安、宜宾、天全、荥经等地所产的边茶专销康藏，称南路边茶，是专销藏区的一种紧压茶，故也被称为"藏茶"。其多采摘于海拔1 000 m以上高山，经过特殊工艺精制而成的后发酵茶。按茶叶产地及紧压的形状可分为康砖茶、康尖茶、金尖茶等，外形多呈圆角长方形或方形，茶饼表面平整紧实，茶叶色泽棕褐，茶汤色红褐而透亮，滋味醇和回甘。

3.云南黑茶（普洱熟茶）

云南普洱茶是以云南省一定区域内的云南大叶种晒青毛茶为原料，经过后发酵加工成的散茶和紧压茶。由于受气候、环境和技术因素的影响，其发酵程度也呈现由轻到重的发酵过程。因此，按发酵度不同，一般分为生茶和熟茶，其中普洱熟茶即是后发酵黑茶的典型代表。其外形色泽褐红或深栗色，汤色红浓明亮，陈香独特，滋味醇厚回甘，叶底褐红。普洱熟茶的茶性温和，有较好的养胃，护胃，暖胃，降血脂、减肥等保健功能。轻发酵的普洱生茶保留了原茶的较多显著特征，如回甘、生津、苦涩味等。茶汤不如全发酵熟茶那样浓醇顺滑，叶底颜色也偏浅，甜味不足，酸涩有余。

4.湖北青砖茶

青砖茶是采用海拔100~800 m高山茶树鲜叶为原料，经70多道工序加工而成。主要产于鄂南，以后发展到汉口、襄阳等地，已有600多年的生产历史。色泽为棕色，茶汁味浓可口，香气独特，回甘隽永。青砖的外形为长方形，色泽青褐，香气纯正，滋味醇和，汤色橙红，叶底暗褐。

5.广西六堡茶

六堡茶选用苍梧县群体种、广西大中叶种及其分离、选育的品种、品系茶树的鲜叶为原料，按特定的工艺加工而成，是具有独特品质特征的黑茶。六堡茶因产于广西壮族自治区梧州市苍梧县六堡乡而得名。品质特点是条索长整尚紧，色泽黑褐光润，汤色红浓，香气陈醇，滋味甘醇爽口带有松烟味和槟榔味，叶底呈铜褐色。六堡茶有散装茶和篓装紧压茶两种，除销往广东、广西外，还销往泰国、马来西亚、新加坡等东南亚国家。

6.陕西茯茶

陕西茯茶主要是指泾阳茯砖茶，与安化黑茶中的茯砖一样，同属黑茶中的茯茶。上好茯砖的茶体紧结，色泽黑褐油润、金花茂盛；菌香四溢、茶汤橙红透亮，滋味醇厚悠长。在历史上主要作为边茶销往边疆，具有“消惺肉之腻，解青稞之热”的功效，被誉为古丝绸之路上的“神秘之茶”“生命之茶”。

二、茶的基本工艺

现代制茶工艺大体上可分为鲜叶采摘、萎凋、杀青、揉捻、发酵、干燥等不同工艺，不同茶类有不同的加工工序。其中，渥堆为黑茶类特有工艺，做青（又称摇青、浪青等）为乌龙茶（青茶）类工艺。除鲜叶采摘外，绿茶的加工工艺主要为杀青、揉捻、干燥；白茶的加工工艺主要为萎凋、干燥；黄茶的加工工艺主要为杀青、揉捻、闷黄、干燥；乌龙茶加工工艺主要为萎凋、摇青、炒青、揉捻、干燥；红茶的加工工艺主要为萎凋、揉捻、发酵、干燥；黑茶的加工工艺主要为杀青、初揉、渥堆、复揉、干燥等。

（一）鲜叶采摘

人工采摘是用食指与拇指夹住叶间幼梗的中部，借两指之力将茶叶摘断，采摘时间在12:00—15:00较佳。不同的茶采摘部位也不同，有的采一个顶芽和芽旁的第一片叶子称为一心一叶，有的多采一叶称为一心二叶，也有一心三叶。此外，除人力采摘，可利用机械采茶，有单人式、双人式采茶机等。

（二）萎凋

萎凋是指将采摘的鲜叶摊在一定的环境下，使叶片中的水分蒸发，体积缩小，叶质变软，酶活性增强的过程。萎凋大致可分为日光萎凋、室内萎凋和人工控制的室内加温萎凋、复式萎凋等。

我国白茶、红茶、青茶等茶类制作中的第一道工序都是萎凋，但程度各不相同。白茶萎凋程度最重，鲜叶含水量要求降至40%以下，红茶萎凋程度次重，含水量降至60%左右，青茶萎凋程度最轻，要求含水量为68%~70%。萎凋主要目的在于减少鲜叶与枝梗的含水量，促进酵素产生复杂之化学变化。以白茶为例，萎凋并不是单纯的失水，而是在一定的外界温湿度条件下，随着水分的逐渐散失，使细胞液浓度和细胞膜透性的改变，以及各种酶的激活，从而引起的一系列内含成分的变化，最终形成白茶特有的品质。以下以白茶为例进一步对萎凋工艺进一步陈述。

1.开青与并筛

开青是萎凋的第一道工序，对白茶品质形成有重要影响。开青即把茶青按照一定的厚度摊放在水筛上。鲜叶从茶树上采收下来后，生命活动仍在进行，随着时间的延长，叶内水分不断蒸发散失，叶温升高，呼吸作用随之加强，而呼吸作用会使鲜叶内含物分解消耗而减少。摊放时，厚度是关键，摊放过薄，茶青干燥过快，茶青中的内含物质转化不充分，制成的白茶叶色黄绿、口感苦涩，陈放中转化较慢；摊放过厚，氧气供应不足，茶青内的温度过高，使得茶青内含物质氧化速度过快，茶叶容易红变，制成的白茶叶色红褐、滋味粗淡不耐泡。

当萎凋适度之时，将茶叶两筛或者三筛并作一筛。具体操作视茶叶变化与天气等情况而定，之后再继续萎凋至合适状态，再辅以日晒或炭焙等下一步工艺。并筛的作用主要是改变茶叶微环境，提升微环境的温度，提高茶叶中酶的活性以促进转化，同时改变叶片状态，有利于茶叶外形的卷曲，使干茶更加有型。

2.日晒萎凋

日晒萎凋也称晒青，是以日晒为主要萎凋方式的自然萎凋。日晒自然萎凋工艺历史悠久，但受天气影响较大，在室外阳光适度的条件下，白茶可以采用全程日晒萎凋的方式生产，多为福鼎的茶农和小茶厂普遍采用。

日晒并不是在没有控制下的随意进行，在日光过热时要进行遮挡或挪到室内进行萎凋，过度暴晒会晒伤茶青，使茶青变红，内含物质转化不充分。日晒萎凋所制茶叶有独特的日晒味道，产生日晒味的是一种被称为β-甲硫基丙醛的物质。采用日晒自然萎凋的白茶普遍香气比较丰富，后期常常会转化出各种类型的花香和果香。

3.室内自然萎凋

室内萎凋也称凉青，全程在室内进行自然萎凋的方式。由于白茶生产历史及自然条件的不同，室内自然萎凋也成为一些茶区的主要白茶生产方式，目前政和及建阳产区用此方法制作白茶的较多。

萎凋室要求四面通风，无日光直射，并要防止雨雾侵入，场所必须清洁卫生，且能控制一定的温度、湿度，一般春茶萎凋室温要求在18~25 ℃，不宜太低，相对湿度为67%~80%。如果温度偏低，湿度偏大，可先关闭窗户，在室内引入热源（炭火、电炉等均可），以提高室温，降低湿度。采用室内自然萎凋方式制作的白茶口感甜爽，回甘较好。

4.室内加温萎凋

在白茶生产过程中，常常不能保证整个过程都有理想的日晒或室内自然萎凋的条件，这时候要进行室内加温萎凋。茶区的大型企业将室内加温萎凋作为一种主要的生产方式。

室内加温萎凋的优点是不受自然条件影响，便于企业安排生产，同时室内加温萎凋可以缩短萎凋时间，提高生产效率。可采用萎凋槽加温萎凋、管道加温萎凋、热泵加温萎凋等方式进行，甚至有些大企业建立了模拟日光萎凋方式的室内生产线。

5.复式萎凋

复式萎凋是采取日光自然萎凋、室内自然萎凋及室内加温萎凋中的两种以上工艺的萎凋方式。复式萎凋可以为白茶的生产创造出理想的条件,使白茶的内含物质在生产过程中得到理想的转化,如果控制得好,常常可以生产出理想的白茶。

(三)杀青

茶叶杀青是指通过高温破坏和钝化鲜茶叶中的氧化酶活性,抑制鲜叶中茶多酚等的酶促氧化,减少鲜叶部分水分,使茶叶变软,便于揉捻成形,同时散发鲜叶青臭味,促进良好香气的形成的一种制茶基本工艺。杀青工艺分为蒸青、炒青、烘青、晒青四种方式。

杀青是绿茶加工中的关键工序,也是黄茶、黑茶、乌龙茶等的初制工序。绿茶杀青使鲜叶中的内含物发生一定的化学变化,从而形成绿茶的品质特征。杀青一般遵循"高温杀青、先高后低;老叶嫩杀、嫩叶老杀;抛闷结合、多抛少闷"等原则。所以,在杀青过程中若温度过低,叶温升高时间过长,会使茶多酚发生酶促反应,产生"红梗红叶"。相反,如果温度过高,叶绿素破坏较多,导致叶色泛黄,有的甚至产生焦边、斑点,降低绿茶品质。

绿茶初制时,杀青的方式主要有蒸青和炒青。蒸青我国在唐代期间开始普遍使用,后传入世界各国。目前在日本、印度等国应用较多,蒸青的特点是要"高温、快速"。我国明朝后普及使用炒青法并沿用至今,目前世界各产茶国也普遍使用炒青法。

1.蒸青

蒸青是绿茶在初制时,采用热蒸汽杀青而制成的绿茶。以蒸汽杀青是我国较早期使用的杀青方法。蒸青利用蒸汽破坏鲜叶中酶活性,形成干茶色泽深绿、茶汤浅绿、茶底青绿的"三绿"的品质特征,但香气较闷带青气,涩味也较重,不及锅炒杀青的绿茶鲜爽。蒸青工艺自唐朝时传至日本,相沿至今。日本生产的绿茶大部分属于蒸青绿茶,如玉露、煎茶、抹茶等。由于对外贸易的需要,我国从20世纪80年代中期以来,也生产少量蒸青绿茶。例如,产于湖北恩施的恩施玉露等。

2.炒青

绿茶初制时,经锅炒(手工锅炒或机械炒干机)杀青、干燥的绿茶。炒青绿茶有"外形秀丽,香高味浓"的品质特征。有些高档的炒青绿茶还有"熟板栗"香气。常见的炒青绿茶有龙井、碧螺春等。在干燥过程中由于受到机械或手工作用力的不同,成茶形成了长条形、圆珠形、扇平形、针形、螺形等不同的形状,故又分为长炒青、圆炒青、扁炒青等。长炒青精制后称眉茶,成品的花色有珍眉、贡熙、雨茶、针眉、秀眉等,各具不同的品质特征。如长炒青中的圆形茶,精制后称贡熙,外形颗粒近似珠茶,圆结匀整,不含碎茶,色泽绿匀,香气纯正,滋味尚浓,汤色黄绿,叶底尚嫩匀。圆炒青外形如颗粒,又称珠茶。圆炒青有外形圆紧如珠、香高味浓、耐泡等品质特点。知名品种有浙江的平绿、泉岗辉白,安徽的涌溪火青等。圆炒青因产地和采制方法不同,又分为平炒青、泉岗辉白和涌溪火青等,平炒青产于浙江嵊县、新昌、上虞等县,因历史上毛茶集中绍兴平水镇精制和集散,成品茶外形细圆紧结似珍珠,故称"平水珠茶"或称平绿,毛茶则称平炒青。扁炒青也称扁形茶,因产地和制法不同,扁炒青成品扁平光滑、香鲜味醇,代表性的茶有西湖龙井,具有“色绿、香郁。味甘、形美”的品质特征。其他知名品种还有老竹大方、浙江旗枪等。老竹大方产于安徽省歙县,旗枪产于杭州龙井茶区四周及毗邻的余杭、富阳、肖山等县。

3.烘青

烘青通常指绿茶最后一道工序用炭火或烘干机烘干的过程。烘青是目前绿茶杀青的主要工艺。烘青绿茶的品质特征是茶叶的芽叶较完整,外形较松散,汤色清澈明亮,滋味鲜醇,香气清高。鲜叶原料细嫩的烘青绿茶易显毫。烘青毛茶经再加工精制后大部分,作熏制花茶的茶坯,香气一般不及炒青高,少数烘青名茶品质特优。以其外形亦可分为条形茶、尖形茶、片形茶、针形茶等。条形烘青,主要产茶区都有生产;尖形、片形茶主要产于安徽、浙江等省。其中特种烘青,主要有马边云雾茶、黄山毛峰、太平猴魁、汀溪兰香、六安瓜片、敬亭绿雪、天山绿茶、顾渚紫笋、江山绿牡丹、峨眉毛峰、金水翠峰、峡州碧峰、南糯白毫等。如黄山毛峰,产于安徽歙县黄山,外形细嫩稍卷曲,芽肥壮、匀整,有锋毫,形似“雀舌”,色泽金黄油润,俗称象牙色,香气清鲜高长,汤色杏黄清澈明亮,滋味醇厚鲜爽回甘,叶底芽叶成朵,厚实鲜艳。

4.晒青

晒青通常指绿茶最后一道工序是利用日光直接晒干的过程。将茶叶晒干是最古老、最自然的干燥方式,晒青绿茶主要分布在湖南、湖北、广东、广西、四川、陕西,云南、贵州等省区。晒青绿茶以云南大叶种的品质最好,称为“滇青”,其他如川青、黔青、桂青、鄂青等品质各有千秋,但不及滇青。晒青作为商品茶直接销售或饮用并不太多,大多数用来作为黑茶的原料或直接压制成紧压绿茶。晒青绿茶很明显的特征就是有日晒的味道。

(四)揉捻

在人力或者机械力的作用下,使叶子卷成条并破坏其组织的工序,也是各种茶类成形的重要工序之一。揉捻有助于茶叶的初步定型,也可以使揉出的茶汁附着于叶片表面。一般分为手工揉捻和机械揉捻两种,大宗的茶基本都是用机械揉捻,而一些名优茶类则多是采用手工揉捻或者小型机械揉捻。

(五)发酵

发酵是茶叶进行酶氧化、形成有色物质的过程,是黄茶,乌龙茶,红茶和黑茶初制时的主要工序,温度、湿度、时间、叶片的含水量等都是影响发酵的重要因素。

一般而言,发酵是指复杂有机化合物在微生物作用下分解成比较简单的物质,是人类最早接触的生物化学反应。目前食品工业、生物和化学工业中均有广泛应用,多指生物体对有机物的某种分解过程,有“微生物”的参与才能称为发酵。工业生产上把一切依靠微生物的生命活动而实现的工业生产都称为发酵,比如啤酒酿造、味精生产等。在食品行业,发酵食品是指人们利用有益微生物加工制造的一类食品,具有独特的风味,如酸奶、干酪、酒酿、泡菜、酱油、食醋、豆豉、黄酒、啤酒、葡萄酒等。但红茶以及乌龙茶所谓的“发酵”工序,是在揉捻过后将茶叶放置后等待“发酵”。这种发酵是细胞壁破损后，存在于细胞壁中的氧化酶类促进儿茶素类进行的一系列的氧化过程。所以，这与上述微生物发酵全然不同，只是在中国茶叶的惯用语境中使用。

茶叶制作工艺中的发酵工序有两个不同的含义：第一种发酵指生物氧化，茶叶中含有的茶多酚类物质，在酶的作用下发生氧化聚合作用，其他的内含物质也不断发生变化。白茶、青茶和红茶属于这种发酵方式，用同一种原料制成的三种不同发酵程度的茶，其茶色、茶香、茶味均不相同。第二种发酵，接近通常认为的“发酵”，通过微生物作用对茶叶有机物腐化，完成发酵，黄茶与黑茶属这种发酵方式。

1.红茶的发酵

在第一种发酵中，红茶的发酵最具代表性。在红茶加工中，发酵目的是使茶叶中所含儿茶素氧化。发酵叶色由绿色转变成铜红色，生成红茶特有的颜色。在茶叶的细胞里，儿茶素类存在于细胞液中，而氧化酶主要则存在于细胞壁中，而非主要存在于微生物中，所以需要使细胞壁破损。这也自然解释了发酵茶需要揉捻的原因。根据多酚类物质氧化程度的不同，也就区分了全发酵、半发酵和轻发酵。在红茶中，多酚类氧化程度很高，则称全发酵；乌龙茶中多酚类的氧化程度约一半，则被称为半发酵。理论上，红茶的全部发酵是在萎凋、揉捻、红变这整个过程中完成的，即红茶的多酚类化合物经由酶促氧化、热化反应，生成为以茶红素为主，兼有部分茶黄素，从而使得茶汤醇和，甘甜且不苦涩，香气蜜甜馥郁。而在生产中，实际发酵并不能达到100%，所以一般有轻微的涩味，这是正常的。所以红茶和乌龙茶“发酵”的实质是以多酚类化合物的深刻氧化为核心的变化过程，过程中鲜叶细胞组织损伤引起多酚类化合物的酶促作用，而后形成有色物质及具有特殊香味的物质。

2.普洱茶的发酵

由于中国茶叶种类繁多，加工工艺和制法丰富多彩，品质形成的界定各有不同，在有些茶叶的制作和品质形成过程中，除了自身酶促反应的生物氧化意义上的发酵外，有些环节微生物也会参与，例如普洱茶的发酵。

普洱茶有自然发酵与人工发酵的区别。自然发酵是指民间俗称的“生茶”的后发酵过程，主要是由于不同种类的微生菌（如曲霉菌、酵母菌），在不同的湿（湿度）、热（温度）变化中生长，因微生菌产生的酶类转化茶叶中的儿茶素、糖类、淀粉、纤维素等有机物质。同时，因菌类大量繁殖时所产生的热能，同步地改变了茶叶的颜色、滋味及香味。自然发酵的普洱茶越陈越香，色香味俱佳。若缺少了微生物生存的环境，茶叶则不可能向越陈越香进行转化。人工发酵是指通过“渥堆”方法快速发酵的普洱茶，也被正式定名为“熟茶”。其实，在“熟茶”诞生之前，普洱茶本没有生、熟之分。但到了1973年，云南国营昆明茶厂研制成功一种新的普洱茶快速发酵工艺，自此，普洱茶的制作出现了两大分支，一是普洱生茶的加工，二是普洱熟茶的加工。普洱熟茶通过渥堆发酵过程中产生的多种多样的微生物，同时改变茶叶的内部结构。不同于微生物将不溶于水的物质变成可溶于水的物质，这也就形成了普洱茶各种各样的品质。

3.发酵的作用

茶叶的发酵工艺使茶产生了一系列的改变，主要有：

(1)颜色改变。未经发酵的茶叶是绿色的,基本上是本色。加工过程中的高温,也会氧化、降解部分叶绿素,导致叶色偏黄。发酵后的茶叶,会因发酵程度的轻或重,往红色方向变化,越重越红。其汤色,与叶色大体趋同。所以观茶汤,基本可以推测出茶的发酵程度。

(2)香气改变。茶叶的香气,因发酵的逐步加重,会大致发生如下演变:清香→花香→坚果香→熟果香→糖香。不同茶类茶叶的香气,加工过程中在一定工艺标准条件下,将会形成并凸显出来。

(3)滋味改变。发酵越少的茶,越接近其本身原味,最突出的是苦涩味;反之,苦涩程度越来越低,口感也越来越醇和。所以,茶叶发酵的目的是改变汤色和口感。

(4)内含物质的改变。在发酵过程中,茶叶中的内含化学物质发生了不少转化,出现茶红素、茶黄素等,茶性也渐渐变得较为温和,对肠胃的刺激性减弱。因此,发酵茶具有良好的养胃护胃的功效,在降脂、降压、降血糖等方面有一定的疗效。而没有经过发酵的不发酵茶(绿茶),主要特点是较多地保留了茶叶内的天然物质,但收敛性较强,对肠胃的刺激性较大。

(六)渥堆

渥堆是黑茶制作的关键工序之一,是普洱茶熟茶制作过程中的发酵工艺,也是决定普洱茶熟茶品质的关键点。"渥堆"是将茶叶堆放成一定高度(通常在 70 cm 左右)后洒水,上面覆盖麻布,以促进茶叶酵素作用进行的过程。在湿热环境下发酵,茶叶的转化到了一定程度之后,再进行干燥等工艺。茶叶经过渥堆后,碳水化合物、水化果胶、水浸出物发生了变化,形成了独特的品质特征,譬如广西黑茶的红浓陈醇、湖南黑茶的鱼腥味等。渥堆也有轻重之分,也有人称为"红水的程度"。如果从同时期茶品的茶汤来看,渥堆程度越重,茶汤颜色就越深,反之则越浅。

(七)干燥

干燥通常是茶叶初制的最后一道工序,即让多余的水分汽化,破坏酶活性,终止酶促氧化,促使茶叶内含物发生热化学反应,提高茶叶的香气和滋味,并利于保存。干燥的方法也分很多种,有炒干、烘干、自然干燥等。烘干两种烘焙方法:电焙和炭焙。电焙就是采用专门烤焙茶叶的电焙箱,温度可人工调控和微电脑调控。炭焙以木炭烤焙,以龙眼木炭烤焙为好,相思木次之,其他杂木以密度高、没有异味为好。同时,温度、投叶量、时间和操作方法等都是干燥的重要因素。

绿茶的干燥工序,一般先经过烘干,然后再进行炒干。红茶的干燥是将发酵好的茶坯,采用高温烘焙,迅速蒸发水分,达到保质干度的过程。白茶在制法上采取不炒不揉的晾晒烘干工艺。黑茶的干燥有烘焙法、晒干法,以固定品质,防止变质。

三、再加工茶类

绿茶、红茶、乌龙茶、白茶、黄茶、黑茶是基本茶类,以这些基本茶类为原料进行再加工以后的产品统称再加工茶类。主要包括花茶、紧压茶、萃取茶、果味茶、药用保健茶和含茶饮料等。再加工茶在我国有悠久的历史,起源于宋代,当时在上等绿茶中加入龙脑香(一种香料)

作为贡品,利用香料熏茶。明代,再加工茶窨制方法有了很大的发展,出现"茶引花香,以益茶味"的制法,李时珍所著《本草纲目》一书中有"茉莉可熏茶"的记载,证实了茉莉花茶明朝就有生产。再加工茶的大规模发展始于清朝咸丰年间,最早的加工中心在福州,福州是中国茉莉花茶的发祥地。到1890年再加工茶生产已较普遍,主产区为福建、浙江、安徽、江苏等省,近年来湖北、湖南、四川、广西、广东、贵州等省、自治区亦有发展。再加工茶产品从1955年起出口东南亚地区,以及东欧、西欧、非洲等地。

(一)花茶

用茶叶和香花进行拼和窨制,使茶叶吸收花香而制成的香茶,又称熏花茶。花茶的主要产区有广西、福建、四川、重庆、湖南、江苏、浙江、广东等地。

一般根据选用的香花品种不同,划分为茉莉花茶、玉兰花茶、珠兰花茶等类,还有玳玳花茶、柚子花茶、桂花茶、玫瑰花茶、栀子花茶、米兰花茶和树兰花茶等,也有把花名和茶名联在一起称呼的,如茉莉烘青、珠兰大方、茉莉毛峰、桂花铁观音、玫瑰红茶、树兰乌龙、茉莉水仙等。花茶中莱莉花茶产量最大。

再加工茶也可以用不同的绿茶品种去做茶坯,例如用龙井茶做茶坯,用茉莉花去窨制就称为龙井茉莉花茶;如果用玫瑰花去窨制,就称为龙井玫瑰花茶。

花茶具有香气鲜灵浓郁、滋味浓醇鲜爽、汤色明亮的品质。

(二)紧压茶

各种散茶经再加工蒸压成一定形状而制成的茶叶称紧压茶,也称压制茶。根据采用原料茶类不同可分为绿茶紧压茶、红茶紧压茶、乌龙茶紧压茶和黑茶紧压茶。

绿茶紧压茶产于云南、四川、广西等省(区),主要有沱茶、方茶、四川毛尖、四川芽细、小饼茶、香茶饼等。

红茶紧压茶以红茶为原料蒸压成砖形或团形的压制茶。砖形的有米砖茶、小京砖等,团茶有凤眼香茶。米砖茶主产于湖北省赵李桥,主销新疆、内蒙古等省(区),也有少量出口。米砖茶主要以红茶的片末茶为原料,蒸后在模中压制而成,有商标花纹图案。

乌龙茶紧压茶以乌龙茶为原料蒸压成砖块形或团形的压制茶,如将武夷岩茶大红袍压制成条块形的大红袍茶砖就属此类。

黑茶紧压茶以各种黑茶的毛茶为原料,经蒸压制成各种形状的紧压茶,主要有湖南的"湘尖""黑砖""花砖""茯砖",湖北的"老青砖",四川的"康砖""金尖""方包茶",云南的"紧茶""圆茶""饼茶",以及广西的"六堡茶"等。

(三)萃取茶

以成品茶或半成品茶为原料,用热水萃取茶叶中的可溶物,过滤后弃茶渣,获得的茶汁,经浓缩或不浓缩,干燥或不干燥,制备成固态或液态茶,统称萃取茶。主要有罐装饮料茶、浓缩茶及速溶茶。罐装饮料茶成品茶叶用一定量的热水提取,过滤出的茶汤添加一定量抗氧化剂(维生素C等),不加糖、香料,然后进行装罐或装瓶、封口、灭菌而制成。这种饮料茶的浓度约为2%,符合一般的饮用习惯,开罐或开瓶后即可饮用,十分方便。

(四)果味茶及香料茶

茶叶半成品或成品加入果汁后制成各种果味茶,这类茶叶既有茶味,又有果香味,风味独特。我国生产的果味茶主要有荔枝红茶、柠檬红茶、猕猴桃茶、橘汁茶、椰汁茶、山楂茶等。

茶叶中加入某些食用香料形成香料茶。古时有茶中加入龙脑、薄荷的香料茶。现在海南生产一种香料植物,称为香夹兰,即从成熟的香夹兰果荚中提炼出一种香夹兰素,具有巧克力的香味,将香夹兰香精添加到茶叶中就形成了具有巧克力香味的"香兰茶"。

(五)药用保健茶

药用保健茶是指用茶叶和某些中草药或食品拼和调配后制成各种保健茶。保健茶种类繁多,功效也各不相同,如具有护肝功效的杜仲茶,含有人参皂苷的绞股蓝茶,有戒烟功效的戒烟茶,有助老人保健的益寿茶、抗衰茶,有助眼保健的明目茶,还有益智茶、健胃茶、富硒茶、薄玉茶、清音茶、心脑健、降压茶、减肥茶、枸杞茶等。

此外,随着现代饮料工业的发展,在饮料中添加各种茶汁是开发新型饮料的一个途径,市场上出现了不少的含茶饮料,如茶可乐、茶叶汽水、绿茶冰淇淋、茶叶棒冰、茶酒等。

第三节　茶的冲泡

饮茶始于西汉,西汉以来,茶的烹饮方法不断发展变化。大体说来,从西汉至今,有煮茶、煎茶、点茶、冲泡法四种烹饮方法。冲泡法,兴起于明代,直接用沸水冲泡的沏茶方法,不但简便,而且能保持茶的清香,还便于观赏,从而使饮茶方法从过于注重形式,变为更讲究情趣。所以,泡茶法沏茶一直延续至今。

一、茶的冲泡用具

饮茶离不开茶的冲泡用具,简称茶具,指泡饮茶叶的专门器具,包括茶壶、茶碗、茶杯、茶盘、茶托等。

从广义上讲,茶具是指完成茶叶泡饮全过程所需要的设备、器具及茶室用品。从狭义上讲,茶具是指泡茶、饮茶的用具。现代人所说的"茶具",主要指茶壶、茶杯等饮茶器具,但在古代,"茶具"的概念包含更大的范围,按唐文学家皮日休《茶具十咏》中所列出的茶具种类有茶坞、茶人、茶笋、茶籝、茶舍、茶灶、茶焙、茶鼎、茶瓯、煮茶、茶刀、茶锥等。中国茶具源远流长,种类繁多,器型优美,兼具实用与鉴赏价值。一套精致的茶具配合色、香、味三绝的名茶,可谓相得益彰。

随着饮茶之风的兴盛以及各个时代饮茶风俗的演变,茶具品种越来越多,质地越来越精美。按照材质区分,有陶瓷茶具、竹木茶具、金属茶具、漆器茶具和玻璃茶具等,其中陶瓷茶具为多,陶瓷又分为青瓷、白瓷、彩瓷等。从器形和使用的角度分类,茶具有茶壶、茶杯、茶盘、公道杯、茶漏等常见茶具。同时,茶具对茶汤有一定影响:一是表现在茶具颜色对茶汤色泽的衬托,故一般而言,杯内白色有利于展现茶色;二是茶具的材料对茶汤滋味和香气的影响,材料除要求坚而耐用外,至少要不损茶质。

(一)主要用具

1.茶盘

茶盘又称茶船,是放置茶壶、茶杯乃至茶食等的浅底器皿。茶船既可增加美观,又可防止茶壶烫伤桌面。按其船型可分为三种:①盘状。船沿矮小,整体如盘状,侧平视茶壶形态完全展现出来。②碗状。船沿高耸,侧平视只见茶壶上半部。③夹层状。茶船制成双层,上层有许多排水小孔,使冲泡溢出之水流入下层,并有出水口,使夹层中的积聚之水容易倒出。夹层用以盛废水,有抽屉式、嵌入式。选材比较广泛,有竹制、木制、陶瓷等。

2.茶壶

茶壶是指用以泡茶的器具。茶壶在唐代以前就有,唐代人把茶壶称“注子”,其意是指从壶嘴里往外倾水;现代茶壶指泡茶的壶,材质有紫砂壶、陶瓷壶、玻璃壶等。

茶壶由壶盖、壶身、壶底和圈足四部分组成。壶盖有孔、钮、座、盖等细部。壶身有口、沿、嘴、流、腹、肩、把等细部。由于壶的把、盖、底、形的细微部分的不同,壶的基本形态就有近200种。常见的有:①以把划分,有侧提壶、提梁壶、飞天壶、握把壶、无把壶等。②以盖划分,有压盖、嵌盖、截盖。③以底划分,有捺底、钉足、加底。④以有无滤胆分,有普通壶、滤壶。⑤以形状分,有筋纹形、几何形、仿生形、书画形等。

3.茶杯

茶杯也称品饮杯、品茗杯,是指用来喝茶的杯子,一般没有把也没有盖。通常配合不同的茶壶等用具成整套使用,有大、中、小不同的容量与款式,有陶瓷或玻璃等质地。台式闻香杯也属于品饮杯的一部分,是专门用于闻香的杯子,但使用范围并不广泛。饮用不同的茶可选用不同的茶杯,更能体现茶的特色和观赏性。

除了茶杯,喝茶还可使用盖碗,这在四川等地较为流行。盖碗是一种上有盖、下有托、中有碗的茶具,其容量有大有小,多为100 mL以上。盖碗又称“三才碗”或“三茶杯”,盖为天、托为地、碗为人,暗含天地人和之意。在四川等地使用盖碗时是一人一套,直接饮用。而在福建以及广东潮汕等地,盖碗则作为茶壶使用,用来泡茶后分饮,与之相配则为小容量的茶杯。

4.茶海

茶海也称茶盅,因有均匀茶汤浓度的功能,也称公平杯、公道杯。茶海的使用历史较短,是20世纪70年代才开始流行使用的茶具。泡茶时,将每次浸泡适当浓度的茶汤,倒至茶海,以使茶汤浓度均匀,再分别倒入各小茶杯内。茶海通常与茶滤(茶隔)配合使用。茶海有各式,常见有壶式盅、无把或有把的杯式盅等。

(二)辅助器具

冲茶的辅助器具多种多样,使用最多的为茶道六用,也称茶通六君子,包括茶筒、茶漏、茶则、茶匙、茶夹、茶针等。

1.茶筒

茶筒也称茶瓶,是盛放茶艺用品的器皿,可置放茶夹、茶勺、茶拨、茶漏等。

2.茶漏

茶漏也称茶斗,便于将茶叶水倒入茶壶时,在壶口上滤取干茶,防止茶叶漏入茶汤,同时能有效过滤茶汤中残留的各种杂质,起到过滤作用。

3.茶则

茶则也称茶铲、茶勺,用于导取干茶,便于赏茶。

4.茶匙

茶匙也称茶拨,配合茶则或茶荷取用干茶,将茶则或茶荷中的茶叶拨入茶壶中备用。

5.茶夹

茶夹用来取放和清洗茶杯,夹取叶片,欣赏叶底。

6.茶针

茶针是疏通壶嘴及茶盘细微处,形状为一根细头针形状的用具。常在清洗茶壶时使用,用于疏通,以免茶渣阻塞,造成出水不畅。

此外,还有茶荷、茶刀、茶锥等。茶荷,形状多为有引口的半球形,瓷质或竹质,用做盛干茶,供欣赏干茶并投入茶壶之用。茶荷除了用于赏干茶,也兼具了把茶叶从茶叶罐移至泡茶器皿的功能。茶刀,因外形与"刀"相像,呈扁平状,故名"茶刀"。茶刀一般用于撬动饼茶,有木、竹、象牙、牛角、牛骨、金、银、铜、铁等材料。茶刀的结构包括带有刀柄的刀体及刀鞘,利用刀体前端的尖刃可顺利地插入茶饼内,稍加用力,即可实现茶饼部分的分离。茶锥的一头尖锐,因造型锥状,故取名"茶锥"。茶锥一般用于撬沱茶,是解散紧茶的工具。茶锥锥体大多由金属材料做成,手柄则多样化。

二、茶的冲泡方法

(一)茶叶的用量

茶叶种类繁多,茶类不同,冲泡时的用量各异。一般而言,茶与水的比例为1∶(50~60),即每杯投放3 g左右的干茶,加入沸水150~180 mL。乌龙茶的茶叶用量相对较大,茶与水的比例以1∶(20~30)常见。绿茶的茶叶用量相对较小,且对于喜饮淡茶的人士,绿茶与水的比例可调整为1∶80等。

用茶量多少常与消费者的地区饮用习惯有密切关系。在西藏、新疆、青海和内蒙古等少数民族地区,人们以肉食为主,当地缺少蔬菜,因此茶叶成为生理上的必需品。他们普遍喜饮浓茶,并在茶中加糖、加乳或加盐,故每次茶叶用量较多。华北和东北广大地区人民喜饮花茶,通常用较大的茶壶泡茶,茶叶用量较少。长江中下游地区的消费者主要饮用绿茶,尤其喜爱龙井、毛峰等名优茶,一般用较小的瓷杯或玻璃杯,每次用量也不多。福建、广东、台湾等省,人们喜饮工夫茶,茶具虽小,但用茶量较多。

茶叶用量还与消费者的年龄结构与个体特征有关。茶叶中含有咖啡碱等物质,失眠者饮茶浓度应清淡,而中老年茶客,因饮茶年限较长而喜欢喝较浓的茶,用茶量较多;年轻人初次饮茶的多,普遍喜欢较淡的茶,用茶量亦较少。

总之,泡茶用量的多少,关键是掌握茶与水的比例对茶汤的影响茶多水少,则味浓;茶少水多,则味淡。

(二)水的选择

唐代陆羽在《茶经》中指出:"其水,用山水上,江水中,井水下"。宋徽宗赵佶在《大观茶论》中指出:"水以清轻甘洁为美。"王安石有"水甘茶串香"的诗句。可见,水质是泡茶的灵魂所在,不同水源选择对茶汤的影响极大。

泡茶用的天然水有山泉水,江河水、湖水,雪水、雨水,井水等。现代城市居民一般使用矿泉水、纯净水和自来水等。天然水以山泉水为首选,城市用水以纯净水为佳。矿泉水需适合的硬度和酸碱度,自来水可经过滤或存放一段时间后再煮沸使用。

水温也是泡茶的另一个重要因素。泡茶水温的掌握,因茶而定。一般原则是:偏嫩采者,水温要低;偏成熟叶者,水温可以高些。焙火重者,水温要高;焙火轻者,水温宜低。水温高,释出率与速度都会增高,反之则降低。因此,就茶类而言,冲泡绿茶的水温宜低不宜高,大部分为 80 ℃,而黑茶多用 100 ℃沸水。同时,水温对茶汤滋味亦有影响。高水温泡的茶,苦涩味会加强,水温低,苦涩味则减弱。

(三)冲泡时间与次数

茶叶冲泡的时间和次数,差异很大,与茶叶种类、泡茶水温、用茶数量和饮茶习惯等都有关系,不可一概而论。如用茶杯泡饮一般红茶或绿茶,每杯放干茶 3 g 左右,用水约 180 mL,用时 1~5 min 后饮用。这种冲泡法应注意水温、水量和时长,如水温过高,容易烫熟茶叶(主要指绿茶);水温较低,则难以泡出茶味;水量多,往往一时喝不完;浸泡过久,茶汤变冷,色、香、味均受影响。

细嫩茶叶比粗老茶叶冲泡时间要短些,反之则要长些;松散的茶叶、碎末茶叶比紧压的茶叶、完整的茶叶冲泡时间要短,反之则长。对于注重香气的茶叶如花茶的冲泡时间不宜过长;而白茶加工时未经揉捻,细胞未遭破坏,茶汁较难浸出,冲泡的时间则应相对延长。同时,泡茶水温的高低和用茶数量的多少,也影响冲泡时间的长短。水温高,用茶多,冲泡时间宜短;水温低,用茶少,冲泡时间宜长。

通常冲泡以三次为宜,因除洗茶以外,茶叶经三次冲泡,其可溶性物质基本浸出。据研究,茶叶冲泡一次,可溶性物质能浸出 55%左右,第二次为 30%,第三次为 10%,第四次就只有 1%~3%。茶叶中的营养成分,如维生素 C、氨基酸、茶多酚、咖啡碱等,第一次冲泡总量的

80%左右被浸出,第二次总量的95%被浸出,第三次就所剩无几了。香气滋味也是头泡香味鲜醇,二泡浓而不鲜,三泡香尽味淡,四泡少滋味,五泡六泡仅略有茶味。但据不同茶叶及档次也有不同,例如,乌龙茶则可冲泡五六次,品质上佳者具“七泡有余香”的特质。

(四)主要茶类的冲泡方法

茶叶冲泡步骤主要包括备具、煮水、备茶、烫壶(杯)、置茶、初泡、正泡、分茶(斟茶)等过程,具体而言,冲泡每种茶类对茶具、水温等的要求不一。

1.绿茶冲泡

代表性茶种:碧螺春、西湖龙井等

茶具:玻璃杯

茶水比:1∶(50~80)

水温:80~85 ℃为宜

冲泡时间:2~3 min,现泡现饮

绿茶的冲泡重在保持鲜美的口感和鲜嫩的颜色,因而不能高温。冲泡温度过高或时间过久,茶叶中的多酚类物质容易被破坏,茶汤鲜爽感下降,色泽也会变暗、变黄,其中的芳香物质也会挥发散失。使用玻璃杯冲泡,易以观茶舞(茶叶在水中上下翻飞、翩翩起舞)过程。冲泡时,用80~85 ℃的水慢慢将茶叶浸润,让其自然舒展,内含物质缓慢释放,茶汤慢慢变绿。

2.黄茶冲泡

代表性茶种:蒙顶黄芽、君山银针

茶具: 玻璃杯或盖碗(杯)

茶水比:1∶(50~80)

水温:85~90 ℃为宜

冲泡时间:3 min左右

黄茶属于轻发酵茶,冲泡要点和绿茶基本一致,要求水温不宜过高。冲泡指南:按照茶具容量放入1/4黄茶茶叶,也能够依据自己的口味进行斟酌增减。以玻璃杯泡君山银针,可欣赏茶叶似群笋破土,缓缓升降,堆绿叠翠,有“三起三落”的茶舞奇观。盖碗冲泡时,注意不能闷盖,以免出涩味。

3.白茶冲泡

代表性茶种:白毫银针、白牡丹

茶具:玻璃杯、盖碗或茶壶

茶水比:1∶50

水温:80~90 ℃

冲泡时间: 3 min左右,可闷泡

白茶注意区分老嫩,白茶的原料等级一般按照采摘的嫩度分为白毫银针、白牡丹和寿眉等。白毫银针和高级白牡丹要保持其鲜甜故不能用沸水,一般以80~90 ℃为宜。普通白牡丹和寿眉可用沸水冲泡,而白牡丹要比寿眉冲泡的时间短一些。寿眉,尤其是存放了3年以上的老寿眉,不仅可以冲泡,还可以煮饮,冲泡到5泡以后,便可放入煮茶壶,按个人口味调整煮茶时间。

4.乌龙茶冲泡

代表性茶种:铁观音、大红袍

茶具:紫砂壶、盖碗(壶)

茶水比:1∶(20~30)

水温:90~100 ℃

冲泡时间:第一次出汤后,每次冲泡的时间由短到长,以2~5 min为宜

乌龙茶冲泡重在高香韵味。福建、广东、台湾是乌龙茶的主要产区,这几个地方盛行的功夫茶泡法为乌龙茶最优的泡法。一般使用小壶和小杯,冲泡前需要温杯烫壶。乌龙茶的投叶量比较大,茶叶基本是所用壶或盖碗的一半或更多,泡后加盖。冲泡的技巧讲究高冲低斟,最大限度保持茶香茶味。乌龙茶需要用90 ℃以上的沸水冲泡。条形的单丛茶和岩茶的冲泡要点是即冲即出,而颗粒形乌龙茶时间可以稍微长一点,等茶叶舒展之后再加快出汤速度,而泡到第五泡以后,都需要延长时间。

5.红茶冲泡

代表性茶种:祁门红茶、正山小种

茶具:紫砂壶,瓷壶或盖碗

茶水比:1∶50

水温:90~95 ℃

冲泡时间:第一次出汤通常2 min,之后时间适当延长

红茶是全发酵茶,如果冲泡不当很容易出现酸涩味,甚至产生苦味。冲泡时不宜闷泡,注水出汤后,不要留有水与茶叶接触过久,出完汤把盖子打开散热。使用盖碗的碗口要大一些,利于散热透气。取茶量可以少一些,让茶叶有充分的透气空间,而不至于闷坏。冲泡红茶的用水量与绿茶相当,但水温相对较高,高水温浸泡能够促进其中有益成分较快析出。但部分高档红茶因采用茶芽为主,故建议水温与绿茶相似,不宜高温。高档工夫红条茶可冲泡3~4次,红碎茶则可冲泡1~2次。同时,红茶与各类香料、果汁、蜂蜜、牛奶和糖等均能搭配调和,英式下午茶即采用红茶配合点心食用。

6.黑茶冲泡

代表性茶种:安化黑茶,普洱茶

茶具:紫砂壶,瓷壶或盖碗

茶水比:1∶(30~50)

水温:100 ℃沸水,老茶可直接水煮

冲泡时间:洗茶后续冲泡时间常为2~3 min,再据冲泡次数延长

黑茶为后发酵茶类,有一定储存的过程,紧压的黑茶,在饮用之前先解块,放于通风干燥处透气一段时间更好。冲泡时,可用水润洗茶叶1~3次,让紧压茶充分展开,散去异气,但

需注意润茶时间不可过久,应较快速出汤,避免丢失太多内含物质。这样不仅滤去了茶叶的杂质异味,而且使泡出的茶汤更香醇。黑茶的投放量相对较大,一般是绿茶的 2 倍,因此,适宜采用较大的茶壶。

(五)地方茶饮

除了上述冲泡方法之外,我国不少地方存在一些特色茶饮。

1.潮汕工夫茶

潮汕工夫茶(功夫茶)是流行在广东潮汕及福建南部的民俗,特别是潮汕人日常生活中的重要组成部分,也是中国古老汉族茶文化中最有代表性的茶道。潮汕工夫茶民俗在明清之前已存在,清代俞蛟在《梦厂杂著·潮嘉风月》中就已有详细记述。

工夫茶一般不用红茶和绿茶,而采用半发酵的乌龙茶,如铁观音、水仙和凤凰茶等,尤以凤凰单丛茶最为有名。

潮州工夫茶以茶具精致小巧、烹制考究、以茶寄情为特点。据翁辉东《潮州茶经》称:"工夫茶之特别处,不在茶之本质,而在茶具器皿之配备精良,以及闲情逸致之烹制法。"可见,潮汕工夫茶能脱颖而出的关键就在于"工夫"二字,其中工夫最讲究的是"茶具"与"冲法"。工夫茶的茶具,往往是"一式多件",讲究精细、小巧,质量上乘,俨然一套工艺品。以茶杯为例,讲究"小、浅、薄、白",小(半个乒乓球大小)则小啜而尽;浅则水不留底;色白如玉则以衬托茶的颜色;质薄如纸以使其能起香,处处见工夫。

工夫茶之烹法即潮汕功夫茶的冲饮,其中以"八步法"最为有名。其步骤包括白鹤沐浴(洗杯)、乌龙入宫(落茶)、悬壶高冲(冲茶)、春风拂面(刮沫)、关公巡城(倒茶)、韩信点兵(点茶)、赏色嗅香(嗅香)、品啜甘霖(品茶)等。

品饮乌龙茶多用以瓷质盖碗为壶或小型紫砂壶。在用茶量较多(约半壶)的情况下,第一泡约 60 s 出汤,第二泡约 75 s(比第一泡增加 15 s)出汤,第三泡约 100 s 出汤,第四泡约 135 s 出汤。从第二泡开始逐渐增加冲泡时间,保持前后茶汤浓度的均匀。

2.台湾高山乌龙冲泡

乌龙茶是台湾茶业的支柱,源自福建,至今已有 200 多年历史。其中,青心乌龙和冻顶乌龙茶享誉茶界。台湾饮茶人士所惯称的高山乌龙茶,指在海拔 1 000 m 以上茶园所产制的乌龙茶。主要产地为台湾中南部嘉义、南投海拔 1 000~1 500 m 的高山茶区,以南投鹿谷地区所产的冻顶乌龙茶起源最早。目前的新兴茶区以阿里山茶、杉林溪茶、梨山茶、玉山茶为代表。

高山乌龙茶叶形如半球形状,色泽深绿,汤色为金黄色。高山乌龙为轻度发酵茶,干茶芳香扑鼻。冲泡后,果花香清扬芬芳,入口即能感觉到浓郁细致的花清香,落喉甘滑,韵味饱满,色香味甘。因此,为了品饮其香气和滋味,采用闻香杯与品茗杯的配合,其品饮步骤是"一嗅、二闻、三品味"。

冲泡台湾高山茶,以采用纯净水或矿泉水为佳,茶具以景德镇的瓷器(盖碗)为佳。茶叶投放量较多,根据茶壶的容量确定茶叶的投放量(一般为 7~10 g)。同时,注意把控冲泡水温与时间。由于高山茶所含某些特殊芳香物质需要在高温的条件下才能完全释放,所以一般使用沸水冲泡。85 ℃左右的水适用泡制小叶或嫩叶型乌龙茶,茶汤出水时间多在 40~50 s,一般第一泡 45 s 左右可出汤,第二泡 60 s 左右可出汤,之后每次冲泡时间往后稍加数 10 s 即可。

3.四川盖碗茶

四川盖碗茶主要分布在四川成都、云南昆明等地。盖碗茶始于唐代的成都,盛于清代,形成的茶船文化(也称盖碗茶文化)流行至今,目前成为四川、云南茶楼、茶馆等饮茶场所的一种传统饮茶方法。所谓“盖碗茶”是以盖碗为茶杯,包括茶盖、茶碗、茶船子三部分,又称三炮台。茶船子也称茶舟,即承受茶碗的茶托子。盖碗茶,讲究茶具配置和服务格调,使用长嘴铜茶壶,在茶馆可观赏到一招冲泡绝技。提供盖碗茶服务的茶馆中,冲泡服务员右手握长嘴铜茶壶,左手卡住锡托垫和白瓷碗,左手一扬,“哗”的一声,一串茶垫脱手飞出,茶垫刚停稳,“咔咔咔”,碗碗放入了茶垫,捡起茶壶,蜻蜓点水,一圈茶碗,碗碗鲜水掺得冒尖,却无半点溅出碗外。这种冲泡盖碗茶的技术,往往使人又惊又喜,成为一种美的艺术享受。

四川盖碗茶品饮一般有五道程序:一是净具,用温水将茶碗、碗盖、碗托清洗干净;二是置茶,常见的有花茶、沱茶,以及上等红、绿茶等,用量通常为 3~5 g;三是沏茶,一般用初沸开水冲茶冲水至茶碗口沿时,盖好碗盖,以待品饮;四是闻香,待冲泡 5 min 左右,茶汁浸润茶汤时,则用右手提起茶托,左手掀盖,随即闻香舒腑;五是品饮,用左手握住碗托,右手提碗抵盖,倾碗将茶汤徐徐送入口中,品味润喉,别有一番风情。

4.回族罐罐茶

回族罐罐茶主要分布在宁夏南部和甘肃东部六盘山一带的回族聚居区,与当地回族杂居的苗族、彝族、羌族也有喝罐罐茶的习俗。罐罐茶以喝清茶为主,少数也有用油炒或在茶中加花椒、核桃仁、食盐等。当地每户农家的堂屋地上,都挖有一只火塘(坑),上置一把水壶,或烧柴,或点炭火。当地气候寒冷、蔬菜较少,食物以肉及奶制品为主,通过火塘熬罐罐茶并饮用,可以补充大量的维生素类物质,帮助消化和吸收肉、奶制品。熬煮罐罐茶的方法比较简单,与煎中药大致相仿。煮茶时,先在罐子中盛上半罐水,然后将罐子放在点燃的小火炉上,等到罐内水沸腾时,放入茶叶 5~8 g,边煮边拌,使茶、水相融,茶汁充分浸出,这样经 2~3 min 后,再向罐内加水至八分满,直到茶水再次沸腾时,罐罐茶才算煮好。罐罐茶的茶汁较浓,茶苦中带涩,别有一番风味。喝罐罐茶还是当地迎宾接客不可缺少的礼俗,亲朋好友一同围坐在火塘边,一边熬煮罐罐茶,一边烘烤马铃薯、麦饼等,温馨亲切。

5.土家油茶汤

土家油茶汤是武陵山区土家族具有代表性的文化现象之一,土家语称“色斯泽沙”。土家油茶汤是一种似茶饮汤质类的点心小吃,香、脆、滑、鲜,味美适口,提神解渴。土家油茶汤先用食用油炸适量茶叶至蜡黄后,加水于锅中,并放上姜、葱、蒜、胡椒粉等天然佐料,水一沸便舀入碗中,加上事先炒好(或炸好)的炒米花、玉米花、豆腐果、核桃仁、花生米、黄豆等“泡货”即可食用。“泡货”指用茶油或猪油炸过的核桃仁、炒米、芝麻、花生米、黄豆、苞米花等佐料。油茶汤的制作关键是茶叶质量和炸茶叶的火候,佐料和“泡货”的选用可随客人口味而定。

6.藏族酥油茶

藏族酥油茶主要分布在我国西藏及云南、四川、青海、甘肃等地的藏族聚居区。酥油茶是一种在茶汤中加入酥油等佐料经特殊方法加工而成的茶汤。酥油，是将牛奶或羊奶煮沸，经搅拌冷却后凝结在溶液表面的一层脂肪。茶叶一般选用紧压茶中的普洱茶或金尖。制作时，先将紧压茶打碎加水在壶中煎煮 20~30 min，再滤去茶渣，将茶汤注入长圆形的打茶筒内。同时，再加入适量酥油，还可根据需要加入事先已炒熟、捣碎的核桃仁、花生米、芝麻粉、松子仁之类，最后还应放上少量的食盐、鸡蛋等。然后用木杵在圆筒内上下抽打，当茶汤和佐料混为一体时，酥油茶打好，再倒入茶瓶待喝。酥油茶是一种以茶为主料，并加有多种食料经混合而成的液体饮料，滋味多样，咸里透香，甘中有甜，既可暖身御寒，又能补充营养。敬酥油茶是藏族人民款待宾客的珍贵礼仪。

7.蒙古奶茶

蒙古奶茶是蒙古族人喜爱的茶饮料。砖茶是牧民不可缺少的饮品，饮用由砖茶煮成的咸奶茶，是蒙古族人的传统饮茶习俗。蒙古族咸奶茶，多采用青砖茶或黑砖茶为原料，煮茶的器具是铁锅；煮咸奶茶时，先将砖茶打碎，将洗净的铁锅置于火上，盛水 2~3 kg，烧水至刚沸腾时，加入打碎的砖茶 50~80 g；当水再次沸腾 5 min 后，掺入牛奶，稍加搅动，再加入适量盐。待整锅咸奶茶开始沸腾时，就算制作完成咸奶茶，即可盛在碗中待饮。

8.白族三道茶

白族三道茶是云南白族人民招待贵宾时的一种饮茶方式，亦属茶文化范畴。三道茶，白语“绍道兆”，白族三道茶有“头苦、二甜、三回味”的特点。早在明代，就已成了白族人家待客交友的一种礼仪。第一道茶，称为“清苦之茶”，寓意做人的哲理，经烘烤、煮沸而成。由主人在白族人堂屋里一年四季不灭的火塘上用小陶罐烧烤大理特产沱茶到黄而不焦，香气弥漫时再冲入滚烫开水制成。此道茶以浓酽为佳，香味宜人。因白族人讲究“酒满敬人，茶满欺人”，所以这道茶只有小半杯，不以冲喝为目的，以小口品饮，在舌尖上回味茶的苦凉清香为趣。寓清苦之意，代表的是人生的苦境。第二道茶，称为“甜茶”，当客人喝完第一道茶后，主人重新用小砂罐置茶、烤茶、煮茶，用大理特产乳扇、核桃仁和红糖为佐料，冲入清淡的用大理名茶煎制的茶水制作而成。此道茶甜而不腻，所用茶杯大若小碗，客人可以痛快地喝个够。寓苦去甜来之意，代表的是人生的甘境。第三道茶，称为“回味茶”，其煮茶方法虽然相同，只是茶盅中放的原料已换成适量蜂蜜，少许炒米花，若干粒花椒，一撮核桃仁，茶容量通常为六七分满。饮第三道茶时，一般是一边晃动茶盅，使茶汤和佐料均匀混合；一边口中“呼呼”作响，趁热饮下。这杯茶甜、酸、苦、辣各味俱全，回味无穷。寓意凡事要多“回味”，切记“先苦后甜”的哲理。

此外，在广东、湖南、福建等地还流传有擂茶习俗，如客家擂茶、桃花源擂茶、海陆丰擂茶等。

三、茶的品鉴

品饮名茶是古今时尚，可通过形、色、香、味等方面鉴赏茶叶与茶汤。品鉴茶品整体风貌的方式主要包括三看、三闻、三品、三回味。

(一)三看

1.看干茶形状

即观察茶叶的外形和色泽。首先,观察茶叶是否干燥,品质优良的茶叶含水量低,可通过手指辨别,如果轻捏一下茶叶就碎,而且皮肤有轻微的刺痛感,说明茶叶的干燥程度良好。如果茶叶已经受潮变软,就不易压碎,喝起来口感较差,茶的香气也不会太浓郁。其次,看茶叶外形特征,不同品种特征不一,有的品种茸毛多是上品,反之是次品,如白毫银针;有的品种看条索的松紧,条索紧的茶叶是上品,反之是次品,如岩茶以条索紧结实壮的为佳;质量好的茶叶外形应均匀一致,好的茶叶茶梗、茶角、黄片等杂质含量不能过多。最后,是看茶叶色泽,茶叶色泽包括红、绿、黄、白、黑、青六种,岩茶色泽以乌黑油亮为佳。

2.看茶汤色泽

茶汤的色泽因制茶工艺的手段不同而显示不同的颜色,但是不论哪类茶,品质好的茶叶,茶汤均呈现出清澈和透亮;如岩茶的茶汤以橙黄色为佳,透亮似琥珀。好茶的茶汤不仅清澈,还要有一定的亮度。品质不好的茶叶,茶汤颜色暗淡,浑浊不清。

3.看叶底

看叶底,即看冲泡后充分展开的叶片或叶芽,好茶叶细嫩、匀齐、完整,无花杂、焦斑、红筋、红梗等现象。如好的乌龙茶可见明显的“绿叶红镶边”,叶底肥厚柔软。还可以从茶叶展开快慢辨别好坏,若茶叶冲泡后很快展开,表示茶青多为老叶,这种茶叶味道平淡不浓郁,而且不耐冲泡;如果茶叶冲泡数次后才展开,说明茶青嫩一些,而且经过比较精良的加工,这种茶汤滋味浓郁并且耐冲泡。看叶底能评断出制作原料的细嫩、完整、杂质和制作的焦斑等。

(二)三闻

1.干闻

细闻干茶的香味,辨别有无陈味、霉味或吸附了其他的异味。冲泡茶叶前,可以在开罐时感受一下茶叶的香气,也可以使用茶荷或抓取一些茶叶放在掌心,细闻茶香。在选购时也可以用这种方法挑选茶叶。

2.热闻

指开泡后趁热闻茶的香气。质量好的茶叶一般香味纯正,沁人心脾。如果茶叶香味淡薄或者根本没有香味,甚至有异味,就不是好茶叶。

3.冷闻

指温度降低后再闻茶盖或杯底留香。这时可闻到在高温时因茶叶芳香物大量挥发而掩盖了的其他气味。通过冷闻和热闻的比较,辨别茶叶的质量和等级。

(三)三品

1.品火功

品火功是品茶叶加工过程中的火候是老火、足火还是生青,是否有晒味。

2.品滋味

品滋味,就是让茶汤在口腔内流动,与舌根、舌面、舌侧、舌端的味蕾充分接触,判断茶味的浓烈、鲜爽、甜爽、醇厚、醇,或是苦涩、淡薄或生涩等。在茶汤滋味中感受茶叶的风味特点,新茶的汤色澄清而且香气足,陈茶的汤色一般呈褐色、香味弱,但茶汤醇厚;如水仙茶汤柔软,肉桂茶汤霸气,大红袍茶汤鲜爽且兰花香明显。

3.品韵味

清代诗人、散文家袁枚在品饮武夷岩茶时曾说过:"品茶应含英咀华,并徐徐咀嚼而体贴之。"其中的"英"和"华"都是花的意思。这句话的意思就是在品茶时,应将茶汤含在口中,像含着花瓣一样慢慢咀嚼,细细品味,咽下时还要感受茶汤过喉时的爽滑,这里特别强调一个"徐徐",只有这样才能领悟到茶所特有的香、清、甘、活,无比美妙的岩韵。

(四)三回味

回味是指品茶后的感觉。一款质量上好的茶叶,品饮之后的回味应该:一是舌根回味甘甜,满口生津;二是齿颊回味甘醇,留香尽日;三是喉底回味甘爽,气脉畅通,五脏六腑如得滋润,使人心旷神怡。

四、常见茶饮品

茶除净饮以外,调制成茶饮品饮用非常常见。在中国的西藏、新疆等区域,饮奶茶习惯已有一定的历史。目前,世界上比较有名的奶茶有港式奶茶、珍珠奶茶、草原奶茶、马来西亚拉茶、印度奶茶、英式奶茶等。

港式奶茶,也称丝袜奶茶(Stockings Tea)。据说源于17世纪香港的"老街奶茶",以红茶混和浓鲜奶加糖制成,在20世纪30年代开始流行。奶茶是具有香港特色的一种饮品,是香港人日常早餐和下午茶常见的饮品。奶茶的厚度主要由奶及茶汤的浓淡决定,奶味不能掩盖茶味,入口不能涩,奶与茶汤的比例一般为1∶3,传统的丝袜奶茶以三花奶及锡兰红茶为原料。其做法是将煮好的红茶用棉线网先行过滤,除了滤走茶渣以外,也可使红茶更香滑,然后再加入奶和糖。因为滤网长期使用,颜色暗沉,远看似肉色丝袜,故得名丝袜奶茶。港式奶茶具有茶浓、奶香、入口丝滑、延绵细密、奶油口感明显的特点。

台湾珍珠奶茶(Bubble Tea)也称波霸奶茶,简称珍奶,是20世纪80年代流传于台湾的茶类饮料。珍珠奶茶是台湾"泡沫红茶"文化中的一种,已成为台湾最具代表性的饮料与小吃之一。珍珠奶茶是在奶茶中加入木薯粉圆而成,茶叶以红茶居多,珍珠(也称粉圆、波霸)的主要成分为淀粉,由太白粉、木薯粉(或者地瓜粉、马铃薯粉)等所制成,是直径5~10 mm的淀粉球,也有添加糖水、香料制作的,其颜色、口感依成分而有不同,制作的珍珠大小、颜色也有多种。

除以上提到的传统奶茶饮品以外,还有很多新式的茶饮品不断出现。新式茶饮品通过更加多样化且优质的各类茶底和各类配料(如水果、花草等)组合而成。如柠檬红茶、柠檬绿茶、蜜桃乌龙、玫瑰奶茶、冰布丁奶茶等。同时,众多的新式茶饮品牌相伴而生,如喜茶、奈雪的茶、蜜雪冰城、书亦烧仙草等。

第四节　日本抹茶

一、抹茶的起源与发展

抹茶(Matcha),又作末茶,其本意就是用石磨来碾磨的茶。传统抹茶做法是采集春天的嫩茶叶,用蒸汽杀青后,做成饼茶(即团茶)保存。待食用时,先将饼茶放在火上烘焙干燥,后用天然石磨碾磨成粉末,再倒进茶碗并冲入沸水,用茶筅充分搅动碗中茶水,使其产生沫浡,即可饮用。

抹茶起源于中国隋唐时期,在唐宋时期达到顶峰,特别在宋朝,已经有了完整的寺院抹茶茶道(点茶)。宋代是中国茶文化的鼎盛时期,上至王公大臣、文人僧侣,下至商贾绅士、普通百姓,无不以饮茶为时尚,饮茶之法以点茶为主。宋朝最为有名的评茶专家、大文豪蔡襄在《茶录》中评述抹茶的饮茶方法。宋代的点茶形式是将团饼经炙茶后将茶碾磨成粉末状,然后再分筛出最细腻的茶粉投入茶盏中,即用沸水冲点,随即用茶筅快速击打,使茶与水充分交融并使茶盏中出现大量白色茶沫为止。宋代点茶时强调水沸的程度,谓之"候汤"。候汤最难,未熟则沫浮,过熟则茶沉,只有掌握好水沸的程序,才能冲点出茶的色、香、味。点茶是一门艺术性与技巧性并举的技艺,这种技艺高超的点茶方式,也是宋代发达的茶文化集大成的体现。

9 世纪末,中国茶树种植及饮用的方法,随日本遣唐使进入日本。宋代的点茶被日本国人所接受、推崇、改进并逐渐发扬光大成为今天的日本抹茶道。其间,在 16 世纪,日本真正形成了独具特色的日本茶道,其中集大成者是千利休。千利休将茶道、用具、草庵茶室等进行了进一步规范和庶民化,使之更加普及,明确提出"和、敬、清、寂"为日本茶道的基本精神,现今日本比较著名的茶道流派均源于此,以里千家最为有名。如今,日本茶道以一种融宗教、哲学、伦理、美学为一体的文化艺术活动,闻名于世。

同时,抹茶除作为茶饮料,还被广泛用于食品、保健品等诸多行业,衍生了品种繁多的抹茶甜食,如抹茶饼干、抹茶糖果、抹茶布丁、抹茶冰淇淋、抹茶巧克力、抹茶蛋糕、抹茶面包、抹茶果冻、抹茶牛奶、抹茶酸奶等。随着抹茶的发展,由于享用抹茶的过程非常烦琐,抹茶道多在日本国内以茶道表演、文化传承和一些活动中出现。其名目繁多的衍生品,在欧美等国家也有一席之地。

二、抹茶的种植与加工

抹茶的原料制作有两个关键步骤:种植时的覆盖和加工时的蒸青。春茶在采摘前 20 天必须搭设棚架,覆盖芦苇帘子和稻草帘子,其遮光率达到 98%以上。也有用其他材质进行覆盖,其遮光率有所不同。例如,用黑色塑料纱网简易覆盖,其遮光率较差,只能达到 70%~85%。日本学者竹井瑶子的研究显示:"覆盖遮阴改变了光照强度、光质、温度等环境因素,因而影响到茶叶香气品质的形成。露天茶不含 B-檀香醇，除低级脂肪族化合物的含量较高外，其他香气成分的含量明显低于遮阴茶”。经过覆盖的绿茶叶绿素和氨基酸明显增加，类胡萝卜素为露天栽培的 1.5 倍，其氨基酸总量为自然光栽培的 1.4 倍，叶绿素为自然光栽培的 1.6 倍。

采摘下的新鲜茶叶当天杀青干燥，采用的是蒸汽杀青法。研究表明，在蒸青过程中，茶叶中的顺-3-已烯醇、顺-3-已烯乙酸酯和芳樟醇等氧化物大量增加，并产生大量的 A-紫罗酮、B-紫罗酮等紫罗酮类化合物，这些香气组分的先质为类胡萝卜素，构成了抹茶特殊的香气和口感。所以，覆盖栽培的绿茶并且蒸汽杀青后，不但香气特殊，色泽翠绿，味道也更鲜美。

目前，抹茶加工全程机械化、连续化，自动化程度高，蒸汽杀青融合在整个加工工艺之中。据整个工艺流程，抹茶的加工包括抹茶初制（碾茶）加工与抹茶精制加工两道工艺，其工序流程多，技术要求高。抹茶初制加工又称碾茶加工，加工工艺流程一般为贮青→切叶→杀青→冷却→初烘→梗叶分离→复烘（叶）→碾茶，第一次梗叶分离后的梗部分还含有少量叶片，进入另一台烘干机复烘，再进行二次梗叶分离，分离后的叶片二次复烘后也为碾茶。抹茶精制加工工艺流程一般为切茶→筛分→风选→粉碎→分筛→金探→抹茶。首先，通过切茶机切茶，将较大的碾茶切轧成均匀碾茶碎片；其次，筛分、风选过程中分离出不符合规格的碾茶，去除碾茶中的黄片、茶梗以及夹杂物等，并分级粉碎；最后，经过分筛及去除抹茶粉中的金属异物等工序，制成色泽鲜绿明亮、颗粒柔软、细腻均匀的抹茶。

三、抹茶的冲饮

在日本，抹茶通常按照茶道的方式饮用，讲究抹茶的茶室及周围环境、用具及冲饮过程，无论主客都需要遵循一系列复杂的规则，多以各类茶会的形式展现。

（一）茶室及用具

传统的茶室，由外而内，包括称之为“露地”的外围庭院、独立于庭院之中的茶室与进行准备工作的场所“水屋”。茶室虽随时间与城市发展有所变化，其标准茶室为四块半的榻榻米空间。

抹茶冲饮的用具主要可分为四类，包括煮水用的炉与釜，置放抹茶的茶罐等用具，制作抹茶的茶具和茶碗。用具的质地也分很多种，如陶瓷、漆器、铜器、木器、竹器等。除了四大类之外，还有许多小件，各有各的用途，如研磨茶叶的茶磨、夹炭用的火箸、放冷水用的水注、清洁茶具用的水翻、取茶用的茶勺等。

（二）冲饮过程

通常，抹茶的冲饮通过茶会的形式展现。茶会的形式可分为七种：早晨的茶事、拂晓的茶事、正午的茶事、夜晚的茶事、饭后的茶事、专题茶事和临时茶事。主人会根据不同的季节、意义而举办不同的茶会。而一般最正统的、也不受季节限制的，是正午入席开始的正午茶事。

正统茶会称为“茶事”，整个流程较为复杂，大约需时 4 h，包含浓茶与薄茶的程序。茶会的时间一般控制在4 h之内,时间太长主客双方都会过于疲惫,时间太短则会影响大家享受茶会的乐趣。"浓茶"一般用4 g抹茶,加60 mL开水;"薄茶"一般用2 g抹茶,加60 mL开水;用抹茶碗盛放,茶筅击打出怡人的泡沫。从客人到达开始,可分为"待合""席人""初座""中立""后座""退席"六个主要部分。客人到达之后,存放物品和清洁后人茶室的过程称"待合"及"席人";人席后,主人开始为客人表演茶艺,并向客人们奉茶,送上和茶一起食用的糕点,这一步骤称为"初座"。用完茶与点心之后,客人们去茶庭稍做休息为"中立",之后再次进入茶室,称为"后座"。后座的气氛通常比较严肃,主人与客人之间大多谈论关于人生、社会以及哲学的话题。每次茶会都会被记录下来,记叙这次茶会的相关情况,包括用茶、茶艺表演、后座时谈论的话题等。

依照目的与时节的不同,茶会有许多不同的形式。许多人到日本进行茶道体验时,通常是享用一杯薄茶和果子(点心),或在茶室中观赏亭主茶道流程的演示后享用茶点,所需时间为30~40 min。

(三)茶礼

不论形式如何,在举办茶会前,主人首先要在所有客人中确定"主客"(正客),主客一般指身份比较高贵的人;然后确定陪客,一般来说陪客都和主客有一定的关系。为了办好茶会,主人需要精心挑选茶会所需的各种用品,包括上等的茶叶、水,装饰用的花,以及品茶时的点心等。在茶会开始前,应对茶室的房间进行打扫并做精心的布置,等待客人们的到来。

茶道举行时主人一般跪迎宾客。正客先人室,其他人随后。主客相互鞠躬致礼,对面而坐,正客一般坐于主人左边。主人准备茶事期间,客人可随意观赏。待一切就绪,仪式正式开始。沏茶时,主人要先用茶巾擦拭各种茶具,然后在茶碗中放入茶末,并加入沸水,用茶筅搅拌至出现泡沫,其中每一步都极为细致与讲究。敬茶时的礼仪也十分讲究,主人要左手托碗底,右手执碗,跪地将茶碗高举齐眉,恭敬地送于客人。客人也需双手高举接过茶碗,放下,再端起饮用,并表示赞赏与感谢。一般正客饮毕,余客依次饮用。仪式结束后,主人仍要跪送宾客。

第五节　茶的冲泡与调制实验

一、实验目的

通过实验,学会识别茶叶的不同种类,认识不同的名茶;学会根据不同茶类选用不同茶具;学会常见茶叶类型的冲泡,学会调制英式奶茶等茶饮,初步掌握代表性茶及茶饮料的鉴赏方法。

二、实验内容

讲解与实验内容共4学时,其中实验2学时。

(一)实验项目

选取各类茶叶进行识别、冲泡,调制茶饮品,对不同茶类选用不同的茶具,主要包括:
(1)绿茶或白茶、黄茶的识别与冲泡实验。
(2)乌龙茶识别与冲泡实验。
(3)红茶或黑茶的识别与冲泡实验。
(4)港式奶茶或珍珠奶茶调制实验。

(二)实验仪器及材料

各类茶叶冲泡用具,热水壶;根据冲泡茶类的不同,相应准备茶叶等实验材料;准备绿茶、乌龙茶、红茶冲泡用具。

(三)实验步骤

1.茶叶与茶汤识别

从色、香、味、形几个方面开展识别。

2.冲泡用具及材料

(1)选择并冲泡不同茶类的工具,学会使用方法。
(2)准备合适温度的热水及牛奶等材料。
(3)其他材料及用具。

3.冲泡要点

(1)茶具选择。
(2)茶水比控制,茶叶投放量的把握。
(3)热水的准备和水温控制。
(4)冲泡时间的把握。
(5)出汤方法及展示。

4.茶及茶饮品的品鉴

根据色香味等教学内容品饮和鉴赏。

(四)注意事项

(1)注意课前预习,按照要求课前清洁实验室环境。
(2)准备的物资和所有器具在实验前统一放置在操作台上。
(3)按要求使用茶叶及冲泡用具,展示冲泡过程。
(4)开展色、香、味、形等要素的品鉴。
(5)杜绝浪费,按照老师的要求使用合适用量。
(6)使用实验室各种电器之前,需要向老师报告并按照操作手册使用。
(7)实验结束后,注意清洗一切使用物品,整理和清洁实验环境。

三、实验报告

实验报告要求完成酒水实验表格(表7-1、表7-2)的内容填写,记录并描述操作过程与品饮体验,并将分析与思考填入实验表。

表7-1 茶的冲泡学习表

茶叶名称	
茶叶产地及特点	
冲泡用具	
实验操作过程	
茶的品鉴(色香味等)、分析与思考	

表7-2 茶饮品调制学习表

茶叶名称	
茶叶产地及特点	
冲泡用具	
茶饮名称	
饮品配方	
饮品特点	
实验操作过程	
茶饮品的品鉴(色香味等)、分析与思考	

四、实验评价

<table>
<tr><td>实验准备：

实验操作：

实验报告：

总评：

教师签名：</td></tr>
</table>

本章小结

中国是最早发现和利用茶树的国家，是世界最大的茶叶生产国，茶的种植和茶文化对世界各国产生了深远影响。本章介绍了茶的含义与功能，简述了茶的起源与历史，简单梳理了茶文化脉络；对不同茶的特点、种类做了基本描述；重点介绍了茶的加工工艺及冲泡饮用方法，最后介绍了日本抹茶及其文化。实验内容为茶冲泡实验，在实验内容和实验步骤方面做了具体描述。

练习题

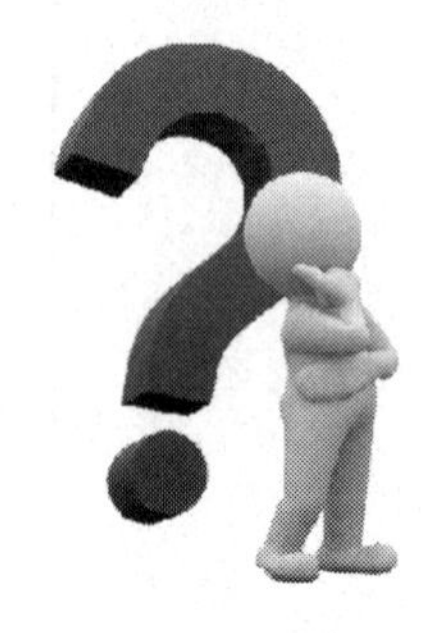

一、名词解释

绿茶；红茶；白茶；黄茶；青茶；黑茶；杀青；发酵；抹茶

二、判断题

1.绿茶的加工主要有杀青、揉捻和干燥三个步骤。 （ ）

2.白茶的工艺复杂，其发酵度高，是全发酵茶。 （ ）

3.红茶的工艺中没有杀青的步骤，属后发酵茶。 （ ）

三、选择题

1.根据我国出口茶的类别将茶叶分为绿茶、红茶、乌龙茶、白茶、花茶、（ ）和速溶茶等几大类。

A.平地茶　B.高山茶　C.紧压茶　D.丘陵茶

2.根据制造方法不同和品质上的差异，将茶叶分为绿茶、红茶、（ ）、白茶、黄茶和黑茶六大类。

A.花茶　B.速溶茶　C.闽茶　D.乌龙茶

四、问答题

1.简述茶的含义与特点。

2.简述茶叶的种类与特点。

3.绿茶的基本工艺有哪些？

4.白茶的基本工艺有哪些？

5.黄茶的基本工艺有哪些？

6.青茶的基本工艺有哪些？

7.红茶的基本工艺有哪些？

8.黑茶的基本工艺有哪些？

第八章
酒水单策划与设计

第一节　酒水单概述

一、酒水单的含义与作用

酒水单是餐厅、酒吧等场所为顾客提供酒水产品及酒水价格的一览表。酒水单上通常印有酒水的名称、价格、用量规格和酒水的简单说明等，是客人选择酒水的指南。酒水单上的产品可包括各种酒类和无酒精饮料，在酒吧以销售各种酒类为主，又称酒单。

酒水单的内容主要由名称、数量、价格及描述四部分组成：①名称。名称必须通俗易懂，冷僻、怪异的字尽量不要用。命名时可按饮品的原材料、配料、饮品、调制出来的形态命名，也可以按饮品的口感冠以幽默的名称，还可针对客人搜奇猎异的心理，抓住饮品的特色加以夸张等。②数量。应给客人明确地说明，是1 oz，还是一杯及多大的容量。客人对不明确信息的品种总是抱着怀疑心态，故应明确地告诉客人，让客人在消费中比较，并提出意见建议。③价格。客人如果不知价格，便会使客人无从选择。在餐厅中标着“时价”的菜品，客人很少点用，道理是一样的。所以，在酒水单中，各类品种必须明确标价，让客人做到心中有数，自由选择。④描述。对某些新推出或引进的饮品应给客人个明确的描述，让客人了解其配料、口味、做法及饮用方法，对一些特色饮品可配彩照，以增加真实感。

酒水单不仅是顾客购买酒水的主要工具，也是企业销售酒水的重要工具，因此，酒水单在酒水经营中起着关键作用。此外，酒水单还是服务员、调酒师与顾客沟通的媒介，顾客通过酒水单了解酒水种类、酒水特色和酒水价格；而调酒师与服务员通过酒水单了解顾客的需求，并将这些信息反馈给企业管理人员以便及时开发新的酒水产品满足顾客需求，促进酒水销售。酒水单的筹划涉及企业经营成本、经营设施、人员配备、环境设计和布局等。所以，酒水单是酒水经营的关键和基础，是酒吧和餐厅的运营管理工具。

酒水单是酒吧和餐厅销售酒水的说明书，多采用中英两种文字标明。酒水单是销售酒水与收费标准的依据，同时精美的酒水单也是企业宣传自我的重要媒介。满意的客人不仅是酒吧的服务对象，也是义务推销员，有的酒吧在酒水单扉页上除印制精美的色彩及图案外，还配以词语优美的小诗或特殊的祝福语，具有文化气息。同时，可加深酒吧的经营立意，并拉近与客人间的心灵距离。此外，酒水单上也印有酒吧的简介、地址、电话号码、服务内容、营业时间、业务联系人等，可以增加客人对酒吧的了解，发挥广告宣传作用。

二、酒水单的种类与特点

酒水是人们就餐、娱乐、休闲等日常生活和人际交流中不可缺少的饮品，而酒水单则是销售和消费的中介，它根据不同的要素可分为不同的种类，相应地有不同的特点。

（一）按酒水经营特点和类别划分的酒水单

1.综合酒水单

根据酒水的特点和功能，将酒水分为开胃酒、葡萄酒、烈性酒和无酒精饮料，将这些酒水设计在一个酒水单内，就是综合酒水单。综合酒水单多用于各类酒吧及中西餐厅。

2.专项酒水单

专项酒水单是销售每一种类酒的酒水单，这种酒水单可以根据酒的级别或者产地再进行细分，例如葡萄酒酒水单。专项酒水单主要用于葡萄酒酒吧或者高级西餐厅。

3.鸡尾酒酒水单

鸡尾酒酒水单属于专项销售鸡尾酒的酒水单，但由于这种酒水单推销的产品比较复杂并常常需要根据需求不断变化，因此，这种酒水单常常作为一个单独的种类。鸡尾酒酒水单不仅介绍鸡尾酒的名称和价格，还包括鸡尾酒的主要原料和特点，对一些有特色或者新开发的鸡尾酒可进行详细介绍并附带照片，主要用于主题酒吧和高级西餐厅。

4.宴会酒水单

宴会酒水单包括正式宴会酒水单、鸡尾酒会酒水单和茶话会饮料单。宴会酒水单常常根据宴会主办单位或者宴会主题进行单独设计。同时，宴会酒水单又有外卖酒水单等形式。

5.客房酒水单

客房酒水单是指在酒店等住宿设施的客房内酒柜或冷藏箱内的酒水品种及其价格一览表。通常顾客在饮用酒水时，要在酒水单的签字处及酒水项目前标明记号，或者在结账时说明。

（二）按表现形式划分的酒水单

1.桌单

桌单是指将具有酒水相关照片或者画面的酒水单折成三角或立体形，立于桌面，一般每桌固定一份，以便客人坐下便可自由阅览。这种酒水单多用于以娱乐为主及吧台小、品种少的酒吧，具有简明扼要、立意突出的特点。

2.手单

手单是最常见的一种酒水单，常常用于经营品种多、大吧台的酒吧或者餐厅，一般是客人入座后再递上印制精美的酒水单或者预先放置在桌面。一些手单也采用活页式酒水单，便于根据经营需要更换，如调整品种、价格、撤换活页等，用活页酒水单就比较方便，也可将季节性酒水品种采用活页，定活结合，给人以方便灵活的感觉。

3.悬挂式酒水单

悬挂式酒水单一般是指在顾客下单周边显眼位置吊挂或张贴的酒水单，配以醒目的彩色线条、花边，具有美化及广告宣传的双重效果，一些酒吧也采用电子屏幕酒水单。

三、酒水单的设计原则

在设计酒水单时，需要考虑顾客消费需求、突出品牌、增加销售量等多种因素，其设计原则主要有以下四个方面。

（一）品类清晰原则

根据前述酒水单的作用描述，酒水单的作用主要在于方便顾客消费、找到需要自己的酒水，有利于增加销售。因此，需要把销售的酒水按照品类清晰分类，在每一个分类中，按照价格或者某一要素列出酒水，再按照价格、文字等要求进行美化。

（二）品牌塑造原则

根据经营企业的品牌塑造要求设计酒水单，注重设计风格，根据企业的酒水品牌定位、产品特色进行设计。与企业品牌定位保持一致，着重突出企业风格，可以加深顾客对企业的印象，也有利于宣传和维护企业品牌形象。

（三）顾客需求原则

酒水价格应适应市场供需规律，价格围绕价值的运动，是在价格、需求和供给之间的相互调节中实现的。酒水单设计需根据目标客人的需求和消费能力进行，在提供比较丰富的品种的同时，根据企业的市场定位，在设计中体现不同的消费档次，满足客人选择的需要，适当对接企业的产品体系。价格反映产品价值。酒水单上饮品是以其价值为主要依据制订的，但档次高的酒吧，其定价较高些，因为该酒吧的各项费用高；地理位置好的酒吧比地理位置差的酒吧，因店租较高，其价格也可以略高一些等。

（四）刺激消费原则

酒水单的设计不要需要体现企业的经营风格，树立企业形象，提供的花色品种适当，还需要刺激消费需求，创造竞争优势，扩大销售利润。

另外，酒水单设计还需要综合考虑酒吧内、外因素，包括酒吧经营目标和价格目标、酒吧投资回收期以及预期效益等；要考虑经济趋势、法律规定、竞争程度及竞争对手定价状况、客人的消费观念等。

第二节　酒水单策划与设计

酒水单的策划与设计无论在哪个步骤，设计者都必须把顾客需求放在第一位，优先考虑他们的消费动机和心理因素，然后以此为依据，做好各步骤的设计工作。

一、酒水单策划步骤

（一）明确客源和经营方式，确定设计方向

设计者需要区别酒水单的种类，充分了解企业的目标客源市场，研究消费者的特点和偏好。同时，充分了解企业的经营方式与风格，以此统筹酒水单设计的方向。

在具体的设计过程中，准备所需参考资料，包括各式酒水单，标准档案、时令、畅销酒水单等，各种相关书籍和词典，每份酒水成本或类似信息，食品饮料一览表等。在构思阶段，最好选用一张空白表格，把可能提供给顾客酒水类别和清单等先填入表格，再综合考虑各项因素后确定酒水单的内容。

（二）确定酒水单程式，安排酒水内容

正确安排酒水单的各部分结构，特别是需要考虑刺激消费原则，在酒水内容、文字与图片表达、新媒体素材使用等方面突出个性。

酒水单的内容主要由名称、数量、价格及描述四部分组成。封面及封底信息明确，品种安排（名称和价格）清晰，能根据前述原则突出重要酒品，文字说明和介绍简洁、突出重点。同时，需要控制酒水的缺失率。

（三）核定成本，合理制订价格

根据销售和消费特点，考虑有利于市场竞争等要素，在正确核定各类酒水每一款产品成本的基础上，制订合理的销售价格。

（四）注重外观设计，突出美感效果

酒水单的外观是吸引消费者的重要因素，整体需要突出重点，注重文字描述，讲求规格尺寸。在对酒水单进行装潢设计时，可召集相关成员，对酒水单的封面设计、式样选择、图案文字说明等工作进行讨论。外观设计要注意艺术性，突出美感。具体而言，需要在材料选择、尺寸安排、文字运用、字体字型、色彩与插图、使用寿命、清洁保持等方面体现设计美感。

二、酒水单内容策划

(一)酒水种类

酒水单的内容主要由酒水种类、名称、数量、价格及描述等组成。而酒水种类则是设计的基础。酒水单中的各种酒水,应按照它们的特点进行分类,然后再按类别排列。如按照人们的饮用习惯,将酒水分为开胃酒、餐酒、烈性酒、鸡尾酒、利口酒和软酒水等类别,然后在每一类酒水中,再筹划适当数量有特色的酒水。

酒水单必须提供不同价位酒水的选择,酒水单应结构合理、界面清晰,可按种类、风格、地区、造酒商和用餐顺序等来排列。好的酒水单要配合餐厅的档次和顾客群,充分考虑目标客人的需求及消费能力。如葡萄酒,应帮助顾客了解不同款式的酒的构成成分、色泽、香气、口感、酒精度、甜度、单宁和个性等特点。再看所选的酒与餐厅的背景、档次等是否符合,以及原料供应情况等。

酒水单上每个类别列出来的品种不能过多,否则会使酒水单失去销售的重点和特色。根据以往的使用统计,酒水单最多分为 20 类酒水,每类 4~10 个品种,并尽量使每个类别的数量保持平衡。

酒水的分类根据档次可以有不同,一般而言,越是高档酒吧的酒水单,其分类越详细。例如,有些酒吧将威士忌分为四类:普通威士忌酒、优质威士忌酒、波旁威士忌酒和加拿大威士忌酒;将白兰地分为两类:一般白兰地和干邑等;将鸡尾酒分为两大类:短饮鸡尾酒和长饮鸡尾酒;将无酒精饮品分为茶、咖啡、果汁、汽水及混合酒水五大类等。这种分类方法的优点是便于客人选择酒水,使每一类酒水的品种数量减少至三四个,顾客在看酒水单时可以一目了然。同时,各种酒水的品种和数量平衡,也会使酒水单显得规范、整齐,容易阅读。此外,设计酒水种类时,应注意它们的味道、特点、产地、级别、年限及价格的互补性,使酒水单上的每一种酒水产品都具有自己的特色。

(二)酒水名称

酒水名称是酒水单设计的核心内容,酒水名称直接影响顾客对酒水的选择。因此,酒水名称要真实,尤其是鸡尾酒名称的真实性。酒水名称必须与酒水质量和特色相符,一般而言,需要避免使用夸张的酒水名称,而如果名称与实际质量不符合,则必然导致销售失败。此外,在配制鸡尾酒过程中,必须使用符合质量标准的原料,不要使用低于企业标准的原料,投入的酒水数量要符合配方标准,坚持产品的真实性。酒水的英语名称及翻译后的中文名称一定要准确,否则会降低酒水单的真实性及营销作用。

(三)酒水价格

酒水单上应该明确注明酒水的价格。如果需要加收服务费,则必须在酒水单上注明具体的金额或者比例。酒水价格若有变动,应立即更改酒水单,否则酒水单将失去推销工具的功能,也容易在结账时引发纠纷。

(四)酒水份额

所谓酒水份额,也是销售单位,是指酒水单每类酒水的右侧注明的份额及其价格计量单位,如瓶、杯、盎司等。酒水份额是酒水单上不可缺少的内容之一,应详细注明,以免引起顾客异议。一般而言,没有标注单位的都是按照杯为单位销售,但是目前的酒吧都比较详细地标注销售份额。例如,白兰地、威士忌等烈性酒,销售单位一般为 1 oz,葡萄酒的销售单位一般为杯(Cup)、1/4 瓶(Quaner)、半瓶(Half)、整瓶(Bottle)等。

(五)酒水描述

酒水描述(说明)是对某些酒水的解释介绍,通常对葡萄酒和鸡尾酒的解释与介绍较多。酒水说明以简练和清晰的词语帮助顾客认识某种酒水的主要原料、产地、级别、特色和功能等,使顾客可在短时间内完成对酒水的理解和选择,从而提高销售率和服务效率。这样,可避免因顾客对某些酒水不熟悉而产生误解。对某些新推出或引进的酒水,酒水单上可以作一个简单的介绍,一些特色饮品还可以配彩色照片,以增加真实感。酒水说明可以使顾客在短时间内完成酒水饮品的选择,从而提高服务效率,避免顾客对某些不熟悉的酒水不敢问津,或产生怕闹出笑话的顾虑,影响酒水销售。

(六)其他信息

一些酒吧的酒水单上,还标有葡萄酒的代码。这是酒吧管理人员为方便顾客选择葡萄酒,方便调酒师和服务人员提供酒水服务而设计的代码。由于葡萄酒来自许多国家,其名称很难识别和阅读,以代码代替葡萄酒名称,可方便顾客点单和酒水管理,因此,制作葡萄酒名称代码,可以增加葡萄酒的销量。

另外,需要考虑美酒与佳肴的搭配问题。如何与餐厅菜肴搭配非常重要,酒水单上的酒能和菜单上食物的味道产生共鸣,效果将会像交响乐团的乐器一样,为顾客的感官带来多重的感受。

同时,应注意酒水单的美观与独特性,可以有核心主题。如一间扒房应该以赤霞珠(Cabernet Sauvignon)作为主调,并提供来自不同地区和不同年份的选择;而海鲜餐厅则应该提供多款没有放在木桶酿制而又清新的白酒;日本餐厅则可以选择清酒及有年份的香槟等。无论酒水单是详细还是精简,酒水单的主调都会揭示品酒师和采购员有没有投入时间和精力。

美观而清晰的酒水单可以让顾客点单更加方便和愉悦。另外,为了增加广告效应,酒吧和餐厅可在酒水单上注明饭店、餐厅或酒吧的名称、地址和联系电话及同一饭店的其他餐厅和酒吧的名称、地址和联系电话,使酒水单起着更为广泛的营销作用。

三、酒水单形式设计

(一)外观与材质

酒水单不仅是推销工具,还是酒吧或餐厅的重要标记。因此,一个设计精良、色彩得体和外观大方的酒水单也是企业文化和品牌的重要体现。

酒水单外观应反映酒吧或餐厅的经营风格，应与内部装饰和设计相协调。酒水单封面与里层图案应该设计精美，封面通常印有酒吧的名称和标志。

酒水单的印制质量需要考虑耐久性和观赏性，推荐使用重磅的铜版纸或特种纸。纸张要求厚度比较大并具有防水、防污的特点。纸张颜色要有柔和素淡、浓艳重彩之分，通过不同色纸的使用，使酒水单的色彩层次比较丰富。此外，纸张可以用不同的方法设计成不同形状，除了可切割成最常见的正方形或长方形外，还可以特别设计成各种特殊的形状，让酒水单设计更富有趣味性和艺术性。

(二)尺寸与颜色

酒水单尺寸是酒水单设计的重要内容之一。酒水单尺寸的大小要与酒吧销售饮料品种的多少相对应，以方便顾客阅读。酒水单的尺寸有多种类型，这些类型与酒吧类型或餐厅类型相关。然而，不论任何尺寸都必须利于销售，方便顾客购买。通常，酒水单的尺寸较菜单要小一些。例如，某酒吧的酒水单尺寸长 20 cm、宽 12 cm。

酒水单颜色对酒水促销有一定的作用，酒水单颜色通常包括文字颜色与纸张颜色，需根据成本和经营者所希望产生的效果来决定用色的多少。酒水单纸张应使用柔和轻淡的颜色，使酒水单既不呆板，又显得高雅，如红色、蓝色、棕色、绿色或金色，具体商品名称用黑色印刷。酒水单设计中如使用两色，最简便办法是将类别标题印成彩色，颜色种类越多，印刷的成本就越高；单色菜单成本最低，所以不宜使用过多的颜色，通常使用四色就能得到比较好的色彩配置。

(三)字体与字号

酒水单上各类品种一般用中英文对照，以阿拉伯数字排列编号和标明价格。字体印刷端正，使客人在酒吧较暗的光线下也容易看清。品类的标题字体与其他字体应有所区别，做到既美观又突出。在字体色彩设计方面，需根据成本和经营者所希望产生的效果来决定用色的多少。

品种的标题字体与其他字体应有所区别，既考虑美观又突出特色。酒水单的字体应方便顾客阅读，给顾客留下深刻的印象。字体设计应选择易于阅读的字体，英语标题可采用大写字母，慎用草体字；如标题可以使用二号或三号字，酒的品牌或名称、酒水价可以使用三号或四号字，行间距根据阅读舒适度排版。

(四)页数与排列

在格式排列方面，一般是将顾客欢迎的商品或酒吧计划重点推销的酒品放在前页面的前部分或后部分，即酒水单的首尾位置及某种类的首尾位置。常见的酒水单(手单)一般有 3~6 页，酒水单外部应有朴素而典雅的封皮。也有使用一张坚实纸张制作的酒水单，可以折成 3 折、共为 6 页；酒水单打开后，外部 3 页是各种鸡尾酒的介绍并附有图片，内部 3 页是酒水目录和价格。当然，大众化的餐厅，其酒水单可能仅仅是一页纸。

(五)图片信息

酒水单照片可直观地帮助顾客了解酒水产品,尤其增加顾客对本企业新开发的鸡尾酒的了解和认识。因此,在酒水单上印有高雅的鸡尾酒照片可提高其销售率。当然,适当的图片也可以提高顾客的消费兴趣。

(六)其他事项

酒水单需要注意表里内容的一致性,注意更换时间。当酒水的品名、数量、价格等发生变化时,需要随时更换,不能随意涂去原来的项目或价格换成新的项目或价格。如果随意涂改,会破坏酒水单的整体美,另一方面给客人造成错觉,影响酒吧的信誉。所以,如果部分信息发生变化,必须更换整体酒水单,或从一开始的设计上针对可能会更换的项目采用活页。

第三节　酒水单价格制订

一、影响酒水价格的因素

价格是价值的表现形式,影响酒水价格的主要因素有成本、需求、竞争、税金、利润和顾客心理等因素。

(一)成本因素

酒水成本是指生产和销售酒水所包括的原料成本、人工成本和经营费用。原料成本是指购买酒水的成本(采购成本)或配制鸡尾酒的基酒(主要原料)及其配料成本;而经营费用包括设备折旧费、能源费、管理费、场地租金等。因此,企业在制订酒水价格时,首先要考虑生产和销售成本的回收问题,这就要求酒水产品价格不得低于各成本因素的总和。这样,某种酒水的最低价格取决于该产品的成本因素。

酒水价格=成本(原料成本+人工成本+经营费用)+税金+利润

(二)需求因素

市场需求是销售策略的关键因素,酒水产品价格和需求存在着一定的关系。当酒水产品价格下降时,会吸引新的需求者加入购买行列,也会刺激原需求者增加购买量;当酒水价格偏高时,会抑制部分消费者的购买欲望,如果此时酒水生产量保持不变或提高,就会造成生产过剩。因此,价格对需求的影响作用至关重要。

(三)竞争因素

指竞争者的产品价格,因为顾客在选购酒水时总要与其他企业同类产品进行比质比价。

因此，企业在制订酒水价格时应当参照竞争者的价格和质量。

二、酒水单的定价原则

（一）价格应反映产品的价值

酒水单中的任何产品价格的制订首先应以原料成本为基础，高价格的酒水必须反映高规格的原料。其次，应反映生产工艺、企业环境、服务设施及服务质量的水平，否则酒水单将不会被顾客信任。一些高星级饭店酒水单的价格参照了声望定价法和心理定价法，将酒水价格上调了一部分。然而，酒水价格过分地偏离原料成本将失去它应有的意义和营销作用。

（二）价格应适应市场需求

酒水价格除了以成本为导向外，还必须考虑目标顾客对价格的接受能力。不论是专业酒吧还是中西餐厅的酒水，其价格必须突出企业的级别。普通酒吧、中餐厅和咖啡厅属于大众餐厅，酒水价格必须是大众可接受的；而风味餐厅（如扒房）和高级餐厅、酒吧，酒水使用高规格的原料，环境幽雅，服务周到，因此其成本比较高，酒水价格可以高于大众餐厅。这种定价策略可满足不同消费群体的需求。一些企业经营不善，其很大原因是酒水价格超过目标顾客的接受能力。

（三）价格应保持稳定

酒水价格应保持稳定，不要随意调价。当原料价格上调时，酒水价格可以适当上调。一般而言，酒水价格上调的幅度最好不要超过10%，应尽力挖掘人力成本和其他经营费用的潜力，减少价格上调的幅度或不上调，尽量保持酒水价格的稳定性。

三、酒水单的定价程序

合适的酒水价格可以增加销售量，因此，饭店或餐饮企业需要通过合理的程序制订酒水价格。一般而言，定价的程序主要包括预测市场需求、评估企业环境、确定目标、核算成本与利润、选择价格策略和确定最终价格等步骤。

（一）预测市场需求

市场需求是定价的基础，市场需求量的大小直接影响定价方法。不同地区、不同时期、不同消费目的及不同消费习惯的顾客对酒水价格需求不同。企业在制订酒水价格前，一定要明确定价因素，制订切实可行的酒水价格。因此，酒水经营人员市场调查和评估消费者对酒水价格的需求是酒水经营成功的基础。

在经营过程中，企业管理人员可以使用价格弹性来衡量顾客对酒水价格变化的敏感程度。所谓价格弹性，是指在其他因素不变的前提下，价格的变动对需求数量的作用。在酒水经营中，价格与需求常为反比关系，即价格上升，需求量下降；价格下降，需求量上升。然而，价格变化对各种酒水产品需求量的影响程度是不一样的。

需求的价格弹性计算公式为：

$$M = \frac{Q}{P}$$

式中　M——需求价格弹性；

Q——需求量变化的百分比

P——价格变化的百分比。

$$Q = \frac{|Q_2 - Q_1|}{Q_1}$$

$$P = \frac{|P_2 - P_1|}{P_2}$$

式中　Q_1——原需求量；

Q_2——变动后的需求量；

P_1——原价格；

P_2——变动后的价格。

通常，当 M 大于 1 时，说明需求是富有价格弹性的，顾客会因酒水产品价格下降而购买更多产品，当某酒水产品价格上升时，消费者则会减少消费。根据酒水市场的调查，高消费的酒水产品富有价格弹性。因此，对于这一类产品可通过降价提高其销售率，从而提高销售总额。相反，当 M 小于 1 时，说明需求缺乏价格弹性，价格变动对需求量的影响较小。通常，大众化的酒水产品价格弹性小。对于这一类产品通过降价不会提高其销售额。然而，小幅度地提高价格及其质量，增加酒水特色会提高其销售水平。当 M 等于 1 时，说明价格与需求是等量变化，对于这一类酒水产品可实施市场通行的价格，再视情况调整。

例如，某咖啡厅酒水单中意式浓缩咖啡价格，从 35 元下降到 26 元，需求量从每天平均销售 62 份增加至 97 份，则此酒水需求的价格弹性计算为：

$$Q = \frac{|97 - 62|}{62} \approx 56\%$$

$$P = \frac{|26 - 35|}{35} \approx 26\%$$

$$M = \frac{56\%}{26\%} \approx 2.15 > 1$$

可见，这种咖啡需求价格富有弹性。因此，对于这一类产品可通过降价提高其销售水平，从而提高销售总额。

（二）评估企业环境

酒水价格不仅取决于市场需求和产品成本，还取决于企业所面临的外部环境，包括商业周期、通货膨胀、经济增长及消费者信心等。企业了解这些因素，有助于酒水价格的制订。同时，企业所处的竞争环境也是影响价格决策的重要因素。因此，管理人员在制订酒水价格时，要深入了解竞争对手的技术、人员和设施等情况。此外，消费倾向、饮食习俗及人口因素也是酒水价格制订时不可忽视的因素。

（三）确定目标

价格目标是指酒水价格应达到的经营目标。长期以来，酒水价格受到原料成本和目标市场承受力两个基本因素的制约。因此，酒水价格范围必须限制在两条边界以内。在确定酒水价格时，酒水的全部成本是企业定价的最低限度，而目标市场的价格承受力是企业定价的最高限度。不同级别的饭店、餐厅和酒吧有不同的目标市场和定价目标，同一饭店或餐厅在不同的经营时期或时段，也可能有不同的营利目标，企业应权衡利弊后加以选择。酒水价格目标不应仅限于销售额目标或市场占有率目标，还必须支持饭店或餐厅的全面业务和其他业务的发展。

（四）核算成本与利润

酒水成本与企业利润是酒水单定价的关键因素，其中成本是基础，利润是目标。酒水销售取决于市场需求，而市场需求又受酒水价格的制约。因此，在制订酒水价格时，一定要明确成本与需求，确定成本、利润、价格和需求之间的关系。

（五）选择价格策略

酒水价格主要受成本因素、需求因素和竞争因素等方面的影响。因此，酒水价格策略主要包括成本策略、需求策略和竞争策略等。管理人员可根据不同的经营区域和不同的时段选择不同的价格策略。其中，以成本为中心的定价策略是价格策略的基础和核心。

（六）确定最终价格

通过分析和确定上述五个环节后，管理人员最后确定酒水价格。在价格制订后，再根据酒水的经营情况对价格进行评估和调整。

四、酒水单的定价方法

（一）酒水产品基价制订方法

在酒水产品基价制订时，通常采用成本法，以成本为基础的定价方法是酒吧对酒水单定价最常用的方法之一。成本法是指酒水售价和价值以成本为基础的定价方法，在具体使用中又可分为四种方法。

1.原料成本率定价法

原料成本率定价法是饭店业和餐饮业常用的酒水定价方法，这种方法简便易行。其主要解决的问题是要确定本企业的原料成本率，可参考本地区行业与同级饭店、餐厅等酒水经营单位，同时考虑区域经济特点和消费需求。如我国经济发达地区的3星级饭店酒水原料成本率通常为20%，经济欠发达地区的3星级饭店酒水成本率通常为30%。一般情况下，档次越高的经营单位，其原料成本率则越低。每一份酒水的售价，首先算出每份酒水的原料成

本,然后根据成本率计算,其公式如下:

$$原料成本率=\frac{原料成本额}{营业收入}\times 100\%$$

$$销售价格=\frac{原料成本}{成本率}$$

例如,某餐厅的酒水成本率是20%,1罐北京啤酒的成本是3.8元,那么,啤酒的售价应当是3.8÷20%=19(元)。也可再根据实际情况或价格策略等进行调整后,最终售价为20元。

2.定价系数定价法

定价系数定价法也可以看作是原料成本率定价法的另一种表达,是在确定原料成本和成本率的基础上,先确定酒水定价系数,最后再计算酒水的售价;定价系数的计算方法将酒水总体价格设为100%,再将酒水价格除以本企业的标准原料成本率而得到。计算具体某酒水售价是将原料成本乘以定价系数即可,其公式如下:

$$定价系数=\frac{100\%}{原料成本率}$$

$$销售价格=原料成本\times 成本系数$$

可见,原料成本率定价法和定价系数法需要两个关键数据:一是原料成本,二是原料(酒水)成本率。通过成本率可算出成本系数。例如,已知某一杯鸡尾酒的成本为10元,计划成本率为30%,即定价系数约为3.33,则其售价应为10×3.33≈33.3(元)。也可再根据实际情况或价格策略等进行调整后,最终售价为30或35元。

若用定价系数法计算上例中北京啤酒的单价。该餐厅的标准成本系数是100%÷20%=5(定价系数)。该餐厅的1罐北京啤酒售价是3.8×5=19(元),调整后,售价仍为20元。

3.毛利率定价法

酒水毛利率与成本率是相对的概念,通常也是根据经验或经营要求而决定,故也称计划毛利率。其公式为:

$$销售价格=\frac{成本}{1-毛利率}$$

例如,一杯1 oz的高级威士忌成本为10元,若计划毛利率为80%,则其销售价为10/(1-80%)=50元。此时,也可再根据实际情况或价格策略等进行调整。

4.平均成本法

酒水售价不仅按照每种酒水的成本单独计算价格,通常还以酒水的平均成本为计算单位,计算出该类别不同酒水的售价,这种计算方法使价格整齐和规范,有利于顾客选择,易于销售。计算公式为:

$$每份果汁售价=\frac{每杯果汁成本总和}{果汁成本率}$$

例如,某餐厅有6种果汁,根据它们各自的成本(苹果汁3.5元、西瓜汁2.5元、蜜瓜汁4

元、橙汁 2 元、葡萄汁 3 元),则每杯果汁的售价计算方法如下。所有成本总和为 15 元,如果以 25%为成本率,则每份果汁售价可统一为 10 元。

(二)酒水产品的定价策略

1.目标利润策略

目标利润定价法的前提是保证企业在一定的时期内收回投资并获得一定数量的利润。其定价程序是:预计某一时段的营业收入、经营费用和利润指标;计算和评估以上时段的原料成本及其成本率;然后决定其价格。

2.需求策略

制订酒水价格时,首先应进行市场调查和市场分析并根据市场对价格的需求制订酒水价格。通常,脱离市场需求的酒水价格销售效果差,只会失去市场和企业竞争力。饭店或餐饮企业常以目标顾客的价格需求作为定价基本依据。例如,旅游淡季和旅游旺季的价格差异及不同餐饮时间段(早餐、午餐和正餐)的价格差异等。

3.竞争策略

所谓竞争策略,实际是在参考同行业的价格后,以同行的价格进行相关定价。参考同行业酒水价格时,必须注意饭店和餐厅的类型、级别、营业区域、经营时段、目标顾客类型等,应综合考虑以上因素制订价格。为了有利于销售,可对不同种类酒水实行不同的原料成本率标准。对特色或名贵产品可采用声望定价策略,也称撇脂价格(高价);对无明显特色的大众产品可采用满意利润价格,即按基价定价;或采用市场渗透价格(低价)策略以占领目标市场。

同时,同一酒水单中不同的酒水可采用差别定价。例如,高消费酒水产品的原料成本率可以高于大众化的产品,如高级别烈性酒和利口酒的成本率可以是 25%~30%,这一策略有利于吸引高消费顾客。低价大众化产品的原料成本率偏低,如一般饮料的成本率可以是 20%左右,以利于获得较高利润。

4.其他策略

在酒水定价中,在确定产品基价的基础上,还应该考虑客人的消费心理,结合促销策略等方面进行。例如,采用相应的心理价格策略,尾数的奇数定价或偶数定价,个别产品特别促销价等。

(三)酒水单的调整方法

1.目标客人的需求及消费能力

任何企业,不论其规模、类型和等级,都不可能具备同时满足所有消费者需求的能力和条件,企业必须选择一群或数群具有相似消费特点的客人作为目标市场,以便更好、更有效地满足这些特定客群的需求,并达到有效吸引客群、提高盈利能力的目的,酒吧也一样。例如,有的酒吧以吸引高消费的客人为主,有的酒吧以接待工薪阶层、大众消费为主;有的酒吧以娱乐为主,吸引寻求消遣的客人;有的酒吧以休息为主;有的酒吧办成俱乐部形式,明确地确定了其目标客人;度假式酒吧的目标客人是度假旅游者,车站、码头、机场酒吧的目标客人是过往客人,市中心酒吧的目标客人为本市及当地的企业和个人。而不同客群的消费特征是不同的,这便是制订酒水单的基本依据。

尽管企业选定的目标市场都由具有相似消费特点的客人组成,但其中不同的个人往往有着不同的心理消费需求,如有的人关心饮品的口感,有的可能是价格,有的人关心酒吧的环境,有的人注重所享受的服务,有的则是消费的便利性等。总之,只有在及时、详细地调查了解和深入分析目标市场各种特点和需求的基础上,酒吧才能有目的地在饮品品种、规格水准、价格、调制方式等方面进行计划和调整,从而设计出为客人所乐于接受和享用的酒水单内容。

2.原料的供应情况

凡列入酒水单的饮品、水果拼盘、佐酒小吃,酒吧必须保证供应,这是一条相当重要但极易被忽视的餐饮经营原则。某些酒吧酒水单上虽然丰富多彩、包罗万象,但在客人需要时却常常得到这没有那也没有的回答,导致客人的失望和不满,并对酒吧的经营管理产生不信任感,直接影响到酒吧的信誉度。这通常是原料供应不足所致,所以,在设计酒水单时就必须充分掌握各种原料的供应情况。

3.调酒师的技术水平及酒吧设施

调酒师的技术水平及酒吧设施在一定程度上也限制了酒水单的种类和规格。不考虑调酒师因素而盲目设计酒水单,即使再好的设计也无异于"空中楼阁"。如果酒吧没有适当的厨房设施,强行在酒水单列出油炸类食品,当客人需要而制作时,会使酒吧油烟四漫而影响客人消费及服务工作的正常进行;如果调酒师在水果拼盘方面技术较差,而在酒水单上列出大量时髦性造型水果拼盘,只会在客人面前暴露酒吧的问题并引起客人的不满。另外,酒水单上各类品种之间的数量比例应该合理,易于提供的纯饮类与混合配制饮品应合理搭配。

4.季节性因素

酒水单制作也应考虑不同季节,客人对饮品的不同要求,如冬季客人都消费热饮,则酒水单品种应作相应调整,大量供应如热咖啡、热奶、热茶等品种,甚至为客人温酒;夏季则应以冷饮为主,供应冰咖啡、冰奶、冰茶、冰果汁等,这样才能符合客人的消费需求,使酒吧能有效地销售其产品。

5.成本与价格

饮品作为一种商品,是为销售而配制的,所以应充分考虑该饮品的成本与价格。成本与价格太高,客人不易接受,该饮品就缺乏市场;如压低价格,影响毛利,又可能亏损。因此在制订酒水单中,必须考虑成本与价格因素。从成本的角度分析,虽然在销售时已确定了标准的成本率,但并不是每一种饮品都符合标准成本率。故在制订酒水单时,既要注意一种饮品中高低成本的成分搭配,也要注意一张酒水单中高低成本饮品的搭配,以便制订有利于竞争和市场的推销价格，并保证在整体上达到目标毛利率。

6.销售情况

酒水单的制作不能一成不变，应随客人的消费需求及酒吧销售情况的变化而改变，即动态地制作酒水单。如果目标客人对混合饮料的消费量大，就应扩大此类饮料的种类；如果对咖啡的销售量大，可以将单一的咖啡品种扩大为咖啡系列。同时，将那些客人很少点的，或根本不要而又对贮存条件要求较高的品种从酒水单上删除。

第四节　综合训练

一、训练目的

(1)巩固和掌握酒水的类别和品种知识，并根据酒水单设计的程序和要求开展不同类别的酒水单设计。

(2)根据某类酒水单设计的要求，开展市场调查，根据调查结果开展策划构思和表达理念设计，学会酒水单的内容和外观设计方法。

二、训练内容

根据教师给定条件设计酒水单。开展市场调查和创意策划，根据策划要点，在酒水单的内容表达、外观设计等方面突出创意特色。

本章小结

酒水单是餐厅和酒吧为顾客提供酒水产品和酒水价格的一览表，有综合酒水单、专项酒水单、鸡尾酒酒水单、宴会酒水单、客房酒水单等不同类型。酒水单策划内容包括酒水种类、酒水名称、酒水价格、销售单位和酒水介绍等。酒水单形式设计包括外观、尺寸、颜色、字体等。酒水单的定价受多种因素影响，定价的程序主要包括预测市场需求、评估企业环境、确定目标、核算成本与利润、选择定价策略和确定最终价格等步骤。

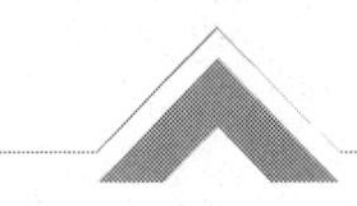

练习题

一、名词解释

综合酒水单;专项酒水单;鸡尾酒酒水单;宴会酒水单;客房酒水单;原料成本率法;平均成本法

二、多项选择题

1.下列关于酒水单的描述正确的包括(　　)。

A.酒水单是餐厅和酒吧为顾客提供酒水产品和酒水价格的一览表

B.酒水单上印有酒水的名称、酒水价格和酒水解释

C.实际上,酒水单是酒吧和餐厅销售酒水的说明书

D.酒水单是酒水单

2.酒水价格策略主要包括(　　)。

A.成本策略　B.需求策略　C.竞争策略　D.管理人员策略

3.酒水名称(　　)。

A.可以夸张

B.是酒水单筹划的核心内容

C.直接影响顾客对酒水的选择

D.必须与酒水质量和特色相符

三、判断题

1.酒水价格主要受三个方面影响：成本因素、需求因素和竞争因素。(　　)

2.原料成本率法也称系数定价法,这种方法虽然复杂但很有效。(　　)

四、问答题

1.简述酒水单的作用。

2.简述酒水单的策划步骤。

3.简述影响酒水价格的因素。

4.简述酒水的定价原则。

5.论述酒水策划内容。

6.论述酒水的定价程序。

五、计算题

1.某餐厅的酒水成本率是30%,1瓶某品牌赤霞珠红葡萄酒的成本价是90元,通过系数定价法计算出这瓶葡萄酒的售价。

2.调查某中餐厅3~4种罐装啤酒,根据它们各自的成本,通过平均成本法计算出每种啤酒的售价。

第九章
酒吧管理

第一节　酒吧概述

一、酒吧的含义

酒吧一词来自英文“Bar”的音译，原意是指一种出售酒的长条柜台，源于16世纪美国西部大开发时期的西部酒馆。最初出现在路边小店、小客栈、小餐馆中，既为客人提供基本的食物及住宿，也提供使客人兴奋的额外休闲消费。随后，由于酒的独特魅力及酿酒业的发展，人们消费水平不断提高，这种“Bar”便从客栈、餐馆中分离出来，成为专门销售酒水、供人休闲的地方。现代意义的“Bar”多指娱乐休闲类的酒吧，包括提供现场的乐队、歌手和舞蹈表演，以及调酒师花式调酒及表演等。此外，在英国更为古老传统的酒吧被称为“Pub”，多提供啤酒及英式调酒服务。酒吧可以附属经营，作为酒店的一个创造较高利润的部门。酒吧也可以独立经营，是专门向客人销售酒水并提供饮用服务的消费场所。

二、酒吧的分类

（一）按服务方式分类

1.主酒吧(Open bar/Main bar)

主酒吧设施完备，服务多样，也称专业酒吧、正式酒吧、鸡尾酒吧或立式酒吧。这类酒吧的吧台通常较高，客人直接面对调酒师站立或坐在吧台前以便欣赏调酒师的操作，调酒师从准备材料到酒水的调制和服务全过程都在客人的目视下完成，其提供的酒水以鸡尾酒为主，故这类酒吧又被称为立式酒吧(Standup Bar)或鸡尾酒酒吧(Cocktail Bar)。主酒吧一般装饰高雅、美观，具备种类齐全、数量充足的酒水、杯具和相关设备，并在酒水、酒杯摆设等方面具有别致的格调，具有开放性、展示性的特点，调酒师善于创造气氛，调动客人情绪，使客人置身其中且享受饮酒过程。

2.酒廊(Lounge)

酒廊通常带有咖啡厅的形式特征,格调及其装修布局也近似,但只供应饮料和小食,不供应主食。这类酒吧有两种形式:一是大堂吧,在酒店的大堂设置 ,主要为酒店客人服务,供客人暂时休息、等待等。二是音乐厅酒吧 ,其中也包括歌舞厅和卡拉 OK 厅。在酒店多数是综合音乐厅,有小型乐队演奏,有舞池供客人跳舞。

3.服务酒吧(Service Bar)

服务酒吧在中、西餐厅中设置。在中餐厅中一般较简单 ,调酒师不需要直接与客人打交道 ,只按酒水单供应产品。酒吧设置也以中国酒为主。西餐厅中的服务酒吧要求较高,备有数量多、品种齐的餐酒(葡萄酒),因红、白葡萄酒的存放温度和方法不同 ,还要配备餐酒库和立式冷柜。在国外的酒店中,西餐厅的酒库显得特别重要,西餐酒水配餐的格调水准在这里得到充分体现。

4.宴会酒吧(Banquet Bar)

宴会酒吧根据宴会形式和人数摆设的临时酒吧,一般按鸡尾酒会、贵宾厅房、婚宴形式的不同而作相应的摆设,因是临时性酒吧,变化也很多。此外,宴会酒吧的一种特殊形式,在外卖的情况下摆设外卖酒吧(Catering Bar)。例如,有的公司开酒会时场地设在本公司内,外卖酒吧工作人员将酒水和各种应用器具准备妥当并在公司指定的场地内摆设,提供酒水服务。

(二)按经营方式分类

1.独立经营酒吧

此类酒吧无明显附属关系,单独设立,经营品种较全面,服务设施等较好,间或有其他娱乐项目,交通方便,常吸引大量客人。

按照地处区域的不同,有市中心酒吧、交通集散中心酒吧、旅游地酒吧等。市中心酒吧,开设地点在市中心,在设施和服务方面比较全面,常年营业,酒吧的客人具有逗留时间较长、消费内容比较多的特点,同时,由于地处市区,此类酒吧的竞争也比较激烈。交通集散中心酒吧,设在机场、火车站、港口等旅客中转地,主要是供旅客消磨等候时间、休息放松的酒吧;此类消费客人一般逗留时间较短,消费量较少,但周转率很高;一般此类酒吧品种较少,服务设施比较简单。旅游地酒吧,设在海滨、森林、温泉、湖畔等风景旅游地和一些旅游小城镇,类型比较多样,以供游人在玩乐之后休闲放松为主,一般都有舞池、卡拉 OK 等娱乐设施。

2.附属经营酒吧

此类酒吧一般不单独开设,依附于其他设施设立。最为常见的是依附于酒店的酒吧。在饭店内部设立的酒吧,既服务于旅游住店客人,也向其他客人开放。众所周知,酒吧的初级形式是在酒店中出现的,虽然现在已有许多酒吧独立于酒店存在,但酒店中的酒吧仍随酒店的发展而发展,且高星级酒店中的酒吧往往可能是某一地区或城市中最高端的酒吧。酒店中酒吧设施、商品、服务项目较全面,根据酒店特点常提供鸡尾酒廊、清吧、歌舞厅酒吧等符合客人需求的服务。同时,在酒店客房内常设立客房小酒吧,客人可自行在房内随意饮用各类酒水或饮料,在各大高级酒店普及。

此外,较常见的还有娱乐中心酒吧和购物中心酒吧。娱乐中心酒吧往往附属于某一大型娱乐中心,增加客人在娱乐之余的消费延伸和兴趣,属助兴服务场所。购物中心酒吧是在大型购物中心或商场设立的酒吧,酒吧大多为人们购物休息及欣赏其所购置物品而设。此两类酒吧往往提供酒精含量低和不含酒精的饮品。

(三)按服务内容分类

1.娱乐型酒吧

此类酒吧环境布置及服务主要是为了满足寻求娱乐或不同消费体验的客人,所以这种酒吧往往设有乐队、舞池、卡拉 OK 等项目,或者开展时装表演等,有的甚至以娱乐为主、酒吧为辅,所以吧台在总体设计中所占空间较小,舞池较大。此类酒吧气氛活泼热烈,青年人大多较喜欢这类刺激豪放类的酒吧。

2.休闲型酒吧

此类酒吧是客人放松精神、怡情养性的场所。这类酒吧可以满足顾客寻求放松、谈话、约会等需求,所以座位设施比较舒适,灯光柔和,音响音量较小,环境温馨优雅,供应的饮料以软饮料为主,咖啡是其所售饮品中的一个主要品类。

3.沙龙型酒吧

此类酒吧为由具有相同兴趣爱好、职业背景、社会背景的人群组成的松散型社会团体,定期聚会、谈论共同感兴趣的话题、交换意见及看法的场所,同时有饮品供应,比如在城市中可以看到的“企业家俱乐部”“股票沙龙”“艺术家俱乐部”“单身俱乐部”等。

三、酒吧的选址与设计

(一)酒吧的选址

酒吧所处位置对酒吧经营有决定性影响。若酒吧的位置选择不当,经营往往难以成功。因此,在筹建阶段的酒吧选址时,除了需要以市场分析报告为依据外,还要充分考虑其他与市场数据相关的信息。

1.地区经济

地区经济发展水平及特点是选址首要关注内容,经济发展程度对客源和消费水平产生了直接影响。在选址时要注意收集和评估所在地区商业发展的数据及其因素。

2.城市规划

区域规划往往会涉及建筑的拆迁或重建,如果未经分析就盲目投资,而在成本收回之前就遇到了拆迁,或者失去原有的地理优势,则酒吧经营可能会蒙受巨大损失。所以在确定酒吧位置之前,需要向有关部门咨询城市规划建设的相关情况。

3.竞争环境

竞争环境是直接影响酒吧经营的不可抗拒因素,需要认真调查研究。对于竞争的评估可以从两个方面考虑:一是直接竞争,开设与已有酒吧同类型的酒吧,但可能是比较消极的因素。二是非直接竞争,包括提供不同饮品和不同服务的酒吧,这种经营风格有时会成为积极的因素。从顾客消费需求的角度,"成行成市"的酒吧聚集区更有吸引力,没有竞争的地方,可能吸引力不足。与此同时,缺少任何一种形式竞争的地点则需要判断,其可能是一个潜在的绝好地点,但也可能是个很糟糕的地点。

4.规模和外观

酒吧的潜在容量应可以容纳足够的空间建筑物,还要考虑停车场和其他的必要设施。酒吧位置的地面形状以长方形、方形为佳,也可以是圆形建筑。对于三角形或多边形地块或建筑,除非它非常大,否则是不足取的,其不如长方形土地的利用率高。在对地点的规模和外观进行评估时也要考虑到未来消费的可能。

5.能源供应

能源主要是指水、电、天然气等经营必须具备的基本条件。在这些因素中,水的品质也应考虑,因为水质的好坏直接关系到冰块及调制冷热饮的效果。

6.消费人群

主要考虑周边流动的消费人群的数量和特征(收入和消费水平等),以及可能影响的潜在客人规模和种类等。因此,对消费人员一定要仔细分析,综合其特点,选择适当的位置和酒吧的种类。

7.地点特征

地点特征是指与人们外出活动或人群聚集相关的位置特征。选址时特别注意与购物中心、商业中心、娱乐中心的距离和方向。这些地点由于人群聚集,甚至在离酒吧几千米以外的地点,仍可能对酒吧的经营产生影响。另外,还应考虑交通目的地,有些地点看似交通流量很大,但由于附近没有吸引顾客停留的因素,这类地点也是不可取的。

8.交通状况

交通状况是指车辆通行状况和行人数量。交通状况往往影响着客源,但客源的多少绝不等同于交通的繁华程度,有的地区尽管交通发达,但客人却没有购买机会或欲望。通常情况下,在选择酒吧位置时,应获得本地区车辆流动的数据及行人流动的资料,以保证酒吧开张后有相当数量的客源。一个地区的交通情况尤为重要,因为其不仅影响酒吧的营业量,甚至有时还可决定酒吧采用的服务方式。很显然,设施具体位置的交通便利程度,停车与进出的便利程度,将影响客人是否愿意光顾。有时,由于客人不希望经过十分拥挤、危险的岔路口才能到达酒吧,使许多店家失去了相当可观的生意。当你打算依靠该地区良好的交通筹划建立一家酒吧时,首先需要仔细分析一下现有交通在将来是否会改善,因为存在不少原本生意兴隆的酒吧由于交通路线改变而被迫停业的实例。

（二）酒吧的空间设计

空间设计是酒吧设计的最根本内容。结构和材料构成空间，采光和照明展示空间，装饰为空间增色。在经营中，以空间容纳人，以空间的布置影响人，酒吧建筑空间既要满足客人的物质要求，又要满足客人的精神要求，体现优秀建筑的本质特性。

1.空间设计的作用

（1）不同的空间形式具有不同的风格和气氛

不同的空间形式通常能展现不同的风格和气氛。例如，方、圆、八角等严谨规整的几何空间形式，给人以端庄、平稳、肃静、庄重的气氛。不规则的空间形式给人以随意、自然、流畅、无拘无束的气氛。封闭式空间给人以内向、安定、隔世、宁静的气氛。开敞式空间给人以自由、流通、爽朗的气氛。高耸的空间，使人感到崇高、肃穆、神秘。低矮的空间，使人感到温暖、亲切，富有人情味。

（2）不同的空间能产生不同的精神感受

在考虑和选择空间时，需要统筹考虑空间的功能、使用要求和精神感受等要素。同样一个空间，采用不同方法处理，也会给人不同的感受。在空间设计中应经常采用一些行之有效的方法，以达到改变室内空间的效果。比如，一个过高的空间可通过镜面的安装、吊灯的使用等，使空间在感觉上变得低而亲切；一个低矮的空间，可以通过增加线条，使人在视觉上变得舒适、开阔、无压抑感。客流不多而显得空荡的大厅使人无所适从，而人多拥挤的空间使人烦躁。在大的空间中分割出适度的小空间，形成相对稳定的分区，可提高空间利用的实际效益。

（3）不同的空间结构为其他设计提供依据

在空间艺术中，结构是最根本的。装饰和装修等应配合空间结构，从而创造出有特色的空间形象。从空间出发，墙面的位置和虚实、隔断高矮、天棚的升降、地面的起伏，以及所对应采用的色彩和材料质感等因素，都是设计构思需要考虑的因素。

2.空间设计的主要影响因素

在酒吧空间设计时，需考虑的因素有很多，但最核心要素是酒吧经营特点、经营中心意图及目标客人特点等。

通常，针对高层次、高消费客人设计的高雅型酒吧，其空间设计应以方形为主要结构，采用宽敞及高耸的空间设计。在座位设计时，也应以宽敞为原则，以服务面积除以座位数衡量人均占有空间；一般档次的酒吧间及咖啡厅的人均占有面积为 1.3～1.5 m^2；高雅、豪华型的人均占有面积可达 2 m^2 及以上。而针对寻求刺激、发泄、兴奋的客人而设计的酒吧，应特别注重其舞池位置和大小，并将其列为空间布置的重点因素。针对以谈话、聚会、约会为目的的目标客人设计的温馨型酒吧，其空间设计应以类似于圆形或弧形，同时以随意性为原则，天棚低矮、人均占有空间可较小些，但要使每张桌台有相对的隔离感，椅背设计可高些。

同时，酒吧设计布置是否合理将直接关系到调酒师的工作效率，以及能否吸引宾客到此进行消费。因此,设计建造一个酒吧时,除注重其情调与气氛外,更需要从酒吧日常工作的方便性和宾客的舒适性角度出发,注重每件设施、设备的合理摆放与布局,全方位考虑,设计布置出能充分满足宾客休闲与社交需要的酒吧。

3.酒吧空间的结构组成

一个标准的酒吧由吧台、娱乐消费区域及其他设施区域三部分组成。

(1)吧台

吧台是酒吧向客人提供酒水及其他服务的工作区域,是酒吧的核心部分。通常由前吧、操作台和后吧三部分组成。吧台的大小、形状和设计风格,因具体条件不同而不同。

(2)娱乐消费区域

酒吧的消费区域就是指宾客的活动区域,不同类型的酒吧消费区域的构成存在着差异,主要包括舞台、舞池及音控(DJ)、酒吧散座、包厢等。

舞台是一般酒吧不可缺少的空间,是为客人提供演出服务的区域。根据酒吧功能的不同,舞台的面积也不相等。舞台一般还附设有小舞池,供客人直接使用。音控室是酒吧灯光音响的控制中心。音控室不仅为酒吧座位区或包厢的客人提供音乐服务,而且对酒吧进行音量调节和灯光控制,以满足客人听觉上的需要,通过灯光控制营造酒吧气氛。音控室一般设在舞台附近,也有根据酒吧空间条件设在吧台内外的。

座位区是客人的休息区,也是客人品饮、聊天的主要场所。因酒吧的不同,座位区布置也各不相同。一般散座根据营业面积散布在酒吧内,由 2~4 把圈椅和 1 张茶几构成一个小的消费空间。包厢或包房依据酒吧面积大小和经营性质设定包房的具体数量和面积,内设沙发、茶几等设备。

此外,依据不同经营特色还可以设置其他娱乐项目。娱乐项目是酒吧吸引客源的主要因素之一,所以选择何种娱乐项目,规格的大小,档次的高低都要符合经营目标。酒吧娱乐项目主要有飞标、棋牌、游戏等。

(3)其他设施区域

酒吧其他设施区域主要包括酒吧后厨、卫生间等设施及区域。卫生间是酒吧不可缺少的设施,卫生间设施档次的高低及卫生洁净程度在一定程度上反映了酒吧的档次。卫生间设施及通风状况应符合卫生防疫部门的要求。

(三)吧台的设计

1.常见吧台造型

常见吧台造型有直线形吧台、U 形吧台、圆形吧台、曲线形吧台(通常为 S 形)等。

2.吧台的设计原则

(1)可视性强,方便服务

吧台是整个酒吧的核心,因此其可视性要强。客人在刚进入酒吧时,便能看到吧台的位置,感觉到吧台的存在,知道他们所享受的饮品及服务是从哪儿发出的,因此,吧台的位置一般放在非常明显的位置。同时,吧台要方便服务人员的服务活动,方便为酒吧中任何一个角度的客人提供快捷的服务。如果吧台设置的位置及出口设置存在问题,容易导致顾客及服务人员的行走线路复杂并发生冲突。

(2)结构科学,布局合理

吧台及其周边的空间结构要科学,尽量使一定的空间既要多容纳客人,又要使客人并不感到拥挤和杂乱无章,同时还要满足客人对环境的特殊要求。一定面积的空间,其形状不同,布置方式不同,对客人的感觉也有所不同。

3.吧台要素设计

(1)前吧设计

前吧(The Front Bar)的设施主要包括服务台面、操作台两部分。前吧以服务台面为分界线,前端供宾客品味酒水和休息,后端是调酒师工作的场所。

吧台既不能太高,也不能太宽。一般高度为 110~120 cm,但这种高度应视调酒师的平均身高而定,正确的计算方法为:

吧台高度=调酒师平均身高×0.618

吧台宽度标准多为 60~70 cm(其中包括外沿部分,即顾客坐在吧台前时放置手臂的地方),吧台的厚度通常为 4~5 cm。脚踏杆高度为 30~40 cm。同时,酒吧台面的质地应由易于清洁和耐污性强的硬质材料制成,如深色大理石、花岗岩、人造石材台板等。

(2)操作台设计

操作台位于服务台面内侧下方,是调酒师重要的工作区域,同时也是酒吧常用设备比较集中的区域,因此在设计施工时应充分考虑洗涤槽、冰柜、制冰机、收款机等设备的位置和调酒师工作的方便性。

前吧下方的操作台高度应在调酒师手腕处,这样比较省力,一般为 70 cm 左右,但也并非一成不变,应根据调酒师的身高而定。操作台宽度多为 40~60 cm,应用不锈钢材质以便清洗消毒。操作台通常包括下列设备:双格洗涤槽带沥水(具有初洗、刷洗、沥水功能)或自动洗杯机、水池、储冰槽、酒瓶架、杯架以及饮料机或啤酒机等。

(3)后吧设计

后吧(The Back Bar)具有展示和储物的双重功能,设施主要由展示酒柜与储物柜共同构成,展示酒柜设计时应注意充分考虑其摆放空间的布置,做到既可竖放各种型号的酒瓶,也可横放各种类型的葡萄酒。

在设计时,上层常用储物高度通常为 170 cm,顶部不高于调酒师伸手可及最高位置。下层一般与吧台(前吧)或操作台等高。后吧实际上起着储藏、陈列的作用,上层橱柜通常陈列酒具、酒杯及各种瓶装酒,一般多为配制混合饮料的各种烈性酒;下层橱柜存放红葡萄酒及其他酒吧用品;安装在下层的冷藏柜则可用于冷藏白葡萄酒、啤酒以及各种水果原料。

(4)空间距离设计

在设计酒吧时还应注意前吧与后吧的距离,即服务员的工作走道宽度在 1 m 左右,且不可有其他设备向走道突出。这样既可以方便调酒师取拿物品,提高工作效率,又可使调酒师有足够的活动空间。走道的地面应铺设防滑塑料或木头条架,以缓解服务员因长时间站立而产生的疲劳。服务酒吧中的服务员走道应相应增宽,有的可达 3 m 左右,因为餐厅中有时会举办宴会,饮料、酒水供应量变化较大,而较宽余的走道便于在供应量较大时堆放各种酒类、饮料及原料。

(四)酒吧的布置

1.酒吧的常用设备

(1)卫生设备

酒吧设备中,必须安装各类洗涤和消毒设备以保证出品安全卫生。在操作台需要有洗涤槽、沥水槽、垃圾箱等。洗碗机、洗杯机、杯刷器、消毒柜、空瓶储放架等应放置在操作台或后厨的适当位置。洗杯槽一般为三格或四格,放置在两个服务区中心或便于调酒师操作的地方。三格槽的功用一是清洗,二是冲洗,三是消毒清洗。沥水槽便于洗过的杯子倒扣在沥水槽上沥干水分。

垃圾箱用于盛放各种废弃物,应经常清扫以保证安全卫生。空瓶储放架用于装空啤酒和苏打水瓶,其他的空酒瓶必须收集后到储存藏室换领新酒。

(2)储存设备

储存设备是酒吧不可缺少的设施。一般设在后吧台区域,包含有酒瓶陈列柜台,主要是陈放一些烈性名贵酒,既能陈放又能展示,以此来增加酒吧气氛,吸引客人的消费。冰箱和冷藏柜用于存放需要冷藏冷冻的原材料。很多酒品和饮料,如碳酸水、葡萄酒、香槟、水果,以及鸡蛋、奶及其他易变质的食品等都需要冷藏保存。另外,还要有干储存柜和各类酒架,大多数用品如火柴、毛巾、餐巾、装饰签、吸管等都要在干储藏柜中存放;酒架用于陈放常用酒瓶,一般用于烈酒,如威士忌、白兰地、金酒、伏特加等。吧台操作要求常用酒放在便于操作的位置,其他酒陈放在吧台柜中。

(3)业务设备

根据销售的需要,酒吧需设置不同的设备。常用的如制冰机、果汁机、电动搅拌机、电热水器,以及咖啡机、奶昔机、冰淇淋机、生啤酒设备等。

此外,酒吧的经营还要用到收款机、电脑等设备,或根据需要设置自动售货机等。

2.吧台的摆设

吧台的摆设包括瓶装酒的摆设和酒杯的摆设两部分。酒吧气氛的营造和吸引力往往集中表现在这里,完美的摆设可以使客人一看就了解酒吧的特色以及引发消费的意愿。因此,酒吧在摆设时必须注意遵循以下原则:美观大方,具有吸引力;方便工作,专业性强;酒吧的特色突出等。

(1)瓶装酒的摆设

瓶装酒摆设的方法有以下几种:按照酒水的不同品种分类别摆放,如威士忌、白兰地、利口酒等分展柜依次摆放。按酒水的价值摆放。将价值昂贵的酒同便宜的酒分开摆放。在酒吧,同一类酒水之间的价格差异是很大的,例如,白兰地类酒水,价格便宜的几十元一瓶,贵重的需1万多元一瓶,如果两者摆在一起,在某种意义上是不相称的。按酒水的生产销售公司摆放。在酒吧,一些酒水生产销售公司长租某个或几个展示酒柜用以陈列本公司的酒水,以起到宣传推广作用。另外,在摆放瓶装酒时还应注意瓶与瓶之间应有一定的间隙,这样既可方便调酒师的取拿,又可以在瓶与瓶之间摆放一些诸如酒杯、鲜花、水果之类的装饰品用于烘托酒吧气氛。此外,在瓶装酒的摆放中应将常用酒与陈列酒分开,一般常用酒要放在操作台前伸手可及的位置以方便日常工作,而陈列酒则应放在展示柜的高处。

(2)酒杯的摆设

酒吧内酒杯的摆设有悬挂式与摆放式两种。悬挂式摆设是指将酒杯悬挂于酒吧台面上部的杯架内,这类摆设一般不使用(因为取拿不方便),只起到装饰作用。摆放式摆设是指将酒杯分类整齐地码放在操作台上,这样可以方便调酒师工作时取拿。

另外,酒杯摆放时还应注意将习惯添加冰块的酒杯(如柯林斯杯、古典杯等)放在靠近制冰机的位置,而啤酒杯、鸡尾酒杯则应放在冰柜内冷存备用,不需要加冰块的酒杯可适当放置在其他空位。

第二节　酒吧员工管理

一、酒吧的组织管理

(一)酒吧的组织结构

一般情况下,独立经营的主酒吧将员工分为以下几个级别:酒吧经理(Bar Manager)、酒吧副经理(Vice Bar Manager)、主管/领班(Bar Supervisor/Captain)、调酒员/调酒师(Bartender),以及服务员(Waiter or Waitress)和实习生(Trainee)等。在一些大型五星级酒店,通常会设置酒水部,管辖大堂吧、行政酒廊等部门,有时管辖范围包括舞厅和咖啡厅等。无论规模大小、类型如何,为保持酒吧的正常经营,其工作岗位基本相同,而规模较小的酒吧,一个人可以同时兼任几个岗位的工作,组织结构较扁平化。

小型酒吧组织结构比较简单,通常设经理1人,调酒师2人,服务员2~3人。有些酒吧,经理兼任调酒师。

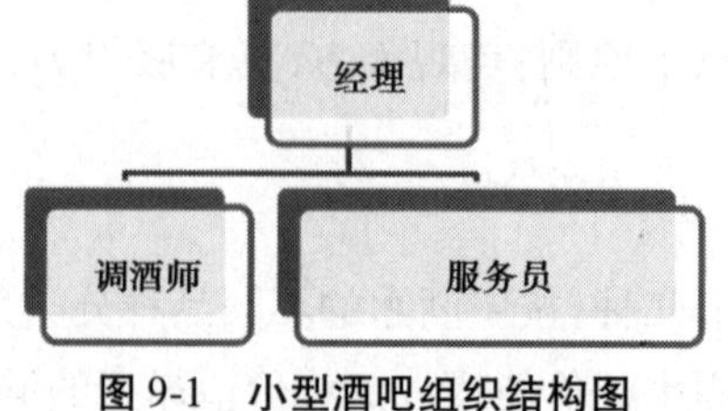

图9-1　小型酒吧组织结构图

(二)酒吧的人员编制

1.酒吧人员编制的影响因素

影响酒吧人员编制的因素很多,包括酒吧档次的高低和座位的多少、市场状况和接待人数、员工技术熟练程度和技术设备状况、餐饮经营的季节波动程度、酒吧营业时间、班次安排和出勤率高低等。其中,营业状况主要指标有每天的营业额及供应酒水的杯数等。大部分主酒吧的营业时间多为 11:00—1:00,傍晚至午夜是营业高峰期。

酒吧通常按日工作量的多少安排人员。通常上午时间,以开吧和领货为主,可以少安排人员;晚上营业繁忙,所以多安排人。在交接班时,上、下班的人员必须有 0.5~1 h 的交接时间,以清点酒水和办理交接班手续。酒吧一般采取轮休制,节假日可取消休息,在生意清闲时补休。工作量特别大或营业时间超时,可安排调酒员加班加点,同时给予足够的补偿和加班费。

2.酒吧人员编制方法

(1)岗职人数定员法

用于主管、领班及以上管理人员的编制方法。根据工作需要确定岗位设置,然后按岗定人。如经理 1 人,副经理(经理助理)、主管等根据规模、轮班情况、基层员工人数及技能确定。在可照顾业务工作面的前提下,人员数量宜少不宜多。一般情况下,主管或领班管理 5~6 名服务员,然后按实际情况进行调整。

(2)接待人数定员法

接待人数定员法主要按座位数、接待人数进行编制,同时还应考虑班次、出勤率和休假等因素。一般而言,主酒吧按 10 个座位一位调酒师岗位计算,酒廊或咖啡厅按 30 个座位一位调酒师岗位计算,服务酒吧可按每 50 个座位一位调酒师岗位计算。如果营业时间短可相应减少人员配备。如果营业时间长可相应增加人员配备。例如,座位在 30 个左右的主酒吧每天可配备调酒师 3 人。若有实际接待人数数据,则使用接待人数数据进行编制更为合理。

$$n=\frac{\frac{QnrF}{xf}\times 7}{5}$$

式中　n——酒吧人员数量;

Q——餐厅座位数;

r——上座率;

F——班次;

x——定额接待人次;

f——出勤率。

(3)劳动定额定员法

定员法主要按实际销售量或营业状况进行编制。通常,每日 60~100 杯饮料配备调酒师 1 人的比例,在业务繁忙时进行调整。例如,某酒吧每日供应饮料 600 杯,按每日供应 100 杯饮料配备调酒师 1 人的比例调整，可配备调酒师 6 人。

（三）酒吧人员岗位职责

1.经理

酒吧经理负责酒水经营管理的全部工作，管理并督导本部门员工为客人提供优质高效的饮品服务。若为大型高星级酒店的附属酒吧，则需与酒水相关的其他各部门密切合作进行经营管理。主要工作包括根据各酒吧的特点和要求，制订酒和饮料的价格和销售计划；制订各种鸡尾酒的配方及调制方法；制订酒水服务方法、服务程序和标准；制订各酒吧服务的特色及每日工作程序与工作标准；熟悉酒水的供应渠道、品牌、规格，控制酒水验收、保管、发放及销售；控制酒水产品质量，减少物资损耗，控制成本；检查和督促职工，提高工作效率，制订标准操作程序并实施；制订培训计划，培训部门员工，包括服务技能、专业外语、调酒技术等；合理安排人员，检查各项工作的落实情况，在重要宴会、酒会等带头服务和开展管理，定期策划和举办酒水促销活动；掌握各酒吧的设备和用具情况，制订维修保养计划，保证各酒吧设备处于良好的状态；负责所属范围内的消防安全及治安工作，确保顾客与员工的安全；安排与调动本部门员工工作，按时做好员工考评，协调并处理好客人投诉；监督每月酒水盘点工作，签批各种领料单、调拨单和维修单等。

2.主管

酒吧主管或领班岗位职责主要协助上级督导酒吧调酒员，保证酒吧向客人提供高效优质的服务。酒吧领班在酒吧经理或业务主管的直接领导下，负责本部门的酒水经营管理工作，确保酒水产品和服务的规范化；做好沟通工作，贯彻执行部门领导布置的工作任务和指示；根据所管辖的范围，制订相应的工作程序和标准；现场督导、检查酒水产品质量和工作效率，检查职工的纪律；控制酒水损耗和成本；做好岗位培训并定期检查；控制酒水储存的数量，使其合理化；定期检查设备并及时维修保养；合理安排宴会、酒会工作并带动职工积极地完成任务；分派职工工作，向上级提供合理化建议，处理客人的投诉等。

3.调酒师

调酒师（也称调酒员）是专门从事酒水配制和酒水销售的人员，小型酒吧的调酒师还兼有管理职责。一个素质高、工作认真的调酒师不仅可以为企业带来较高的经济效益，更重要的是为企业赢得声誉。工作职责主要包括在主管业务人员指导下调制各种酒水；保证酒吧有充足的酒水供应；根据销售情况，定期从酒库和食品仓库领取所需的酒水和食品；按营业需要从仓库领取酒杯、银器、棉织品等服务物品；清洗酒杯及各种用具、擦亮酒杯、清理冰箱、清洁各种设备和吧台；摆好各类酒水及所需用的饮品；将啤酒、白葡萄酒、香槟酒和果汁存放冷藏箱保存；准备各种装饰鸡尾酒的水果，如柠檬片、橙角和樱桃等；准备好当天的新鲜冰块，做好营业前的准备工作；在营业中保持吧台清洁和整齐，为坐在吧台前的顾客更换烟灰缸；在宴会前安排好酒水服务和用具；将常用的酒水放在吧台方便的地方，准备充足的酒水，随时为顾客服务；认真操作，使各种酒水产品达到企业的标准；负责每日及定期的酒水盘点工作，填写营业报表。同时，调酒师应具有创新鸡尾酒的能力，并根据需求进行花式调酒表演；在吧台积极活跃饮酒氛围，适时开展鸡尾酒促销等。

4.服务员

通常，专业酒吧、高消费或高级别的餐厅都有专职的酒水服务员。其工作职责主要包括在酒吧领班或业务主管的指导下，做好营业前的准备工作，如准备咖啡具、茶具和酒具等；协助调酒师摆放陈列的酒水；熟悉各类酒水的名称与特点，各种杯子类型及酒水的价格；熟悉服务程序和标准；为客人提供酒水服务，保持服务区域的整洁；有礼貌地问候顾客；根据顾客的酒水需要填写酒水单并到吧台取酒水；按照顾客酒水单为顾客提供酒水；保持服务环境的整齐和清洁；营业中用干净的烟灰缸换下用过的烟灰缸，清理餐桌及客人用过的酒具并用托盘将其送到洗涤间；营业繁忙时协助调酒师斟倒和制作各种酒水；协助调酒师清点酒水，做好销售记录等。

二、调酒师的类型与资质

调酒师是在酒吧或餐厅专门从事配制酒水、销售酒水，并让客人领略酒的文化及风情的人员，调酒师英语称为 Bartender 或 Barman。调酒师是酒吧企业经营的核心成员，是酒吧获得效益的关键，也是酒吧服务水平的标志。因此，调酒师应有专业的任职标准。

（一）调酒师的调酒类型

1.英式调酒

英式调酒是一种注重绅士风格的调酒技法。英式调酒属于传统式调酒技法，其突出特点是文雅、规范。调酒师穿着马甲，调酒动作绅士规范，调酒过程配以古典音乐。英式调酒讲究每一种味道，每一种口感，每种基酒或者味道在整个鸡尾酒中应该占有多少比例，都有非常严格的要求。英式调酒一般只使用四种传统的调酒方法，即摇和法、调和法、兑和法和搅和法，其主要技巧包括传瓶、示瓶、开瓶、量酒。

（1）传瓶

把酒瓶从酒柜或操作台上传至手中的过程。传瓶一般从左手传至右手或直接用右手将酒瓶传递至手掌部位。用左手拿瓶颈部分传至右手上，用右手拿住瓶的中间部位，或直接用右手提及瓶颈部分，并迅速向上抛出，并准确地用手掌接住瓶体的中间部分，要求动作迅速稳准、连贯。

（2）示瓶

将酒瓶的商标展示给宾客。用左手托住瓶底，右手扶瓶颈，成45°角把商标面向宾客。

（3）开瓶

用右手握住瓶身，并向外侧旋动，用左手的拇指和食指从正侧面按逆时针方向迅速将瓶盖打开，软木帽形瓶塞直接拔出，并用左手虎口即拇指和食指夹着瓶盖（塞）。开瓶是没有专用酒嘴时使用的方法。

(4)量酒

量酒通常用左手的中指、食指、无名指夹起量杯,两臂略微抬起呈环抱状,把量杯置于敞口的调酒壶等容器的正前上方约 4 cm 处,量杯端拿平稳,略呈一定的斜角,然后右手将酒斟入量杯至标准的分量后收瓶口,随即将量杯中的酒旋入摇酒壶等容器中,左手拇指按顺时针方向旋上或塞上瓶塞,然后放下量杯和酒瓶。

2.花式调酒

花式调酒属于美式调酒,最早起源于美国的"Friday",20 世纪 80 年代开始盛行于欧美各国。所谓花式,顾名思义,很花哨,样式很多,与常规调酒大不一样,其更强调调酒过程中的表演性。这种鸡尾酒的味道通常比较一般,调酒的杂技难度系数才是这种调酒的灵魂。最大的特点是在传统的调酒过程中加入一些音乐、舞蹈、杂技等光幻陆离的特技。花式调酒播放得更多的是爵士乐等节奏感较强的配乐。花式调酒有着自己特有的调酒用具,如酒嘴。调酒酒壶、果汁桶等用具不仅用来做调酒表演,也使花式调酒师在工作中能够提高工作效率。花式调酒师不仅需要掌握多种的调酒技法,还要科学使用酒嘴控制酒水的标准用量(称为自由式倒酒),以及如何在最短的时间调制尽可能多的饮料等,调酒师应不断探索创新出高质量的酒水和新奇的花式动作。

除了英式调酒和花式调酒,还有自由调酒。自由调酒比较提倡运用新颖的方法但又尊重传统的调酒方式。自由调酒师,主要囊括了那些注重鸡尾酒的味道与创新的一些鸡尾酒调酒师。这些调酒师尊重鸡尾酒传统,同时兼顾每一种酒的味道和特点,能不断地创新出不同的鸡尾酒品种,属高级别的调酒师。

(二)调酒师的任职标准

调酒师应具有相关的资格证书,且身体健康,五官端正,体形匀称。通常,男士身高应在 1.7 m 以上,女士身高应在 1.65 m 以上;具有勤奋好学、虚心向他人请教的品质,掌握各种酒水的名称、品牌、产地、等级和特点等;掌握广泛的餐饮知识和宗教知识;具有良好的语言表达能力,能详细介绍各种酒水并能根据酒水的特点推销;具有一定的外语听说和阅读能力,能用英语推销酒水,能阅读各国酒水商标、年限和其他说明;熟练掌握调酒技术,有一定的调酒表演能力,可以在顾客面前轻松、自然、潇洒地配制各种鸡尾酒;具有酒水产品设计和开发能力,能根据市场变化和顾客口味设计出新型的鸡尾酒和饮品;重视仪表仪容和礼节礼貌,讲究个人修养,尊敬顾客,使用礼貌语言并具备主动的服务意识。

(三)调酒师的资格认证

鸡尾酒已有 200 多年的发展历史,但在我国,调酒师最早出现于 20 世纪 80 年代的中外合资酒店,通常没有系统的培训,依靠师傅的传帮带提供调酒服务。随着旅游业的发展以及我国经济与国际的接轨,作为酒吧"灵魂"的专业调酒师需求量加大。尤其是花式调酒充满动感,观赏性强,许多娱乐性酒吧由于缺少花式调酒师,只能采取特约、特聘的形式邀请为数不多的花式调酒师做兼职表演。在美国、日本、韩国等国家,顶尖花式调酒师的名气和收入甚至不亚于著名歌星和影星。

除调酒师的数量需求不断增加外,品酒师和侍酒师也开始出现在人们的视野中,在不同的酒水经营单位担任既有区别又有联系的酒水工作。因此,除调酒师资格认证外,也有品酒师和侍酒师的资格认证。调酒师、品酒师和侍酒师的资质各有侧重。简单来说,“调酒师”按照顾客口味开展调酒,主要在掌握酒水知识的基础上为顾客调制鸡尾酒;“品酒师”注重对酒液质量的分析与鉴别,在酒水生产商、餐厅、酒吧、经销商、代理商及专卖店等方面有需求。而“侍酒师”需要掌握更多的酒水知识,尤其是葡萄酒知识。侍酒师能提供餐酒搭配,以及酒窖设计、酒品保存等方面的建议。一般是高级中西餐厅及葡萄酒专卖店设有侍酒师岗位。

针对调酒师、品酒师和侍酒师职业岗位,在国内外有各种资格认证。在我国,人力资源和社会保障部曾指导过国家职业技能等级认定。曾经实施的调酒师资格认证为五个层次:初级调酒师(职业等级 5 级)、中级调酒师(职业等级 4 级)、高级调酒师(职业等级 3 级)、技师调酒师(职业等级 2 级)、高级技师调酒师(职业等级 1 级)。品酒师在我国主要为白酒品酒师,有三个等级:三级品酒师(国家职业资格三级)、二级品酒师(国家职业资格二级)、一级品酒师(国家职业资格一级)。

在国际上,欧美等发达国家均有各类资质认证,同时更注重在葡萄酒领域的品鉴和侍酒认证。WSET(葡萄酒及烈酒教育基金会)国际标准品酒师认证的国际认可度最高,其品酒师等级分为四级:WSET Level 1、WSET Level 2、WSET Level 3、WSET Level 4。

侍酒师的国际通用名称为 Sommelier。Sommelier 源于法语,专指在宾馆、餐厅里负责酒水饮料的侍者。侍酒师不仅需要具备专业酒水基础知识和技能,能为客人提供酒类服务和咨询,还要有基本的美学修养,拥有敏感的时尚感知、高尚的品位和鉴赏力,具有设计葡萄酒配菜、葡萄酒的鉴赏能力,熟悉酒品采购要求以及善于对酒窖进行管理。一个合格的侍酒师的成长期至少要 4~5,甚至更长的时间。美国 ISG 侍酒师系列证书具有较高的知名度和影响力。ISG,全称 International Sommelier Guild(国际侍酒师协会),其侍酒师等级为初级、中级、大师认证。此外,美国 IWG 侍酒师认证、法国 CAFA 侍酒师认证等也有一定的国际认可度。

三、酒吧员工的组织与管理

(一)合理调配人员,优化员工队伍结构

管理层需要根据酒吧的特点和经营实际,合理调配人员。管理者在岗位分配和规范管理的基础上,应努力促进酒吧人员配置的灵活性,防止出现某部分员工因为长期从事某项工作,而变得思维僵化、工作模式化。在招聘员工时,注意到员工之间性格、年龄、能力等不同要素上的匹配程度,选择多元化的人才进行组合。在同一个年龄段的员工中,应注意保持各种人才的比例。调酒师等技术型人才、营销型人才和一般服务员应相互熟悉和合理搭配。员工队伍结构的优化,应考虑酒吧发展的全局性、长远性、基础性,在专业结构、学历层次结构、职能结构、年龄结构等方面统筹考虑。

（二）弹性安排人力，降低劳动力消耗

根据酒吧用工特点，适宜实施弹性用工方法。如在酒吧内建立混合劳动力人员使用机制，根据经营需要安排全职、兼职和实习生等人员。根据某些特定的工作岗位职能，与帮工公司、旅游院校等组织建立长期合作关系。通过人员调配，保持用工的灵活性和机动性，提高竞争优势，以获得调酒师等专业知识和技术岗位人员。在人员配置上，也应相对灵活，一旦需要时，能够扩大员工队伍；或者在不需要时，易减少用工人员，重新调配酒吧的员工队伍，以此降低劳动力成本。

（三）做好激励考核，充分调动员工积极性

从理论上讲，绩效考核的有效实施，有助于调动员工积极性，激励员工不断提高工作效率。因此，可通过建立多种酒吧业绩计算方法，实施多种激励机制，通过改善员工的个人绩效来实现酒吧整体绩效的提升。在优化员工结构，特别是在晋升等机会发布时，可以采取竞聘上岗的技巧，使得酒吧内同一个部门员工都有接受高层的选拔和任用机会。

第三节　酒吧原料管理

一、酒水的采购

在市场经济条件下，产品的市场价格以价值为基础，利润最终通过销售实现。但在竞争中各酒吧的销售价格逐渐趋于平均化，故除了依靠提高销售价格增加利润外，需要通过低价采购、控制进货成本，在采购的环节中寻找酒吧利润的增长点。

在实际经营中，各种酒吧原料的采购价格具有较大差异，如地区差价、产销差价、批零差价、质量差价、季节差价等，这些差异直接影响原料的采购成本。一般采购者都熟悉其所在酒吧的成本率和某一饮品的销售价格，当原料低于某个价格采购时能获取利润，而高于某个价格采购时就会亏本。采购者应根据酒吧利润最大化的原则，有效地利用和掌握这些差价因素，为酒吧选择、采购质优价廉的原料，从而保障酒吧盈利目的的实现。

（一）采购计划的制订

酒水采购是酒水成本控制工作的开始，采购计划的制订是十分必要的，采购计划包括采购的品种、规格、数量等。

1.酒水采购品种的确定

酒水单和餐厅的菜单一样，酒水单的内容与酒水的供应和采购是密切联系的。酒水单确定了酒吧的经营范围和经营品种，也决定着酒吧采购的品种。不同类型的酒吧，其目标消

费者市场不同,供应饮品的内容、品种也存在着较大的差异,需采购酒水的品种也是不一样的。例如,普通的大众酒吧采购高等级干邑白兰地作为酒水单供应的主品,显然与其目标客人的消费能力不相符,反而占压经营资金。酒吧的经营管理人员必须通过市场调查并仔细分析自己的目标市场,制订出适合目标市场的酒水单,然后依据本酒吧酒水单的内容来控制酒吧采购品种的范围。

酒吧酒水采购的项目一般包括白兰地、威士忌、金酒、朗姆酒、伏特加、啤酒、葡萄酒、软饮料、咖啡、茶等。

2.影响酒水采购数量的因素

为了避免出现采购数量过多或过少引发经营问题,确定一个适中的采购数量,必须了解有哪些因素影响着采购数量。影响酒水采购数量的因素主要有季节变化、储存能力、经营状况等。

(1)季节变化

在不同的季节,顾客对某一种类的饮品的需求不同。例如,热饮类饮品在冬季的销售量要比在夏季的销售量多,因而热饮类的原料消耗速度在不同季节就有较大差异。酒吧相关人员在采购原料时,不仅要考虑整体的变化,也需要考虑结构的变化。

(2)储存能力

现有仓储设施的储藏能力有可能会限制采购的数量。

(3)经营状况

经营较好时,酒吧可以适当增加采购数量,而经营较差、资金紧缺时,酒吧则应精打细算,适当减少采购数量,加速资金周转。

(4)采购地点

如果采购地点较远,可以增加批量,减少批次,节省采购费用,防止意外的酒水断档现象。如果采购地点较近,采购方便,则可以减少批量。

(5)供货状况

市场供应状况的稳定程度影响采购数量。尤其在酒吧所使用的酒水当中依赖于进口的酒水,无论在供应状况上还是在价格上均具有一定的波动性。因此,如果酒吧资金较为宽裕,可在市场供应充沛时,适当增加采购数量。

(6)储存期

酒吧所购进的酒水应按其基本特点和储存的要求分别在不同的温度和湿度条件下储存。酒吧可依据酒水的储存期,决定采购数量。桶装鲜啤酒只能储存相当短的一段时间,果酒和葡萄酒可储存的时间稍长一些,而威士忌酒等蒸馏酒可以长期储存。因此,酒水可按其储存特点进货,如蒸馏酒的保存时间较长,当其市场价格具有较大的优势时可适当增加采购批量。

(7)结算方式

在目前市场经济条件下,销售商的结算方式影响采购数量。销售商为扩大自己的销售量,往往会采用售后结账的形式进行采购资金的结算,这样的采购并不占压酒吧的周转资金。同时,这种结算方式常附带有折扣优惠。因此可视酒吧经营状况,适当增加有优惠酒水的采购数量。

(8)销售情况

酒吧实际酒水销售的情况影响酒水采购的数量及采购频率。酒水单上某种酒水销售速度快,酒水存货周转就快,进货数量就大,进货的频率就会加强;相反,如果酒水销售慢,就会限制进货或不进货。酒吧在正式营业的初期进行采购时,应尽量限制那些不适应目标消费者需要的酒水的进货数量。

3.酒水采购数量的确定方法

永续盘存表是确定酒水采购数量的重要方法,称为永续盘存法,指酒吧对所有饮品入库和出库保持连续记录的一种存货控制方法。永续盘存表(表9-1)中注明每种酒水的品名、规格、进出库时间、存货量、标准(最高)存量、最低存量和订货点等信息。

表9-1 永续盘存表表样

代号: 品名:	每瓶容量: 单位成本:	订货点: 标准存量:	
日期	收入(入库)	发出(出库)	发出(出库)
月 日			
月 日			
月 日			
月 日			
月 日			

(1)订货点

一般情况下,订货点为采购周期销售量的1/3或1/2。例如,某浓缩橙汁采购周期为30天,每天平均销售3瓶,30天的平均销售量则为90瓶,如果最佳订货点为采购周期销售量的1/3,则在还有30瓶时进行采购。

(2)标准(最高)存量

标准存量也称最高存量,一般情况下,最高存货量应为采购周期销售量的1.5倍(150%)左右。在订货方法上,独立的酒吧可采用定期订货法,尤其是采购贮存期较长的瓶酒、罐装食品。定期订货法是一种订货期固定不变,即订货间隔时间相对固定,如一周一次或一月一次,但每次订货数量根据实际情况调整的方法,其公式如下:

订货数量=下期需用量-现有数量+期末需要存量

下期需用量根据酒吧以往的营业记录或预测得出,现有数量通过盘点获得。期末需要存量是指从发出订单到货物到达验收这一段时间(订购期)能够保证需要的数量。在实际中确定最高存量时,必须考虑以下几个因素:贮藏空间、预计订货的频率、使用期限、供应商最低订货要求等。

例如,某酒吧每月(按照30天计算)订购浓缩橙汁1次,消耗量为平均每天3瓶,订购期为4天,即送货日在订货日期后第4天。通过盘点确认库存浓缩橙汁24瓶。由以上信息,可以决定订货数量:

订货数量=下期需用量(30×3)-现有数量(24)+期末需要存量(4×3)

=90-24+12=78(瓶)

考虑到以箱为采购单位,每箱6瓶,故应实际订货13箱,即78瓶,这样4天之后,货物到达,库存量又增至90瓶,可以满足营业需要。

可见,酒吧酒水采购品种、数量的确定需要酒吧经营管理人员从多方面和多角度考虑。采购酒水的品种多,可以丰富酒吧酒水供应品种,增加宾客的选择范围,但也会造成部分品种酒水的积压,影响酒吧资金的正常周转。而采购酒水的品种过少,有时则会影响到酒吧的正常经营。大批量采购能够为酒吧带来价格上的折扣和促销上的支持,但库存量的增加,又会使酒吧库存管理难度增大。同时,结算采购费用时,支付的资金量较大,也会影响到对其他原材料的正常采购和资金周转。

(二)采购标准的制订

采购标准又称质量标准、规格标准,指对所要采购的各种酒水原料做出的详细而具体的规定,如酒水原料的产地、等级、性能、容量大小、色泽、包装要求等,并以此为标准选择供应商(经销商或代理商)进行采购。

一般情况下,酒水可分为指定牌号(Call Brand)和通用牌号(Pouring Brand)两种类型。只有在顾客具体说明需要哪一种牌子的酒水时,才供应指定牌号;如顾客未说明需要哪一种牌子,则供应通用牌号。如果一位顾客只讲明要一杯加苏打水的苏格兰威士忌,就供应通用牌号;如果顾客讲明要加苏打水的某一种牌子的苏格兰威士忌,就应给他供应指定牌子的酒水。在建立品质标准时,通用牌号的选择是一个重要步骤。酒吧通常的做法是:先从各类酒水中选择一种品质有保障,同时价格较低的或价格适中的牌子作为本酒吧通用牌号,其他品牌的同类型酒水则作为指定牌号。由于各个酒吧的顾客和价格结构不同,因此,各个酒吧选定的通用牌号也不同。选择通用牌号酒水是管理人员确定质量标准和成本标准的第一步。

确定酒水的标准,管理人员需要考虑价格、目标消费者群体的偏好和年龄、酒水的销路等一系列因素。例如,大多数人会认为价格较高的21年苏格兰威士忌是优质酒,而各种价格较低的金酒是质量较差的酒水。但是,对于口味偏好不同的消费者而言,这是两种不同类型的酒,除价格有高低差别之外,几乎没有什么可比性。不同的消费者对各种酒水的质量往往有很多不同的看法和判断标准。因此,酒吧的管理人员必须依据本酒吧目标消费者群体的消费特点,建立自己的酒水采购质量标准体系。

(三)酒水的采购程序

采购程序的制订与酒吧的规模、组织机构设置等因素有着密切的联系。小型独立酒吧一般投资者比较单一，营业中可以根据需要即刻采购，不必要设立过多烦琐的采购程序。而作为合股投资或酒店内部的酒吧，其采购行为必须通过采购部或专职的采购人员完成，并制订相应的采购程序、步骤，以确保酒吧经营管理人员把控采购质量和采购过程，避免出现采购漏洞。通常包括酒吧人员依据经营需要每日向库房申领所需酒水原料；当某种酒水库存量降至订货点时，仓库管理员填写请购单并由主管人员审批后申请订购；采购人员根据订购情况，填写订购单并向酒水经销商（或代理商）发出；最后，采购人员落实具体的供货时间，并督促其及时按质按量交货。

当然，并非所有酒吧都采用如此具体的采购手续。然而，每个酒吧都应保存书面进货记录，保存订购单，以便到货时核对。书面记录可防止在订货牌号和数量、报价、交货日期等方面产生误解和争论。购买酒水需支付较大额度的资金，因此，每个酒吧都应建立订购单制度，防止或减少差错。另外，酒吧在原料采购过程中，除了严格遵循采购程序进行酒水物品采购外，采购人员在采购进口酒品时，还必须对我国的各项规定有必要的认识和了解，以减少酒吧违规现象的发生。

二、酒水的验收与入库

验收是酒吧原料管理和控制工作中的一个重要环节。酒水验收工作在大型酒店可设专人负责，一般酒吧由库房保管员负责，依据订货单检验酒水原料是否符合质量标准要求，数量、价格是否与订货单一致等。

（一）酒水的验收

酒水的验收包括数量、质量和价格的核对与检查。所有到货酒水必须依据酒水经销商（或代理商）的发货票上的内容和订货单的内容逐一验收，以确保酒水的品质与数量。验收员必须仔细清点瓶数、桶数或箱数。如果以“箱”为计量单位进货，验收员应开箱检查瓶数是否正确、酒水内外包装有无破损等。同时对酒水的名称、商标、规格、容量、产地、供货价格等项内容严格检查，以防假冒伪劣酒水混入，给酒吧带来不必要的损失。验收的酒水原料与订货单如有不一致的地方，验收员应根据职责要求做好记录并拒绝接收。如在验收中出现问题，验收员应及时报告上级主管以便进一步处理。

（二）酒水的入库

酒水验收完毕后，应将到货的酒水原料及时入库，以有效地防止酒水原料失窃现象的发生，同时可以降低那些对贮藏条件要求比较高的酒水原料的损失。

酒水验收完毕后，应根据发货票填写验收报表。验收员应在酒水经销商（或代理商）提供的发货票后签名，并连同验收报表一起送交上级主管签字，然后送交财会部门，以便在进货日记账中记录。

为保证控制体系的精确和提高工作效率，验收员必须在每天工作结束前填写酒水验收日报表。酒水验收日报表需要验收员、酒水管理员签名，以确认收到酒水验收日报表上所列明的各种酒水。同时，酒水验收日报表（表 9-2）的各类酒水进货总额还应及时填入酒水验收汇总表，以方便库房管理。通过建立健全酒水库房出入库酒水的资料，能够有效地做到酒水的量化管理，避免酒水管理出现混乱情况，使酒水的入库与出库以及存货数量一目了然。

表 9-2　酒水验收日报表表样

<table>
<tr><td>供货单位</td><td>项目</td><td>每箱瓶数</td><td>箱数</td><td>每瓶容量</td><td>每箱成本</td><td>每瓶成本</td><td>小计</td></tr>
<tr><td></td><td></td><td></td><td></td><td></td><td></td><td></td><td></td></tr>
<tr><td></td><td></td><td></td><td></td><td></td><td></td><td></td><td></td></tr>
<tr><td colspan="8">分　类</td></tr>
<tr><td>葡萄酒</td><td colspan="2">烈酒</td><td>啤酒</td><td colspan="2">软饮</td><td colspan="2">其他</td></tr>
<tr><td></td><td colspan="2"></td><td></td><td colspan="2"></td><td colspan="2"></td></tr>
<tr><td></td><td colspan="2"></td><td></td><td colspan="2"></td><td colspan="2"></td></tr>
<tr><td colspan="8">酒水管理员：

验收员：</td></tr>
</table>

三、酒水的存储与领发

验收员收到原料之后，应立即通知酒水管理员，尽快将所有酒水送到贮藏室保管。在大型酒店，可能会有几个酒吧间，除了大贮藏室之外，各个酒吧间也可以有小贮藏室。在这类企业，为了便于搞好控制工作，所有酒水仍应通过大贮藏室调拨和分派到各个小贮藏室。

酒水的经济价值较高，部分高级酒品的价格昂贵，所以酒吧酒水库存管理的首要任务是加强安全防范，防止酒品数量上的损耗。合理的安全防范措施是酒水库存管理控制的一个关键性因素。在小型酒吧，酒水贮藏室的钥匙由酒吧经理保管；在中大型酒吧，则可由同时负责食品原料与饮料贮藏室保管工作的仓库管理员保管；而在更大型的酒吧，往往由酒水管理员保管。为了加强控制、明确责任，每把锁只配两把钥匙，一把由酒水管理员保管，另一把则存放在保险箱，只有酒吧高层管理人员可以使用。此外，酒吧应定期换锁，特别是在酒水保管人员变更之后，应立即换锁。

另外，酒水在贮藏中一定要依据各种酒水的特性分类贮藏，以防止保存不当，引起空气与细菌的侵入，导致变质，产生浪费，增加酒水的成本。

（一）酒水贮藏室（酒窖）的基本要求

酒水贮藏室是贮藏酒水的地方，在设计和安排上应充分强调科学性与方便性，这是由酒水的特殊贮藏性质所决定的。同时，酒水贮藏室的位置应靠近酒吧间，这样可减少运送酒水的时间。此外，酒水贮藏室应具有容易进出、便于监视的特点，以便发料，并减少安全保卫方面的问题。理想的酒水贮藏室应符合下述几个基本条件。

1.有足够的贮存和活动空间

酒水贮藏室的贮存空间应与企业的规模相称。地方过小,影响酒品贮存的品种和数量。长存酒品与暂存酒品应分别存放,贮存空间要与之相应。库房内的活动空间应适当宽敞一些,以保证酒水原料的进出和挪动。

2.具有良好的通风换气条件

通风换气目的在于保持酒水贮藏室中有较好的空气环境。酒精挥发过多而空气不流通,容易导致易燃气体聚积,构成安全隐患。而良好的通风换气条件,也有利于工作人员的身体健康

3.保持适当的干燥环境

酒水贮藏室的干燥环境,可防止软木塞的霉变和腐烂,防止酒瓶商标的脱落和质变。但是,过分干燥也会引起瓶塞干裂,造成酒液过量挥发等损失。通常,在湿度60%左右的环境下,是葡萄酒最佳储存环境,而高于85%的湿度可能引起霉菌的生成。

4.隔绝自然光线,采用人工照明

自然光线对酒的杀伤力较大,不仅是酒,自然光照对90%以上的饮品都有影响,尤其是直射日光容易引起病酒的发生。自然光线还可能使酒水氧化过程加剧,造成酒味寡淡和酒液混浊、变色等现象。酒水贮藏室最好采用人工照明,照明强度和照明方式应适当控制。

5.避免震荡,以防止丧失酒水原味

震动干扰容易造成酒品的"早熟",有许多"娇贵"的酒品在长期受震(如运输震动)后,常需"休息"两个星期,方可恢复原来的风味。

6.保存整洁卫生,防火防盗等

酒水贮藏室的内部应保持整洁卫生,不能存放各类包装纸箱、碎玻璃等杂物。箱子打开后,每一瓶饮料都应取出,存放到适当的酒架或酒柜中,而空箱子则立即搬走,以利于酒水保管和防止有人将还剩有饮料的箱子搬走等问题的出现。

(二)酒水贮藏的分区管理

贮藏区域的分区及定位排列等方法有利于提高酒水管理的效率。同类饮料应存放在一起。例如,所有威士忌应存放在一个地方,混合威士忌应存放在一起,苏格兰单一麦芽威士忌应存放在一起,这样的排列可方便取酒。贮藏室门板或入口处可贴上一张平面布置图,以便有关人员找到所需要的酒水。

分区管理也有利于不同酒水采用不同的摆放方法和温度控制。一般而言,酒精度较高的中国白酒等蒸馏酒对贮藏温度等没有特别的要求,而葡萄酒对环境要求较高。使用软木瓶塞的葡萄酒酒瓶应横放或呈一定角度斜放,防止瓶塞干燥而引起变质,但严禁倒放。同时,应尽量保持恒温恒湿的环境,可采用电子酒柜进行较精确的温湿度控制。一般来说,葡萄酒的存放环境湿度是60%~70%,红葡萄酒的贮藏温度为13~16 ℃,白葡萄酒和香槟酒的

贮藏温度应略低一些，为 10 ℃左右。在可能的条件下，浅色啤酒的贮存温度应保持在 4~7 ℃。特别是小桶啤酒，要防止变质，更应保持 5 ℃左右的贮存温度。即使是只贮藏瓶装酒，最好也能保持在这一温度，以保证啤酒质量和节省服务时间。

(三)存料卡管理

为保证能在某一个地方找到同一种饮料，贮藏室可使用“存料卡”方法。存料卡(表 9-3)上列明酒水的品名、每瓶容量等信息。同时，还可规定各种酒水的代号，并将代号打印到存料卡上。存料卡一般贴在搁料架上，包括项目、存货代号、结余等信息。使用存料卡，还便于酒水管理员了解现有存货数量和时间。如果酒水管理员能在收入或发出各种酒水的时候仔细地记录瓶数，则不必清点实际库存瓶数，便能从存料卡上了解各种酒水的现有存货数量。此外，酒水管理员还能及时发现缺少的瓶数，尽早报告，以便引起管理人员的重视。

表 9-3　酒水存料卡表样

品　名：				存货代号：			
容　量：							
日期	收入	发出	结余	日期	收入	发出	结余

(四)酒水领料管理

酒水的领(发)料管理，主要是制订领发料程序，并对酒吧发料的酒水做好标记。

1.酒水领(发)料程序

酒水领(发)料包括以下几个步骤：下班之前，酒吧调酒员清点空瓶并填写酒水领料单；酒水经理根据酒水领料单核对空瓶数的牌号，核对无误后，由酒吧调酒员或酒水经理将空瓶和酒水领料单送到贮藏室。酒水管理员根据空瓶核对领料单上的数据，并逐瓶用瓶酒替换空瓶；最后，酒吧调酒员或酒水经理在领料单(表 9-4)上签名确认。为了防止员工用退回的空瓶再次领料，酒水管理员应按酒吧内部管理规定处理空瓶。

表 9-4 酒水领料单表样

<table>
<tr><td colspan="3">班次：</td><td colspan="2">日期：</td></tr>
<tr><td colspan="3">酒吧名称：</td><td colspan="2">酒吧服务员：</td></tr>
<tr><td>品名</td><td>瓶数</td><td>容量/瓶</td><td>单价</td><td>小计</td></tr>
<tr><td></td><td></td><td></td><td></td><td></td></tr>
<tr><td></td><td></td><td></td><td></td><td></td></tr>
<tr><td></td><td></td><td></td><td></td><td></td></tr>
<tr><td colspan="3">总瓶数：

总成本：</td><td colspan="2">审批人：
发料人：
领料人：</td></tr>
</table>

2.酒瓶标记

在发料之前,酒瓶上应做好标记。如果只有一个酒吧间,可在瓶酒存入贮藏室时或在发料时做好标记。通过采用各种标记,可以清楚地知道某一瓶酒的流向。通常,酒瓶标记是一种背面有胶黏剂的标签,是不易擦去的油墨戳记。标记上有不易仿制的标识、代号或符号。管理人员通过检查,可确认酒吧存放的瓶酒都是自己酒吧的,防止酒吧调酒员把其他酒水带入酒吧出售,避免管理漏洞。酒吧调酒员用空酒瓶换瓶酒时,酒水管理员应首先检查空瓶上的标记,防止酒吧调酒员自带空瓶到贮藏室换取瓶酒。需送上餐桌的瓶酒,应在瓶底下做标记。有时,根据需要也可不做标记。

(五)水果的贮存

水果是酒吧中鸡尾酒的装饰、水果拼盘的原料。酒吧水果主要是新鲜水果,也有部分罐装水果。新鲜水果应保存在冷藏箱内,使用前清洗干净;一切水果应保证新鲜、安全及卫生,可用柠檬酸浸泡以防止氧化变黑。罐装水果未开盖时可在常温下贮存,开罐后容易变质,应将未用部分密封后放在冷藏箱或冰箱储存,一般不超过 3 天。

第四节 酒吧服务管理

顾客到酒吧或餐厅消费,享受有形产品和无形的服务。酒水服务是酒吧销售中不可忽视的环节。酒水服务是一种具有仪式的过程,这种仪式通过服务中的各项程序和方法显示。酒水服务质量与酒水质量一起构成酒水产品质量。优秀的酒水服务应以顾客需求为目标,通过高效周到的服务和不断的创新,给顾客留下深刻和美好的印象。酒水服务形式根据企业的经营特点而决定，专业酒吧主要体现在吧台服务和餐桌服务，餐厅体现在餐桌服务和自助服务，宴会和酒会体现在餐桌服务、自助服务和流动服务。由于酒水服务是无形产品，因此，服务质量保证的前提是服务标准化、程序化和个性化。个性化服务是在标准化和程序化服务的基础上，根据顾客需求，将原有服务标准进行适当调节而实现。酒水服务应体现满足顾客需求和有利于酒水销售的原则，与酒水种类、顾客消费习惯、酒具、酒水温度、开瓶、斟酒、调酒方法联系在一起，最终为企业带来更高的效益。

一、酒吧服务形式

（一）餐桌服务

餐桌服务是传统的酒水服务形式，顾客入坐餐桌，等待服务员前来餐桌写酒水单、斟倒酒水，这种服务适合于一般酒吧和餐厅。享受餐桌服务的顾客常以商务或休闲为目的。通常2~3 人或团队到酒吧或餐厅消费，他们有充裕的时间并愿意支付服务费用。在酒水服务中，服务员常从顾客的右边斟倒酒水，从顾客的左边撤掉酒具。根据国际服务礼仪，先为女士斟倒酒水，再为男士斟倒。按照逆时针方向为每一个顾客服务；而中餐酒水服务，应先为主宾斟倒酒水，然后按照顺时针方向为每个顾客服务。

（二）吧台服务

吧台服务，是调酒师根据顾客的需求，将斟倒好的酒水放在吧台上，递送到顾客面前的过程。在吧台前就座和饮酒的顾客常是一个人或两个人。由于吧台饮酒容易接近其他顾客，便于顾客之间的交流和沟通，因此吧台服务多用于酒吧或传统的西餐厅。在传统的西餐厅，欧美人在进入餐厅前，常在餐厅小酒吧饮用餐前酒，等待同桌人到达后，才一起进入餐厅。

（三）自助服务

在自助餐厅和冷餐会的服务中，酒水服务常采用自助式。服务员在餐厅摆设临时吧台，在吧台上斟倒酒水，顾客到吧台自己选用酒水。

（四）流动服务

根据酒会的服务需要，常采用流动服务。流动服务要设立临时吧台，服务员在临时吧台斟倒各种酒水，然后放在托盘上，送至顾客面前。因而，参加鸡尾酒会的顾客常是站立饮酒，品尝小食品。鸡尾酒会通常在 1 h 内结束。

二、服务程序

酒吧服务程序包括营业前准备、营业中服务、营业后工作三个方面。

营业前准备俗称为“开吧”。主要工作有酒吧内清洁工作、领货、酒水补充、酒吧摆设和调酒准备工作等。营业中服务包括点单、开单、立账、调酒、结账、清洁等服务。营业后工作包括清理酒吧、完成每日工作报告、清点酒水、检查火灾隐患、关闭电器开关等。

三、服务技巧

酒吧服务技巧对酒水销售具有重要作用。尤其在调酒过程中,客人与调酒员之间相隔吧台面对,调酒员的任何动作和表情都在客人的目光注视之下。因此,调酒服务不但要注意方法、步骤,还要留意表情、操作姿势及卫生标准等。

(一)示瓶服务

示瓶往往标志着服务操作的开始,是具有重要意义的服务环节。在酒吧中,凡顾客点用的酒品,在开启之前都应在顾客面前展示,一是显示对顾客的尊重,二是核实一下有无误差,三是证明酒品的可靠。

若顾客点用整瓶酒时,基本操作方法是:服务员站立于主宾(大多数为点酒人或是男主人)的右侧,左手托瓶底,右手扶瓶颈,酒标面向客人,当客人确认后,方能进行下一步的工作。若在调酒的过程中,应由调酒员直接向顾客展示所用酒水。

(二)酒温控制

1.冰镇酒品

许多酒品的饮用温度大大低于室温,这就要求对酒液进行降温处理。比较典型的有白葡萄酒和香槟等,常采用冰桶冰镇的方法进行处理。瓶装酒需要放在冰桶里,上桌时用托盘托住桶底,以防凝结水滴在台布上。冰桶中放入适量冰块(不宜过大或过碎),将酒瓶插入冰块内,酒标向上,送至备餐台。从冰桶取酒时,应以一块折叠的餐巾包裹瓶身,可以防止冰水滴落弄脏台布或弄脏客人的衣服。

2.温热酒品

温烫饮酒不仅用于中国的某些酒品,有些洋酒也需要温烫以后饮用。温烫有水烫、火烤、燃烧、冲泡等方法。水烫,把即将饮用的酒倒入烫酒器,然后置入热水中升温。蒸煮,把即将饮用的酒装入耐热器皿,置于火上升温。燃烧,把即将饮用的酒倒入杯内,点燃酒液升温。冲泡,将滚沸的饮料(水、茶、咖啡)冲入即将饮用的酒,或将酒液注入热饮料中。水烫和燃烧常须即席操作。

3.冰杯

对于冷饮的酒水,服务时通常需要预先冰杯。可使用冰箱冷藏杯具的处理方法,但在鸡尾酒调制中,冰杯也称溜杯,是一种具展示性的有效降温方法,也可以成为向顾客展示的表演服务。调酒员先往杯中放入冰块,静置片刻,或用搅棒,或手持杯脚摇杯,使冰块产生离心力,在杯壁上溜滑,以降低酒杯温度。有些酒品对溜杯有特别要求,直到杯壁溜滑凝附 一层薄霜为止。

(三)开瓶服务

酒的包装方式多种多样,以瓶装酒和罐装酒最为常见。开启瓶塞瓶盖、打开罐口时应注意动作的正确性和优美感。

1.正确使用开瓶器

开瓶器常用的有两种，一种是专门的葡萄酒瓶塞螺丝钻刀（也称侍酒刀），另一种是啤酒、汽水等瓶盖的启子（也称起子）。螺丝钻刀的螺旋部分要长（有的软木塞长达8~9 cm），头部尖。另外，螺丝钻刀上装有一个起拔杠杆，以利于瓶塞拔起。

2.开瓶注意事项

①尽量减少瓶体晃动，避免汽酒冲溢和陈酒发生沉淀物升腾。一般将酒瓶放在桌上开启，动作要准确、敏捷、果断。

②开拔声越轻越好，其中包括香槟酒。在高雅严肃的场合中，呼呼作响的嘈杂声或爆破声与环境显然是不协调的。

③检查酒品质量。拔出的瓶塞后要进行检查，原汁酒的开瓶检查尤为重要。检查的方法主要是嗅辨。

④开启瓶塞（盖）以后，要仔细擦拭瓶口。擦拭时，切忌污垢落入瓶内。

⑤开启的酒瓶、罐原则上应留在客人的餐桌上。一般放在主要客人的右手侧或是放在客人右后侧备餐桌上。使用酒篮的红葡萄酒，可连同酒篮一起放置，但须注意酒瓶颈背下应衬垫餐巾，以防斟酒时酒液滴出。白葡萄酒应使用冰桶，以保持较低的酒温。倒完的空瓶空罐注意及时撤离餐桌。

⑥开启后的封皮、木塞、盖子等物不要直接放在桌上，应由服务员在离开餐桌时一并带走。开启带汽或冷藏过的酒罐封口时，常会有水汽喷射出。因此，当在现场开启时，不应将开口对着客人，并应用手握遮，以示礼貌。

3.滤酒

许多陈年酒水有少量沉淀物，为了避免斟酒时产生混浊现象，须事先剔除沉淀物以确保酒液的纯净。陈酒红葡萄酒可使用醒酒器以达到醒酒和滤酒去渣的目的。

（四）斟酒服务

斟酒服务是酒水服务中的重要环节。通常，斟酒有桌斟和捧斟之分。

1.桌斟

将杯具留在桌上，服务员站立在客人的右边，侧身用右手把握酒瓶向杯内倾倒酒液。瓶口与杯沿保持一定的距离，切忌将瓶口搁在杯沿上或高溅注酒。服务员每斟一杯，都要换一下位置，站到下一位客人的右侧。左右开弓、手臂横越客人视线等操作都是不礼貌的方法。

桌斟时，还要掌握好满斟的程度，有些酒要少斟，有些酒要多斟，过多或过少都不合适。斟毕，持酒瓶的手应向内旋转90°，同时离开杯具上方，使最后的酒滴挂在酒瓶上而不落在桌上或客人身上。然后，左手用餐巾拭一下瓶颈和瓶口，再给下一位客人斟酒，这在红葡萄酒服务中尤其重要。当然，亦可以采用斟酒器等辅助服务。

2.捧斟

捧斟时，服务员一手握瓶，一手则将酒杯捧在手中，站立在客人的右方，向杯内斟酒，斟酒动作应在台面以外的空间进行，然后将斟毕的酒杯放在客人的右侧。捧斟主要适用于非冰镇处理的酒品。

3.添酒

正式饮宴时，服务员需要不断向客人杯内添加酒液，除非客人示意不要再添加。在斟酒时，有些客人以手掩杯、倒扣酒杯或横置酒杯，都是谢绝斟酒的表示。凡增添新的饮品，服务员应主动更换用过的杯具。对于散卖酒，各种杯具应留在客人餐桌上，直至饮宴结束为止。在客人未离开之前撤收空杯是不礼貌的行为，除非客人示意。

四、服务礼仪

服务礼仪是指服务员在酒水服务中，对顾客尊重、友好，讲究服务仪表、仪容、仪态和语言，执行服务规范的过程。世界各国和各民族都十分重视礼节礼貌，将礼节礼貌看作是一个国家和民族文明程度和道德水准的标志。服务礼仪反映了企业形象，也是酒水产品质量的一个因素。

（一）端庄的仪容仪表

服务人员在酒水服务中应讲究仪表仪容。首先应按企业规定的标准着装，工作服整洁合体。上班前，管理人员应检查职工的工作服，除工作需要外，衣袋中不放任何物品。服务卡应端正地佩戴在胸前。领带、领结要正确结系，应穿黑色皮鞋并擦拭干净。男服务员面容清洁，头发整齐干净，前不遮眉，侧不盖耳，后不遮衣领。女服务员应化淡妆，头发应整洁干净，不梳披肩发，不浓妆艳抹及使用异味化妆品。工作时间不佩戴企业规定以外的其他装饰品等。

（二）朝气蓬勃的仪态

服务时，服务员应表情自然，面带微笑，亲切和蔼，端庄稳重。在顾客面前绷脸噘嘴、忸忸怩怩、缩手缩脚、谨小慎微都是不礼貌的表现。另外，切忌在顾客面前有打喷嚏、打哈欠、伸懒腰、挖耳、掏鼻、剔牙、打饱嗝、修指甲等行为。行走时身体重心可以稍向前，上体正直、抬头、眼平视、面带微笑，切忌晃肩摇头，双臂自然地前后摆动，肩部放松，脚步轻快，步幅不宜过大，也不宜跑步服务。站立时，挺胸收腹，重心在两脚，不得倚靠他物，站在顾客容易看到的地方并关注顾客的需求。服务接待时，手势运用规范适度。服务员给顾客指方向时，手臂应伸直，手指自然并拢，手心向上，指向目标，眼睛看着目标并兼顾顾客，忌用一个手指指点方向，使用手势时还要注意各国的文化和习惯。

（三）礼貌的服务语言

在服务中，服务员应使用轻柔、诚恳、大方及和蔼的语言。服务员回答问题时，应准确、简明、恰当，语义完整，合乎语法。顾客在思考问题或与他人交谈时，服务员不要打断他们的谈话。服务员讲话时，语言和表情应协调一致，面带微笑地看着顾客，不得左顾右盼，心不在焉。同时，与顾客交谈时不得涉及不愉快的问题和个人私事，保持适当的距离，以 1~1.5 m

为宜。此外，服务员能用语言讲清楚的事情，尽量不用手势，吐字要清楚，声音悦耳并给顾客以亲切感。服务员已经答应顾客的事，一定要尽力办好，不得无故拖延。在服务中，应根据实际情况使用欢迎语、问候语、告别语、征询语、道歉语及婉转推托语。切忌使用不尊重、不友好或不耐烦的语言。

(四)优质的服务水平

优质服务的前提是有优秀的服务员，而一个合格的服务员最基本的条件是工作认真、性格爽朗、乐于助人，优秀服务员的基本标准是通过服务给顾客带来愉悦。因此，服务员除保持良好仪表、仪容等，还应主动了解顾客，具备随机应变服务和个性化服务的能力。对于熟悉的顾客，要热情接待；对于自大型顾客，不要和他们争论，应当用亲切的语言说服他们；对于少言型的顾客，应适时地提出简明扼要的建议；对于多嘴型顾客，想办法将他们引入正题；对于急躁型顾客，应扼要地说明，快速地为之服务并动作敏捷；对于三心二意型的顾客，应协助他们下定购买决心。

酒吧优质的服务水平也是营销的重要内容，良好的服务是开展口碑营销的重要手段。在传统营销手段的基础上，酒吧应注重活动营销和利用新媒体营销，通过举办主题之夜等活动创新促销策略，吸引客户；通过参与社区活动，在客户和社区成员中树立了积极的形象。利用社交媒体，特别是新媒体手段开展促销和体验活动宣传，结合提供独特的特价活动，利用知乎、搜狐、小红书、短视频等平台，建立客户在线评论互动社区，提高酒水的销售管理水平。

五、卫生与安全管理

(一)卫生管理

卫生管理是酒水服务管理的重要环节，卫生关系顾客的健康、企业声誉和销售效果。因此，酒水新鲜、无病菌是保证顾客安全的关键。

1.酒水污染预防

酒水是人们直接饮用的饮品，提供的酒水必须卫生。一份优质的酒水，应当新鲜，没有病菌污染，在香、味、形等方面俱佳。此外，在饮料制作中禁止加入不安全和不卫生的添加剂、色素、防腐剂和甜味剂等。酒水经营企业应采购新鲜的、没有病菌和化学污染的饮料和食品，做好采购运输管理，防尘并冷藏。调酒师制作酒水前应认真清洗水果，先使用具有活性作用的洗涤剂清洗水果，再用清水认真冲洗，将可以去皮的水果去皮后使用。

2.个人卫生管理

酒水经营企业应根据国家卫生法规，只准许健康的职工制作和服务酒水。企业应保持工作人员的身体健康，为他们创造良好的工作条件，不要随意让职工加班加点，使他们能够有充足的休息和锻炼时间。按照国家和地方的卫生法规，酒水生产和服务人员每年应体检。体检的重点是肠道传染病、肝炎、肺结核、渗出性皮炎等。上述疾病患者及带菌者不适合在酒水经营企业工作。

3.环境卫生管理

环境卫生管理是酒水服务管理中不可轻视的内容。餐厅或酒吧环境卫生管理包括对地面、墙壁、天花板、门窗、灯具及各种装饰品的卫生管理。企业应保持地面清洁,每天清扫大理石地面并定期打蜡上光,每天清扫并用油墩布擦木地板,定期除去木地板上的旧蜡,上新蜡并磨光。每天将地毯吸尘2~3次并用清洁剂和清水及时将地毯上的污渍清洁干净。企业应保持墙壁和天花板的清洁,每天清洁1.8 m以下的墙壁一次,每月或定期清洁1.8 m以上的墙壁和天花板一次。企业应保持门窗及玻璃的清洁,每三天清洁门窗玻璃一次,雨天和风天要及时清洁。同时,每月清洁灯饰和通风口一次。此外,结束营业后应认真清洁台面、餐椅、餐桌和各种酒水车,保持吧台工作区的卫生。每天整理和擦拭各种酒柜和冷藏箱。保持花瓶和花篮的卫生,每天更换花瓶中的水。

4.设备卫生管理

根据调查,不卫生的服务设备常是污染饮料的原因之一。酒水经营企业必须重视设备的卫生管理。服务设备应易于清洁,易于拆卸和组装。设备材料必须坚固,不易吸水、光滑、防锈、防断裂,不含有毒物质。设备使用完毕应彻底清洁。酒具使用后,要洗净,消毒,用干净布巾擦干水渍,保持杯子透明光亮。酒杯的杯口应朝下摆放,排列整齐。存放杯子时,切忌重压或碰撞以防止破裂,如发现有损伤和裂口的酒杯,应立刻更换以保证顾客的安全。水果刀、甜点叉、冰茶匙、茶匙等银器应认真清洗并擦干。

(二)安全管理

安全事故通常由服务中的疏忽大意造成,特别是在繁忙的营业时间。餐厅或酒吧门口应当干净整洁,尤其不能有积水、冰雪,必要时可放防滑垫。同时,应及时修理松动的瓷砖或地板。在刚清洗过的地面上,放置“小心地滑”的牌子。同时,服务区应有足够的照明设备,尤其楼道的照明。使用热水器应当谨慎,不要将容器内的开水装得太满。运送热咖啡和热茶时,注意周围人群的移动。吧台所有电器设备都应安装地线,不要将电线放在地上,即便是临时措施也很危险。保持配电盘的清洁,所有电器设备开关应安装在工作人员易于操作的位置上。员工使用电器设备后,应立即关掉电源。注意接触电器设备的干燥,按照规范使用和清洁。在容易发生触电事故的地方涂上标记,提醒员工注意。此外,酒水经营企业应严防火灾的发生,除了要有具体的措施外,还应培训工作人员,使他们了解火灾发生的原因及防火措施。营业场所还应有保安措施保护顾客财物,防止顾客钱物丢失或遭抢劫,对醉酒者应有保护和处理的措施。

第五节　酒吧成本控制

一、酒吧成本概述

(一)成本的含义及构成

酒吧成本指酒吧经营酒水产品时发生的各项费用支出,包括原料成本、人工成本和经营费用。原料成本主要指酒水成本,也称为狭义的成本,指制作酒水产品所支出的各种原料成本,包括主料成本、辅料成本和调料成本。其中,主料成本是指制作酒水产品的主要原料(基酒)的成本。例如,大部分鸡尾酒制作中的烈性酒。不同酒水产品的主料不同,其成本也不同。通常,主料在酒水产品中成本最高。辅料成本是制作酒水产品的辅助原料的成本。例如,鸡尾酒中的柠檬汁、橙汁等成本。调料成本是指制作酒水产品中的调味品或装饰品的成本。

人工成本是指参与酒水生产与销售的全部人员的工资和费用,包括各级管理人员(经理、主管、领班)、调酒师和服务人员的工资及相关的支出等。经营费用是指酒水经营中,除原料成本和人工成本以外的所有成本,主要包括能源成本、折旧费、房屋租金及管理费等。具体包括燃料和水电的能源费、生产和服务设备设施的折旧费,餐具和杯具及其他低值易耗品费、采购费、绿化费、清洁费、广告费、公关销售费等。

酒水原料成本通常占酒吧总成本的20%以上,但并非一成不变的。原料成本率的高低取决于酒水经营企业的级别和经营策略。通常,酒水经营企业(酒店、餐厅或酒吧)级别越高,人工成本和各项经营费用占酒水总成本的比例越高,而原料成本率相对较低。

(二)成本的种类与特点

1.按成本的性质划分

(1)固定成本

固定成本是指在一定的经营时段和一定业务量的范围内,不随营业额或生产量发生变动而变动的那些成本。通常,固定成本包括管理人员和技术人员的工资与相关支出、设施与设备的折旧费、修理费和管理费等。但是,固定成本并非绝对不变,当经营超出企业现有的能力时,就需购置新设备,招聘新职工。这时,固定成本会随之增加。由于固定成本在一定的经营范围内,成本总量对营业额或生产量的变化保持不变,因此当销售量增加时,单位产品所承担的固定成本会相对减少。

(2)变动成本

变动成本是指随着营业额或生产量成正比例变化的成本。通常,当销售量提高时,变动成本随销售量而增加。例如,销售一份特基拉日出的原料成本为12元,如果平均每天销售

20份，其原料的总成本是240元；如果平均每天销售30份，其原料的总成本是360元。当变动成本总额增加时，单位产品的变动成本保持不变，即每杯酒水产品的成本不会随着变动成本总额增加而增加。在酒水总成本中，变动成本占据总成本的主要部分。此外，变动成本还包括随着销售量增加而增加的临时职工的工资、能源与燃料费、餐具和餐巾及低值易耗品费等。

(3)混合成本

在酒吧成本管理中，管理人员的工资和支出，能源费和修理费等合计被称为混合成本。原因是它既包括变动成本又包括固定成本。混合成本虽然受到生产量的影响，但是其变动幅度与生产量变动没有严格的比例关系。混合成本的特点是兼有变动成本和固定成本的双重习性。然而，正因为混合成本的这一特点，我们可以通过成本控制的细节管理更好地控制混合成本的支出。

2.按成本可控程度划分

(1)可控成本

可控成本指管理人员在短期内可以改变或控制的那些成本。这种成本包括原料成本、燃料和能源成本、临时工作人员成本、广告与公关费用等。通常，通过调整每份酒水的重量、原料规格及原料配方中的比例等改变原料成本并通过原料采购、保管和生产等有效的管理措施，降低原料成本和经营费用。在酒水成本中，可控成本常占总成本的主要部分。例如，原料成本，燃料与能源成本，餐具、用具与低值易耗品等支出都是可控成本。这些成本可通过管理人员在生产和销售管理中得到控制。

(2)不可控成本

不可控成本指管理人员短期内无法改变的那些成本。例如，房租、设备折旧费、修理费、贷款利息及管理人员和技术人员的工资等。有效地控制不可控成本，必须不断地开发市场、创新产品，减少产品中不可控成本的比例，精减人员并做好设施的保养和维修工作。

3.按成本的实际发生划分

(1)标准成本

标准成本是在实际成本发生前，企业精心设计并应该达到的成本标准，也称预算成本。企业常根据过去的成本因素，结合当年预计的原料成本、人工成本和经营费用等的变化，制订出有竞争力的各种目标成本或企业预计的各项成本。标准成本是企业在一定时期内及正常的生产和经营情况下所应达到的成本目标，也是衡量和控制实际成本的标准。

(2)实际成本

实际成本是在各项成本发生后的实际支出，是在经营报告期内，实际发生的各项原料成本、人工成本和经营费用。这些成本因素是酒水经营企业进行成本控制的基础，通过实际成本与标准成本的对比，找出差距与原因，从而确定成本控制的目标和方法。

除以上提到的成本分类以外，还可以按成本与产品形成的关系分类，分为直接成本与间接成本；按成本与决策的关系分类，分为边际成本与机会成本等。从不同角度进行分类，有利于针对不同的成本类别采取不同的方法对成本加以控制。

二、成本控制的构成

成本控制指成本管理人员根据成本预测、决策和计划，确定成本控制目标，并通过一定的成本控制方法使酒水经营的实际成本达到预期成本目标的过程。成本控制贯穿于成本形成的全过程，因此，凡是在酒水形成的过程中，影响成本的因素都是成本控制的内容。酒水成本形成的过程包括原料采购、原料储存和发放、酒水生产与制作、酒水销售与服务等环节。因此，酒水成本控制环节较多，控制方法各异，每一控制环节都应有具体措施。科学的成本控制可提高酒水销售效果，减少物质和劳动消耗，使企业获得较大的经济效益，同时满足顾客的利益和需求，最终提高企业的竞争力。

成本控制是一项系统工程，管理人员首先应明确其构成要素、环节和阶段。酒水成本控制系统由七环节与三阶段构成。七环节包括成本决策、成本计划、成本实施、成本核算、成本考核、成本分析和纠正偏差，三阶段包括运营前控制、运营中控制和运营后控制。在酒水成本控制体系中，运营前控制、运营中控制和运营后控制是一个连续而统一的系统。各阶段紧密衔接、互相配合、互相促进，在空间上并存，在时间上连续，共同完成酒水成本管理工作。

（一）成本控制的构成要素

1.控制目标

控制目标是指企业以最理想的成本达到预先规定的酒水产品质量。控制目标不是凭空想象，而是管理者在成本控制的前期所进行的成本预测、成本决策和成本计划并通过科学的方法制订的各成本要素总和。同时，成本控制目标必须是可衡量，并能够用一定的文字或数字表达出来的具体目标。例如，营业收入和利润指标等。

2.控制主体

控制主体是指酒水成本控制责任人的集合。包括财务人员、食品采购员、调酒师、收银员和服务员。在酒水经营中，影响酒水成本的各要素、各动因等均分散在酒水生产和销售的每一个环节中。

3.控制客体

控制客体是指酒水经营中所发生的各项成本和费用，包括原料成本、人工成本及经营费用。控制客体来源于具体的成本信息，成本信息对酒水成本控制的效果起着决定性的作用。企业做好酒水成本控制的首要任务就是做好成本信息的收集、传递、总结和反馈并保证信息的准确性，不准确的信息不仅不能实施有效的成本控制，而且还可能得出相反或错误的结论，从而影响酒水成本控制的效果。

（二）成本控制的三阶段

1.运营前控制

运营前控制包括酒水经营中的成本决策和成本计划。成本决策是指根据成本预测的结果和其他相关因素，在多个备选方案中选择的最优成本方案以确定目标成本；而成本计划是根据成本决策所确定的目标成本，具体规定酒水经营各环节和各产品在计划期内应达到的成本水平。因此，运营前控制是在酒水产品投产前进行的成本预测和规划。企业通过成本决策，选择最佳成本方案，规划未来的目标成本，编制成本预算，计划产品成本，以便更好地实施成本控制。

2.运营中控制

运营中控制包括酒水成本实施和成本核算。成本实施是指在各项成本发生过程中进行的成本控制，要求实际成本尽量达到计划成本或目标成本；如果实际成本与目标成本发生偏差，应及时向职能部门反馈以便及时纠正。成本核算是指对酒水经营中的实际发生成本进行计算和相应的账务处理。

3.运营后控制

运营后控制包括酒水经营中的成本考核、成本分析和纠正偏差并将所揭示的各项成本差异进行汇总和分析，查明差异产生的原因，确定责任部门和责任人及采取措施，及时纠正并为下一期成本控制提供依据和参考的过程。其中，成本考核是指对酒水成本计划执行的效果和各责任人履行的职责进行考核；成本分析是指根据实际成本资料和相关资料对实际成本发生的情况和原因进行分析；而纠正偏差即采取措施，纠正不正确的实际成本及错误的执行方法等。

三、原料成本控制

(一)采购与验收控制

原料成本由原料的采购成本和使用成本两个因素构成。因此，采购控制是原料成本控制的首要环节。在采购控制中，原料应达到企业规定的质量标准；同时应价廉物美，本着同价论质、同质论价、同价同质论采购费用的原则，严格控制因生产急需而购买高价原料，控制原料的运杂费。采购员应就近取材，减少运输环节，优选运输方式和运输路线，降低原料采购运杂费。主要包括选择熟悉酒水采购业务和遵守职业道德采购员、验收员和仓库管理员；制订原料质量、规格等采购标准；建立采购程序和控制采购数量，做好原料验收工作。

(二)储存与发放控制

1.原料储存

原料储存是指仓库管理人员通过科学的管理，保证各种酒水原料数量和质量，减少自然损耗，防止原料流失，及时接收、储存和发放各种原料以满足酒水经营的需要。同时，实施有效的防火、防盗、防潮和防虫害等措施并掌握各种原料日常使用量及其发展趋势，合理控制原料的库存量，减少资金占用和加速资金周转，建立完备的货物验收、领用、发放、盘点和卫生制度。在储存管理中除了保持原料的质量和数量外，还应执行储存记录制度。通常当某一货物入库时，应记录它的名称、规格、单价、供应商名称、进货日期、订购单编号。当某一原料被领用后，要记录领用部门、原料名称、领用数量、结存数量甚至包括原料单价和总额等。

$$\text{库存原料周转率} = \frac{\text{原料发出额}}{\text{原料平均库存额}} = \frac{\text{月初库存额}+\text{本月采购额}-\text{月末库存额}}{\frac{\text{月初库存额}+\text{月末库存额}}{2}}$$

库存原料周转率说明一定时期内原料存货周转次数,用于测定原料存货的变现速度以衡量酒水经营企业销售能力及存货是否过量。同时,库存原料周转率反映了企业销售效率和存货使用效率。在正常情况下,如果经营顺利,存货周转率比较高,利润率也就相应较高。但是,库存周转率过高,可能说明企业管理方面存在一些问题。例如,存货水平低,甚至原料经常短缺或采购次数过于频繁等。存货周转率过低,常是因为库存管理不利、存货积压、资金沉淀、销售不利等因素造成。

2.原料发放控制

原料发放控制是原料储存控制中的最后一项工作,是指仓库管理员根据酒水原料使用部门管理人员签发的领料单发放给使用单位的过程。根据领料单中的品名、数量和规格执行原料发放是控制工作的关键环节,任何使用部门向仓库领用原料必须填写领料单,领料单是酒水成本控制的一项重要工具。领料单通常一式三联,第一联作为仓库的发放凭证,第二联由领用单位保存,用以核对领到的食品原料;第三联交财务部入账核对。

3.原料定期盘存

原料定期盘存制度是企业按照一定的时间周期(如一个月)对各种原料的清点,确定存货数量的管理规程。企业采用这种方法可定期了解经营中的实际原料成本,掌握实际酒水成本率并通过与企业的标准成本率比较,找出成本差异及其原因,以便采取措施有效地控制原料成本。酒水等原料的定期盘存工作由财务部成本控制员负责,并与仓库管理人员一起完成。盘存工作的关键是真实和精确。

原料盘存相关计算公式:

$$\text{月末账面库存原料总额} = \text{月初库存额} + \text{本月采购额} - \text{本月发放额}$$

$$\text{库存短缺额} = \text{账面库存额} - \text{实际库存额}$$

$$\text{库存短缺率} = \frac{\text{库存短缺额}}{\text{仓库发放原料总额}} \times 100\%$$

(三)生产与销售控制

在酒水的生产和销售环节,成本的主要控制方法是做好标准化管理。

1.标准配方

为了保证各种酒、咖啡和茶水等产品的质量标准及更好地控制成本,企业应建立酒水标准配方。在酒水标准配方中规定原料名称、类别、标准容量、标准成本、售价、各种配料名称、规格、标准酒杯及配方和制订日期等。

2.标准用量管理

标准用量管理包括标准器具的配备和使用、监督等方面。酒水部门应在标准配方基础上,配备相应的标准器具,规定使用程序和方法。在酒水生产中,调酒师应使用量杯或其他量酒器皿测量原料数量以控制酒水成本，特别是对那些价格较高的烈性酒使用量的控制。

3.标准配制程序

企业应制订酒水标准配制程序以控制酒水产品质量，从而控制成本。例如，酒杯的降温程序、鸡尾酒装饰程序、鸡尾酒配制程序、使用冰块数量、鸡尾酒配制时间等。

4.标准成本

标准成本是酒水成本控制的基础。企业必须规定各种酒水产品的原料标准成本。如果酒水产品没有统一的原料成本标准，因人而异，随时更改，不仅酒水成本无法控制，酒水产品的质量也无法保证。

同时，酒水生产和配制人员应根据原料的实际消耗品种和数量做好相关记录，部门主管人员应控制原料的使用情况并及时发现原材料超量或不合理的使用，及时分析原料超量使用的原因及采取有效措施，予以纠正。为了掌握原料使用情况，酒水经营企业和部门应实施日报和月报原料成本制度并要求管理人员按工作班次填报。

四、人工成本控制

人工成本控制是对工资总额、职工数量和工资率等的控制。工资总额是指一定时期（通常为一年），酒水经营企业或部门全体工作人员的工资及相关支出总额。除基本薪资和各类保险金（五险一金）外，还包括工作服、工作餐、住宿或交通补助费等。职工数量是指负责酒吧经营的职工总数，工资率是指职工的工资总额与工时总额的比值。为了控制好人工成本，管理人员应控制全体职工的工资总额并逐日按照每人每天上班工作情况，进行实际工作时间与标准工作时间的比较分析，做出总结和报告。

有效的人工成本控制通常包括以下几个方面：首先，应合理地进行定员编制，招聘合适员工的同时充分挖掘职工潜力，控制职工业务素质及非生产和经营用工。以合理的定员控制参与酒水经营的职工总数，使工资总额稳定在合理的水平，以提高经营效果。其次，建立良好的企业文化，实施人本管理，制定合理的薪酬制度，正确处理经营效果与职工工资的关系，充分调动职工的积极性和创造性。最后，加强职工的职业道德、业务和技术培训，提高职工整体素质和技术水平，制订考评制度和职工激励策略等都是人工成本控制不可忽视的内容。

五、经营费用控制

在酒水经营中，除了原料成本和人工成本外，其他的成本称为经营费用。诸如能源费、设备折旧费、保养维修费、餐具、用具和低值易耗品费、排污费、绿化费及因销售发生的各项费用等，这些费用都是酒水经营必要的成本。这些费用控制方法主要依靠设置合适的经营费用率和科学的经营控制计划，并通过管理人员在日常工作中的有效管理才能实现。

六、成本核算与成本分析

(一)成本核算

1.酒水原料成本核算

(1)零杯酒成本核算

在酒水经营中,烈性酒和利口酒常以零杯方式销售。通常每瓶烈性酒容量多为 700~1 000 mL,葡萄酒容量为 750 mL,即 23~33 oz,每杯烈性酒和利口酒的容量常为 1 oz,每杯葡萄酒的容量常为 150 mL,即 3 oz。因此,要计算每杯酒的成本,在考虑每瓶酒标准流失量的基础上,计算出每瓶酒可以销售的杯数,然后将每瓶酒的成本除以销售杯数就可得到每杯酒的成本,即

$$\text{每杯酒的成本}=\frac{\text{每瓶酒的成本}}{\dfrac{\text{每瓶酒容量}-\text{每瓶酒标准流失量}}{\text{每杯酒容量}}}$$

例如,某品牌金酒每瓶成本为 165 元,容量是 32 oz。在零杯销售时,每瓶酒的流失量控制在 1 oz 内,每杯金酒容量为 1 oz。则每杯金酒的成本为

$$\text{每杯酒的成本}=\frac{165}{\dfrac{32-1}{1}}=5.32(\text{元})$$

(2)鸡尾酒成本核算

鸡尾酒由多种原料或酒水配制而成,计算鸡尾酒的成本不仅要计算它的基酒(主料)成本,还需要计算其辅料(配料)成本和调料成本。鸡尾酒成本核算公式为:

$$\text{每杯鸡尾酒成本}=\frac{\text{每瓶烈性酒(基酒)成本}}{\dfrac{\text{每瓶酒容量}-\text{每瓶酒标准流失量}}{\text{每杯鸡尾酒标准容量配料成本}}}+\text{配料成本}+\text{调料成本}$$

例如,每杯哥连士(Collins)鸡尾酒成本核算。

配方:威士忌酒 1 oz(约 30 mL);冷藏鲜柠檬汁 20 mL、糖粉 10 g、冷藏的苏打水 90 mL、冰块适量。

成本:某品牌威士忌酒每瓶采购价为 262 元,容量 32 oz,每瓶烈性酒标准流失量为1 oz。其他原料成本为 3.7 元。

根据哥连士的配方,一杯哥连士为:

$$1\text{ 杯哥连士成本}=\frac{262}{\dfrac{32-1}{1}}+3.70\approx 12.15(\text{元})$$

(3)酒水成本率核算

酒水成本率指酒水产品原料成本与销售收入的比,即

$$\text{酒水成本率}=\frac{\text{酒水成本}}{\text{销售收入}}\times 100\%$$

例如,某酒店酒吧,每瓶干红葡萄酒的成本是 35 元,售价是 110 元。则整瓶干红葡萄酒的成本率为:

$$整瓶干红葡萄酒的成本率 = \frac{35}{110}\times 100\% \approx 32\%$$

(4)酒水毛利率核算

酒水毛利率是指酒水毛利额与其售价的比,酒水毛利额等于酒水收入减去原料成本。其计算公式为:

$$酒水毛利率 = \frac{酒水收入-原料成本}{酒水收入}\times 100\%$$

例 1:某经典鸡尾酒,每杯售价是 40 元,其原料成本是 10.4 元,则鸡尾酒的毛利率为:

$$某经典鸡尾酒毛利率=\frac{40-10.4}{40}\times 100\% \approx 74\%$$

例 2:某咖啡厅,每杯浓缩咖啡的售价是 45 元,每杯咖啡的成本为 5.00 元,糖与鲜奶油的成本是 3.00 元,则每杯咖啡的毛利率为:

$$咖啡毛利率=\frac{45-8}{45}\times 100\% \approx 82\%$$

例 3:某中餐厅,一瓶售价为 1 580 元的茅台酒,其原料成本是 520 元,则这瓶酒的毛利率为

$$茅台酒毛利率=\frac{1\ 580-520}{1\ 580}\times 100\% \approx 67\%$$

2.人工成本核算

(1)工作效率核算

酒吧的工作效率核算,实际上是计算职工平均完成的毛利额。其计算公式为:

$$工作效率 = \frac{营业收入-原料成本}{职工人数}$$

(2)人工成本率核算

人工成本率的计算公式为:

$$人工成本率=\frac{工资总额}{营业收入}\times 100\%$$

例如,某高星级酒店酒水部有职工 36 名,负责酒店大厅酒吧、鸡尾酒吧、中餐厅酒吧、扒房酒吧、咖啡厅酒吧和商务楼层酒吧等部门的酒水销售和服务。其年销售总额为 1 800 万元,原料成本额为 420 万元,酒水部每月职工工资总额为 18 万元(包括实习生的费用),则该部门的工作效率和人工成本率分别为:

$$工作效率(年)=\frac{1\ 800-420}{36}\approx 38.3(万元)$$

$$人工成本率 = \frac{18\times 12}{1\ 800}\times 100\% = 12\%$$

(3)人工成本率比较

在酒店酒水经营中,人工成本率是动态的,有多种因素影响人工成本率,包括职工的流动、营业额的变化、职工的工资和福利变动及是否有实习生服务(含帮工)等。此外,经营不同的酒水产品,人工成本率也不同。通常,经营技术含量高或新开发的酒水产品,人工成本率相对较高。因此,通过不同会计期、不同部门或不同餐次的人工成本率比较,可找出人工成本差异的原因并提出改进措施。通常,在同样的工资总额前提下,营业收入越高,人工成本率越低。

3.经营费用核算

酒水经营费用包括管理费、能源费、设备折旧费、保养和维修费、餐具、用具与低值易耗品费、排污费、绿化费及因销售发生的各项费用。经营费用率是酒水经营费用总额与酒水营业总额的比,即:

$$\text{经营费用率}=\frac{\text{经营费用总额}}{\text{酒水营业总额}}\times 100\%$$

(二)成本分析

成本分析是酒水成本控制的重要组成部分,其目的是在保证产品销售的基础上,使成本达到理想的水平。成本分析按照一定的原则和方法,利用成本计划、成本核算和其他有关资料,分析成本目标的执行情况,查明成本偏差的原因,寻求成本控制的有效途径以达到最大的经济效益。酒水成本的形成尽管有多种因素,然而少数因素起着关键作用。因此,在全面分析的基础上,应重点分析其中的关键因素,做到全面分析和重点分析相结合;同时,应加强与同类、同级别企业间的成本数据对比分析,以便寻找成本差距,发现问题,挖掘潜力并指明方向。

1.酒水成本的影响因素

进行酒水成本分析,首先要明确影响酒水成本的因素。这些因素主要包括固有因素、宏观因素和微观因素等。固有因素包括企业的地理位置、地区原料供应状况、交通的便利性、企业的种类与级别等;宏观因素主要包括国家与地区宏观经济政策、目标顾客需求、企业坐落区域的价格水平和企业竞争状况;微观因素主要包括企业人力资源水平、生产和服务技术及酒水成本控制水平等。

2.酒水成本分析方法

常用的酒水成本分析方法有对比分析法和比率分析法。这些方法可对同一问题从不同角度分析成本执行的情况。

(1)对比分析法

对比分析法是酒水成本分析中最基本的方法,其通过成本指标数量上的比较,揭示成本指标的数量关系和数量差异。对比分析法包括将酒水实际成本指标与标准成本指标进行对比,将本期成本指标与历史同期成本指标进行对比,将本企业成本指标与行业成本指标进行对比等,以便了解成本之间的差异。

酒水经营企业采用对比分析法时应注意指标的可比性。企业将实际成本指标与标准成本指标进行对比,揭示实际成本指标与计划成本指标之间的差异;将本期实际成本指标与上期成本指标或历史最佳水平进行比较,确定不同时期有关指标的变动情况和成本发展趋势;将本企业指标与国内外同行业成本指标进行对比,发现本企业与先进企业之间的成本差距。

(2)比率分析法

比率分析法是通过计算成本指标的比率,揭示和对比成本变动的程度。这一方法主要包括相关比率分析法、构成比率分析法和趋势比率分析法。采用比率分析法,比率中的指标必须相关,采用的指标应有对比的标准。其中,相关比率分析法是指将性质不同但又相关的指标进行对比,求出比例,反映其中的联系。例如,将酒水毛利额与销售收入进行对比,反映酒水毛利率。构成比例分析法是指将某项成本指标的组成部分与总体指标进行对比,反映部分与总体的关系。例如,将原料成本、人工成本、经营费用分别与酒水成本总额进行对比,可反映出原料成本率、人工成本率和经营费用率。趋势分析法是将两期或连续数期成本报告中的相同指标或比率进行对比,从中发现它们的增减及变动方向。企业采用这一方法可为管理人员提示成本执行情况的变化并可分析引起变化的原因及预测未来的发展趋势。

第六节　综合训练

一、训练目的

(1)巩固酒吧选择与设计、员工管理、原料管理、服务管理、成本控制等知识。

(2)初步学会运用所学知识开展酒水服务设计的能力,开展酒吧管理模拟训练,提高专业综合能力。

二、训练内容

某投资商计划投资一家酒吧,你作为决策咨询人,请完成以下内容。

(1)确定酒吧选址,进行市场定位,并阐明原因。

(2)提出经营理念,确定店名和装修风格,并阐明原因。

(3)确定所设计酒吧和后厨的面积,并阐明原因。

(4)确定所设计酒吧的座位数、所需人员,编制组织结构图并阐明原因。

(5)设计酒水单,说明设计思路(选择原则、计价方法等)。

(6)提出营销策略和方法,并阐明原因。

(7)编制经营计划,计算投资与产出(投入金额、租金、设备及用具等支出、利润情况等)。

(8)确定酒吧设备和器具,并阐明原因。

本章小结

本章系统地介绍和总结了酒吧的经营与管理,其中酒水成本管理是酒吧经营管理的关键内容。酒水经营企业为了实现自己的销售目标,选择需要本企业产品的消费群体;酒水服务是酒水销售中不可忽视的环节,顾客到酒吧或餐厅不仅购买餐饮,还可享受无形的服务;通过学习,了解酒吧的分类与设计、人员组织与管理,以及酒水成本种类与特点,熟悉酒水成本控制的原理和方法,掌握酒水成本核算和成本分析方法,同时对采购计划、采购质量标准、采购验收等内容有一定认识。

练习题

一、名词解释

采购;验收;库存;成本控制;原料成本;人工成本;固定成本;变动成本;可控成本;不可控成本;标准成本;实际成本

二、判断题

1.一般情况下,酒水可分为指定牌号(Call Brand)和通用牌号(Pouring Brand)两种类型。（　　）

2.直射日光容易引起病酒的发生。（　　）

3.在发料之前,应在酒瓶上做好标记。（　　）

4.桶装鲜啤酒只能储存相当短的一段时间,熟啤可储存的时间稍长一些,而威士忌等蒸馏酒可无限期储存。（　　）

5.所谓永续盘存法是指酒吧对所有饮品入库和出库保持连续记录的一种存货控制方法。（　　）

三、改错题

1.可控成本是指管理人员在短期内无法改变的那些成本。例如房租、设备折旧费、修理费、贷款利息及管理人员和技术人员的工资等。

2.原料采购控制是酒水成本控制的首要环节,它不影响酒水经营效益,只影响酒水原料成本的形成。

四、多项选择题

1.酒水原料成本包括(　　)。

A.主料成本　　B.配料成本　　C.经营费用　　D.调料成本

2.下列属于可控成本的是(　　)。

A.燃料和能源成本　　B.管理人员和技术人员工资

C.临时工作人员成本　　D.房租

3.酒水生产成本控制的内容包括(　　)。

A.标准配方　　B.标准量器

C.标准配制程序　　D.标准成本

五、问答题

1.简述酒吧的分类与特点。

2.简述影响酒水成本的因素。

3.简述酒水成本的分析方法。

4.论述酒水成本控制的构成要素。

5.为什么说酒吧经营的利润不是来自销售,而是来自采购?

6.什么是酒水采购的质量标准?采购质量标准的作用是什么?

7.试述酒水验收的程序。

8.酒吧的酒水贮藏室应符合哪些基本条件?

9.什么是酒瓶标记?它在酒吧管理中起什么作用?

六、案例分析

2010 年 10 月 2 日,广东的陈先生和几个朋友到湖南凤凰古城旅游,白天游览了古城、沱江,因听说这里的酒吧很有特色,陈先生一行晚上来到了靠江的一个酒吧喝酒、欣赏江景。点了几瓶张裕葡萄酒,刚喝了一口,陈先生就觉得不对,感觉酒里有一股油漆味,几个朋友尝了后也觉得有油漆味。陈先生叫来服务员小王,小王矢口否认说:"我们的酒都是正规渠道进的,怎么可能有问题?我们自己又怎么可能把油漆倒进酒里?开瓶时你也看到了是新酒,没开过的。"陈先生坚持:"这种酒我喝了十几年了,怎么可能尝不出味道?"值班的林经理看到客人和服务员起了争执,赶紧过来。了解了原委后,林经理亲自尝了一下,发现确实有较重的油漆味。林经理向陈先生道歉后,免费更换了一瓶。可新的酒打开后还是有味道。林经理意识到问题的严重性,于是到酒水贮藏室看了下,在贮藏室角落里找到了半桶油漆。学过酒水知识的林经理马上明白了其中的原因。前段时间是旅游淡季,老板将酒吧重新刷了一遍以准备旺季来临时吸引客人，当时剩下半桶油漆，服务员随手将它放到了贮藏室。而葡萄酒如同海绵一样会吸收周围的味道，所以，虽然酒瓶还是封闭的，但油漆味已经进入酒里了。林经理赶紧把油漆拿出来，到隔壁酒吧调了几瓶张裕葡萄酒给陈先生，并作了解释，免除了陈先生部分酒水费用，总算平息了这场风波。

结合这个案例，请谈谈酒吧酒水的贮藏需要注意哪些方面的问题。

[1] 王天佑.酒水经营与酒吧管理[M].北京:旅游教育出版社,2020.

[2] 李晓东.酒水知识与酒吧管理[M].2 版.重庆:重庆大学出版社,2007.

[3] 傅生生.酒水服务与酒吧管理[M].4 版.大连:东北财经大学出版社,2017.

[4] 申琳琳.酒水服务与酒吧管理[M].北京:北京师范大学出版社,2011.

[5] 边昊,朱海燕.酒水知识与调酒技术[M].2 版.北京:中国轻工业出版社,2016.

[6] 费寅,韦玉芳.酒水知识与调酒技术[M].北京:机械工业出版社,2010.

[7] 郑红峰.中华茶道[M].长春:吉林出版集团有限责任公司,2014.

[8] 于观亭.图解中国茶经[M].上海:上海科学普及出版社,2012.

[9] 霍艳平.新手学泡茶[M].北京:中国轻工业出版社,2010.

[10] 郑姵萱.茶道[M].北京:北京联合出版公司,2015.

[11] 韩怀宗.精品咖啡学[M].北京:中国戏剧出版社,2012.